W0258537

Teubner Studienskripten Elektrotechnik

Baur,   Einführung in die Radartechnik
                253 Seiten. DM 18,80

Ebel,   Regelungstechnik
                4., überarbeitete Auflage
                207 Seiten. DM 16,80

Ebel,   Beispiele und Aufgaben zur Regelungstechnik
                2., überarbeitete Aufl. 151 Seiten. DM 14,80

Eckhardt,   Numerische Verfahren in der Energietechnik
                208 Seiten. DM 16,80

Fender,   Fernwirken
                112 Seiten. DM 14,80

Freitag,   Einführung in die Zweitortheorie
                3., neubearbeitete und erweiterte Auflage
                168 Seiten. DM 15,80

Frohne,   Einführung in die Elektrotechnik

                Band 1 Grundlagen und Netzwerke
                4., durchgesehene Aufl. 172 Seiten. DM 15,80

                Band 2 Elektrische und magnetische Felder
                4., durchgesehene Aufl. 281 Seiten. DM 18,80

                Band 3 Wechselstrom
                4., durchgesehene Aufl. 200 Seiten. DM 16,80

Gad,   Feldeffektelektronik
                266 Seiten. DM 18,80

Gerdsen,   Hochfrequenzmeßtechnik
                223 Seiten. DM 17,80

Gerdsen,   Digitale Übertragungstechnik
                322 Seiten. DM 19,80

Goerth,   Einführung in die Nachrichtentechnik
                184 Seiten. DM 15,80

Haack,   Einführung in die Digitaltechnik
                4. Auflage. 232 Seiten. DM 17,80

Harth,   Halbleitertechnologie
                2., überarbeitete Aufl. 135 Seiten. DM 16,80

Heidermanns,   Elektroakustik
                138 Seiten. DM 14,80

Hilpert,   Halbleiterelemente
                3., erweiterte Aufl. 184 Seiten. DM 15,80

Höhnle,   Elektrotechnik mit dem Taschenrechner
                228 Seiten. DM 16,80

Kirschbaum,   Transistorverstärker

                Band 1 Technische Grundlagen
                3., durchgesehene Aufl. 215 Seiten. DM 16,80

                Band 2 Schaltungstechnik Teil 1
                3., durchgesehene Aufl. 231 Seiten. DM 17,80
                Band 3 Schaltungstechnik Teil 2
                2., durchgesehene Aufl. 247 Seiten. DM 17,80

Morgenstern,   Farbfernsehtechnik
                2., überarbeitete und erweiterte Auflage
                260 Seiten. DM 18,80

Fortsetzung auf der 3. Umschlagseite

Zu diesem Buch

Dieses Skriptum führt in das Gebiet der Radartechnik ein.
Schwerpunktmäßig werden die wesentlichen Radarverfahren,
die Zieldetektion, die Informationsgewinnung, der Einfluß
der Wellenausbreitung und die verschiedenen Anwendungsmöglichkeiten behandelt. In die Darstellung einbezogen sind
auch die Bereiche Leistungserzeugung, Antennen und Radar-
störung.

Das Buch wendet sich an Studierende der Elektrotechnik
und Physik ab Vordiplom sowie an technisch Interessierte
mit entsprechenden Grundkenntnissen. Der Stoff ist so aus-
gewählt und dargeboten, daß das Buch vorlesungsbegleitend
genutzt werden kann, sich aber auch zum Selbststudium und
zur Einarbeitung eignet.

Einführung
in die Radartechnik

Von Dr.-Ing. Erwin Baur

Leiter einer Abteilung für Systemtechnik
im Geschäftsbereich Hochfrequenztechnik Ulm
der AEG-TELEFUNKEN Anlagentechnik AG

und Lehrbeauftragter an der
Universität Hannover

Mit 105 Bildern und 6 Tabellen

B. G. Teubner Stuttgart 1985

Dr.-Ing. Erwin Baur

1931 in Ulm (Donau) geboren. 1951 bis 1957 Studium
der Physik an der Technischen Hochschule Stuttgart.
Ab 1957 beschäftigt bei AEG-TELEFUNKEN in Ulm.
1964 Promotion an der Technischen Hochschule Darm-
stadt. Leiter einer systemtechnischen Abteilung im
Geschäftsbereich Hochfrequenztechnik der AEG-TELE-
FUNKEN Anlagentechnik Aktiengesellschaft. Seit 1979
Lehrbeauftragter für Radartechnik am Institut für
Hochfrequenztechnik der Universität Hannover.

CIP-Kurztitelaufnahme der Deutschen Bibliothek

Baur, Erwin:
Einführung in die Radartechnik / von Erwin Baur. -
Stuttgart : Teubner, 1985.
  (Teubner-Studienskripten ; 106 : Elektro=
  technik)

  ISBN 978-3-519-00106-5   ISBN 978-3-663-01400-3 (eBook)
  DOI 10.1007/978-3-663-01400-3

NE: GT

Gesamtherstellung: Beltz Offsetdruck, Hemsbach/Bergstr.
Umschlaggestaltung: W. Koch, Sindelfingen

Vorwort

Das erste Patent auf dem Gebiet der Radartechnik wurde bereits im Jahre 1904 erteilt. Jedoch erst nach 1920 zeigten sich regere Aktivitäten, worin sich der Einfluß von Marconi und Sir Watson-Watt bemerkbar machte. Ihre ersten Höhepunkte erreichte die Radartechnik in den 40er Jahren, an denen in Deutschland die Firmen GEMA, Siemens & Halske und TELEFUNKEN maßgeblich beteiligt waren. Ab 1950 setzte dann, stimuliert durch eine Reihe von technologischen Innovationen in verschiedenen technischen Disziplinen eine rasante Entwicklung ein, deren Auswirkungen sich darin bemerkbar machen, daß die Radartechnik ein weites Anwendungsfeld gefunden hat, so z.B. in der Flugsicherung, in der Schiffahrt, im militärischen Bereich, im Verkehr auf Straße und Schiene, in der Meteorologie und auf dem industriellen Sektor.

Dem vorliegenden Buch diente als Grundlage ein Manuskript, welches im Rahmen einer Wahlvorlesung über Radartechnik mit einführendem Charakter entstand. Diese Vorlesung wird an der Universität Hannover gehalten und richtet sich in einem 2-semestrigen Rhythmus im wesentlichen an Studenten der Fachrichtungen Elektrotechnik und Physik nach abgeschlossenem Vordiplom. Der Stoff ist derart zusammengestellt, daß das Buch vorlesungsbegleitend genutzt werden kann, jedoch auch für technisch Interessierte mit entsprechenden Grundkenntnissen als Einführung in Frage kommt. Als inhaltliche Vorlage dienten mehrere Standardwerke sowie eine Reihe spezieller Veröffentlichungen und Abhandlungen aus relevanten Fachzeitschriften und anderen zugänglichen Quellen. Die Literaturhinweise sind jeweils abschnittsweise vermerkt und besonders auch dazu gedacht, weiterführende Unterlagen zu bezeichnen und bei deren Beschaffung behilflich zu sein.

Den stofflichen Schwerpunkt dieses Buches bilden die Radar-

verfahren wie Dauerstrich-, Impuls-, Pulsdoppler- und Sekundärradarverfahren, die Informationsgewinnung und -darstellung
sowie die Behandlung des Problems der Zieldetektion und des
Einflusses der Wellenausbreitung. Angesprochen werden außerdem die Bereiche Leistungserzeugung, Antennen und Radarstö-
rung. Die Darlegung der wesentlichen Anwendungsmöglichkeiten
soll eine inhaltliche Abrundung bewirken.

Dieses Skriptum wäre nicht zustandegekommen, wenn Herr Pro-
fessor Löcherer mir nicht die Chance geboten hätte, an seinem
Institut für Hochfrequenztechnik über Radartechnik zu lehren,
meine Firma, AEG-TELEFUNKEN, dies nicht tatkräftig unterstützt hätte und der Teubner-Verlag nicht bereit gewesen
wäre, es zu veröffentlichen. Dafür möchte ich allen daran
Beteiligten meinen Dank aussprechen. Besonders bedanken
möchte ich mich aber auch bei denen, die bei der Gestaltung
des Manuskripts in Schrift und Bild behilflich waren sowie
bei meiner Familie, die mich mit viel Verständnis und Geduld
in meiner Arbeit bestärkte.

Ulm, Dezember 1984   Erwin Baur

Inhaltsverzeichnis

1	Einleitung	9
	1.1 Radarprinzip	9
	1.2 Radararten	12
	1.3 Radarfrequenzen	14
	1.4 Historie des Radars	15
	1.5 Radargleichung	17
2	Leistungserzeugung	21
	2.1 Grundbegriffe	21
	2.2 Röhren	22
	2.3 Halbleiter	26
3	Antennen	29
	3.1 Eigenschaften	29
	3.2 Reflektorantennen	33
	3.3 Phasengesteuerte Antennen	37
	3.4 Radom	40
4	Empfänger	51
	4.1 Rauscheigenschaften	51
	4.2 Signal/Rauschverhältnis	57
	4.3 Impulsintegration	63
	4.4 Optimalfilter	68
	4.5 Impulskompression	75
5	Wellenausbreitung	80
	5.1 Einfluß der Erdkrümmung	80
	5.2 Atmosphärische Brechung	81
	5.3 Rückstrahlquerschnitt	85
	5.4 Rückstreuung an ausgedehnten Zielen	95
	5.5 Wellenausbreitung in unmittelbarer Erdnähe	101
	5.6 Atmosphärische Dämpfung	109

6   Radarverfahren   113
      6.1 Dauerstrich-Verfahren   113
      6.2 FM-CW-Verfahren   124
      6.3 Impuls-Verfahren   133
      6.4 MTI-Verfahren   143
      6.5 PD-Verfahren mit Entfernungstoren   156
      6.6 Sekundärradar-Verfahren   161

7   Informationsgewinnung   172
      7.1 Abtaststrategien   172
      7.2 Winkelmessung durch sequentielle Umtastung   175
      7.3 Winkelmessung durch konische Abtastung   177
      7.4 Winkelmessung mit Amplituden-Monopuls   185
      7.5 Winkelmessung mit Phasen-Monopuls   189
      7.6 Entfernungsmessung   192
      7.7 Geschwindigkeitsmessung   195
      7.8 Darstellungsverfahren   197

8   Radarstörer   201
      8.1 Aktive Störer   201
      8.2 Passive Störer   205

9   Radaranwendungen   206
      9.1 Radare zur Luftraumüberwachung   206
          9.1.1 Genereller Aufbau   206
          9.1.2 Spezielle schaltungstechnische Maßnahmen   212
          9.1.3 Signalverluste   216
      9.2 Radare zur Luftzielverfolgung   218
          9.2.1 Genereller Aufbau und Funktionsweise   218
          9.2.2 Fehlereinflüsse   222
      9.3 Überblick   228

Literaturverzeichnis   239
Symbolliste   242
Sachwörterverzeichnis   247

1   Einleitung

Zunächst wird auf Prinzipielles in der Radartechnik hingewiesen, dem sich die Erläuterung der verschiedenen Radararten, der gebräuchlichen Frequenzbereiche und des historischen Verlaufs der Radartechnik anschließt. Den Abschluß bildet die Herleitung der Radargleichung.

1.1   Radarprinzip

Ein Radar ist ein mit sehr kurzen elektromagnetischen Wellen (v.a. Dezimeter- bis Millimeterwellen) arbeitendes Ortungssystem. Es dient zur Erfassung, Ortsbestimmung und Feststellung des Bewegungszustandes von Objekten (Zielen).

Die Bezeichnung RADAR stammt aus dem Englischen und ist die Abkürzung für

"<u>Ra</u>dio <u>D</u>etecting <u>A</u>nd <u>R</u>anging".

Die Radarinformationen werden über einen aus Sender, Sendeantenne, Ziel, Empfangsantenne und Empfänger gebildeten nachrichtentechnischen Kanal übertragen und gewonnen (Abschnitte 6 und 7). Der Sender ist die Quelle hochfrequenter Leistung (Abschnitt 2), die meist in gebündelter Form von der Sendeantenne (Abschnitt 3) in den Raum abgestrahlt wird. Von dieser Leistung gelangt ein Teil nur in den Radarempfänger (Abschnitt 4), wenn eine Verkopplung über ein reflektierendes Ziel (Abschnitt 5.3) erfolgt. Die Reflexion kann je nach geometrischer, struktureller und stofflicher Beschaffenheit der Zieloberfläche mehr oder weniger stark, diffus oder total sein.

Im Radarempfänger erfolgt durch entsprechende Zielsignalauswertung nach der Zielerfassung die Bestimmung der Zielkoordinaten. Unter Zielkoordinaten (Bild 1.1) versteht man:

- Azimut α,
- Elevation ϵ,
- Entfernung R,
- Geschwindigkeit v_z (bzw. Radialgeschwindigkeit v_r) und
- Höhe H_z.

Die Zielentfernung kann aus der Laufzeit des Radarsignals vom

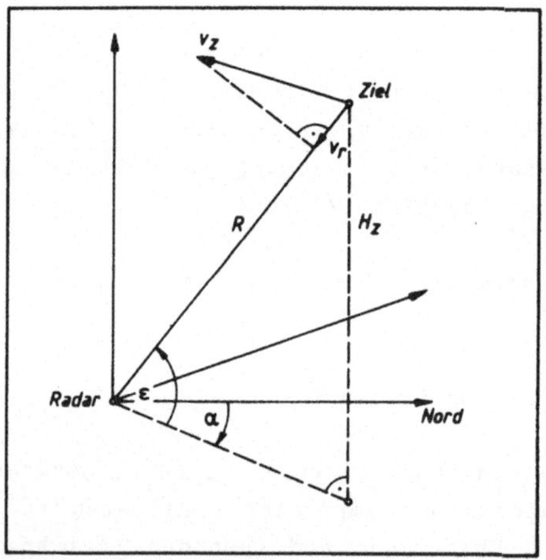

Bild 1.1: Zielkoordi-
naten

Sender über das Ziel zum Empfänger, die radiale Zielgeschwindigkeit aus der Frequenzverschiebung zwischen Sende- und Empfangssignal infolge des Dopplereffekts und die Zielrichtung
aus der Orientierung der empfangenen Welle bestimmt werden.

Ein Radargerät ist nicht nur unmittelbar in Verbindung mit
den zu erfassenden Objekten zu betrachten, sondern vor allem
auch in der Umgebung, in der es zu arbeiten hat. Bild 1.2
soll dies für den Fall eines Flugzieles verdeutlichen. Ein
der Aufgabe leistungsmäßig angepaßter Sender erzeugt die
erforderliche Energie, die über die Sendeantenne abgestrahlt
wird. Auf dem Weg zum Ziel und zurück zum Radar unterliegt
das Signal dem Einfluß von Atmosphäre (Regen, Wolken, Nebel,

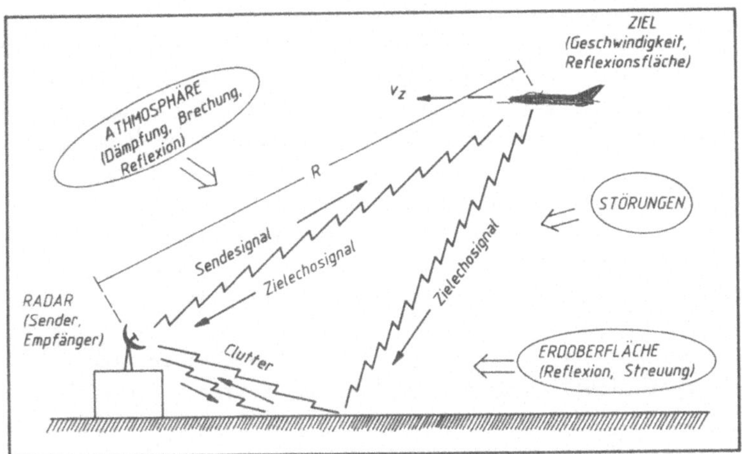

<u>Bild 1.2:</u> Signalausbreitung

Schnee) und Erdoberfläche (Boden, Wasser). Die Atmosphäre
wirkt abhängig vom jeweiligen Zustand mehr oder weniger stark
dämpfend, brechend und reflektierend. Durch die Erdoberfläche
können je nach Stellung (Elevation) von Sende- und Empfangsantenne dem Radarempfänger außer dem direkten Zielsignal auch
sogenannte Cluttersignale zugestrahlt werden. Cluttersignale
entstehen durch Reflexion bzw. Streuung von auf die Erdoberfläche eingestrahlter Energie, die sowohl direkt vom Radar
als auch vom Ziel herkommen kann. Das eigentliche und gewünschte direkt vom Ziel kommende Signal kann dabei von
Cluttersignalen überlagert und sogar verdeckt sein. Die
Zielinformationen können dadurch fehlerbehaftet sein oder gar
ausfallen. Die Dämpfung der Atmosphäre wirkt sich auf das
Radar reichweitenvermindernd aus, während durch Brechung
sogar Überreichweiten erzielbar sind. Desweiteren werden
durch Brechung verfälschte Informationen über Zielrichtung
und -entfernung vermittelt. Bei Reflexionen in der Atmosphäre
ist ebenfalls mit reduzierten Zielreichweiten und Maskierung
der Ziele zu rechnen (Abschnitt 5).

Die Radarumgebung ist häufig verseucht durch elektronische Störsignale und sogenannte Düppel, künstlich erzeugte Reflektoren kleiner Abmessung. Düppel werden meist in großer Anzahl in Form von Wolken eingesetzt. Man spricht dann auch von Düppelwolken. Elektronische Störungen können durch benachbarte Radaranlagen oder in der Nähe arbeitende Funkdienste verursacht werden. Sie können aber auch wie bei militärischen Anwendungen zur absichtlichen Informationsverfälschung oder gar Verhinderung einer Informationsgewinnung gewollt sein. Letzteres gilt auch für Düppelstörungen (Abschnitt 8).

Mit dem Radar ist es möglich die Fähigkeiten der menschlichen Sinne hinsichtlich Beobachten und Betrachten zu erweitern. Es kann jedoch keinesfalls das menschliche Auge ersetzen. Das Radar erkennt im Gegensatz zum Auge zwar keine vergleichbaren Einzelheiten und Farben von Objekten, es ist aber in der Lage, auch dann noch Informationen zu liefern, wenn es dem Auge nicht mehr möglich ist, z.B. bei Dunkelheit, Nebel, Regen oder Schneefall.

1.2 Radararten

In den meisten radartechnischen Anwendungen wird _eine_ Antenne für Senden und Empfangen benutzt. Äquivalent dazu ist eine Anordnung mit _zwei_ Antennen, wenn der gegenseitige Abstand derselben im Vergleich zur Entfernung zum Ziel klein ist. Radare mit derartigen Antennensystemen nennt man _monostatische_ Radare (Bild 1.3). Bei einem _bistatischen_ Radar dagegen haben Sende- und Empfangsantenne einen beträchtlichen gegenseitigen Abstand. Bild 1.4 zeigt den ebenen Fall. Ein bistatisches Konzept ist erweiterbar, wenn anstelle eines Empfängers einem Sender mehrere voneinander getrennte Empfänger zugeordnet werden. Man spricht dann von einem _multistatischen_ Radar.

Ein Radarsystem der bislang betrachteten Art nennt man ein

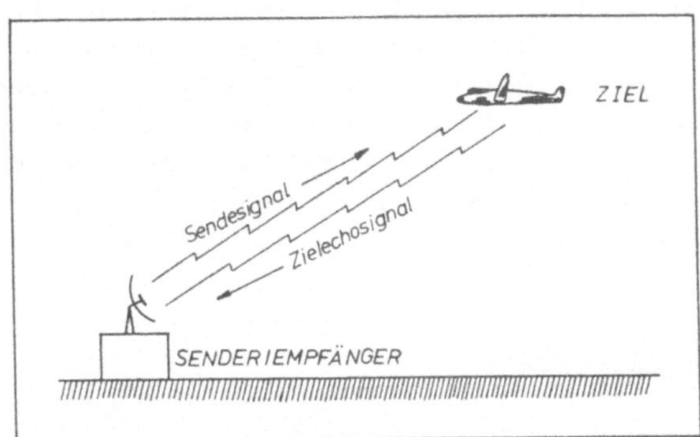

Bild 1.3: Monostatisches Radar

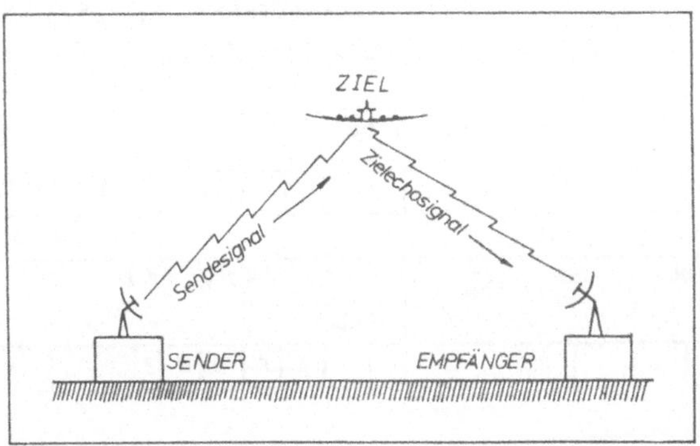

Bild 1.4: Bistatisches Radar

<u>Primärradar</u>. Bei einem Primärradar wird im Radarempfänger das Signalecho eines passiven Zieles ausgewertet. Das Primärradar ist der am häufigsten benutzte Anlagentyp. Im Gegensatz dazu wird bei einem sogenannten <u>Sekundärradar</u> (Abschnitt 6.6) das Zielecho durch das Sendesignal ausgelöst und durch einen Sender, den sogenannten Transponder, im Ziel selbst erzeugt. Anwendung finden solche Radaranlagen fast ausschließlich in der Flugsicherung und im militärischen Bereich zur Zielidentifizierung und Übertragung der Höheninformation.

Von einem <u>eindimensionalen</u> (1D) Radar spricht man, wenn es
eine Zielkoordinate zu liefern vermag; meist ist ein 1D-Radar
ein Gerät zur Entfernungsmessung. Ein <u>zweidimensionales</u> (2D)
Radar ist in der Lage Ziele in zwei Koordinaten zu vermessen;
typisch sind Entfernung und Azimut. Drei Zielkoordinaten fallen bei einem <u>dreidimensionalen</u> (3D) Radar an und zwar Entfernung, Azimut und Elevation.

1.3   Radarfrequenzen

Der Radarfrequenzbereich erstreckt sich von ca. 30 MHz bis
300 GHz; das entspricht etwa 13 Oktaven. Die derzeit genutz-
ten Frequenzen liegen im wesentlichen zwischen 1 GHz und
100 GHz. In Tabelle 1.1 ist die Einteilung des Radarfrequenz-

<u>Tabelle 1.1:</u>   Radarfrequenzbereich

VHF			UHF(P)		L	S	C	X	K_u	K	K_a	Q Millimeter
		300							12,5 18 26,5			
30	100	250	500	1,0	2,0 3,0 4,0 6,0 8,0 10			20			40 60 100	
→ MHz			→ GHz									
VHF	A	B	C	D	E	F	G	H	I	J	K	L	M

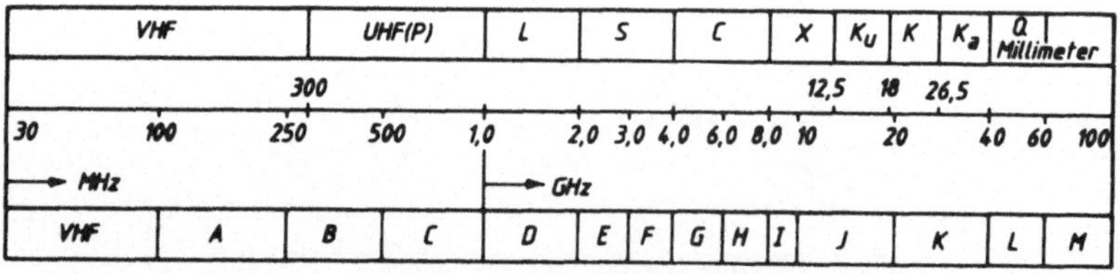

bereiches in einzelne Bänder wiedergegeben. Schon relativ
früh in der Entwicklung des Radars wurden die spezifischen
Radarbänder mit einem Buchstabenkode belegt: L, S, C, X, K_u,
K, K_a, Q. Der ursprüngliche Grund dafür war die militärische
Geheimhaltung. Später jedoch wurde dieser Kode ganz generell
beibehalten. Eine andere Bezeichnungsart, der man in neuerer
Zeit oft begegnet, unterteilt ab 100 MHz mit A beginnend in
alphabetisch geordnete Bereiche.

1.4 Historie des Radars /1, 2/

Theoretisch sagte bereits J. C. M a x w e l l   im Jahre
1865 die Existenz elektromagnetischer Wellen voraus. 1887
erfolgte   dann   die   experimentelle   Bestätigung   durch
H e i n r i c h   H e r t z, der unter anderem nachwies, daß
sich elektromagnetische Wellen hinsichtlich Reflexion, Inter-
ferenz und Polarisation genauso verhalten wie Licht. Im Jahre
1904 wurde C h r i s t i a n   H ü l s m e y e r   ein Patent mit dem Titel "Verfahren um entfernte metallische Gegen-
stände mittels elektrischer Wellen einem Beobachter zu mel-
den" erteilt. M a r c o n i   erkannte die Bedeutung von
kurzen elektromagnetischen Wellen für Ortungszwecke und
drängte bereits 1922 auf ihre Anwendung.

T a y l o r   und Y o u n g   vom Naval Research Labora-
tory in USA bauten das erste Dauerstrich (CW)-Radar. Die Wellenlänge betrug 5 m. Im Jahre 1922 konnte damit zum erstenmal
ein hölzernes Schiff einwandfrei detektiert werden. Die erste
Anwendung der Impulstechnik zur Messung von Entfernungen erfolgte durch B r e i t   und T u v e   im Kurzwellenbe-
reich (10 m bis 100 m) Mitte der 20er Jahre. Sie vermaßen die
Höhe der Ionosphäre. Dabei erfolgte die erstmalige Benutzung
des aus der Schallmeßtechnik bekannten Echoprinzips.

Dann dauerte es bis Mitte der 30er Jahre, bevor in USA und
auch in Europa (vornehmlich Deutschland, England und Frank-
reich) die Forschung auf dem Gebiet der Radartechnik intensi-
viert wurde. 1935 empfahl S i r   R o b e r t   W a t s o n -
W a t t   in Großbritannien die Nutzung von elektromagnetischen Wellen zur Erkennung von Objekten. Noch in demselben
Jahr erreichten britische Techniker Entfernungen von über 60
km gegen Flugzeuge bei einer Frequenz von 12 MHz. Kurze Zeit
später, 1938, konnte die amerikanische Marine bei 200 MHz
Schiffsentfernungen bis zu 80 km messen. 1939 installierten
die Engländer zum erstenmal ein Radar in einem Flugzeug.

Unmittelbar vor und vor allem während des 2. Weltkrieges wurde die Radartechnik im Hinblick auf militärische Anwendungen in England und USA als auch in Deutschland gewaltig vorangetrieben. Ab 1941 erfolgte die Zusammenlegung der englischen und amerikanischen Radarentwicklung. Das berühmte MIT (Massachusetts Institute of Technology) war die Zentrale für diese Bemühungen. Einige deutsche Entwicklungen bis 1945 enthält Tabelle 1.2. Die Firma GEMA, Gesellschaft für elektroakustische und mechanische Apparate, entwickelte ab Mitte der 30er Jahre das Zielsuchgerät "Freya". Es wurde während des Krieges im Flugmeldedienst eingesetzt. Aus Freya-Komponenten entstand bei den Firmen GEMA und Siemens & Halske ab 1940 das Rundsuchgerät "Jagdschloß". Die Firma TELEFUNKEN baute ab 1939 das Flakfeuerleitgerät "Würzburg", ein 3D-Gerät mit einer für Senden und Empfangen gemeinsamen Parabolantenne. Wei-

Tabelle 1.2:   Einige deutsche Radar-Entwicklungen bis 1945 (f = Frequenz, P_S = Sendeleistung, R = Reichweite gegen Flugzeuge)

Bezeichnung	Einsatz-jahr	f/MHz	P_S/kW	Antennen-abmessgn. in m	R/km
Freya	1939	125	10	4,7x6,2	20-120
Würzburg	1940	560	8	3Ø	20- 30
Würzburg-Riese	1941	560	8	7,5Ø	40- 60
Mannheim	1942	560	16	3Ø	25- 35
Jagdschloss	1943	120-158 158-230	150	3x24	80-200
Marbach	1944	3300	15	4,5Ø	30- 50

tere Entwicklungen waren dann "Würzburg Riese" und "Mannheim", ein Präzisionsradar mit hoher Sendeleistung, später "Marbach" mit einer Peilgenauigkeit von 1 mrad im Azimut.

Ein gewaltiger Fortschritt vollzog sich dann ab 1950, z.B.

durch

- die Erzeugung hoher Leistungen mit Magnetron, Klystron, Wanderfeldröhre,
- die Entwicklung elektronisch gesteuerter Antennen,
- die Nutzung der Halbleitertechnik und der verschiedensten Integrationstechniken,
- die Entwicklung rauscharmer Eingangsstufen,
- die Einführung der Digitaltechnik in die Signalverarbeitung und Anzeigentechnik,
- die Lösung der Zieldetektionsprobleme mit statistischen Methoden,
- die Automatisierung der Datenverarbeitung mittels Rechner und
- die Erschließung höherer Frequenzbereiche bis in den Millimeterwellenbereich (hohe Zielauflösung und Meßgenauigkeit).

1.5   Radargleichung

Die sogenannte Radargleichung stellt eine Zusammenfassung aller systemrelevanten Bestimmungsgrößen zur Berechnung der Radarreichweite dar. Sie dient einerseits der Gewinnung des Absolutwertes der unter gegebenen Bedingungen erzielbaren Reichweite, andererseits läßt sie die relative bzw. prozentuale Beeinflussung der Reichweite bei Veränderung gewisser Systemparameter erkennen.

Bezeichnet man mit P_S die Sendeleistung eines Radars (Abschnitt 2) und beschreibt mit a_S die Auswirkungen von Signalverlusten auf dem Sendeweg, dann steht an der Sendeantenne noch die Abstrahlleistung

$$P_a = \frac{P_S}{a_S} \qquad\qquad (1.1)$$

zur Verfügung. Strahlt nun die Antenne omnidirektional, so gibt sie ihre Leistung gleichmäßig in alle Richtungen des Raumes ab. Die Leistungsdichte (Leistung pro Flächeneinheit) in einer Entfernung R_1 vom Radargerät ist dann gleich der von der Antenne ausgesandten Leistung dividiert durch die Oberfläche $4\pi\,R_1^2$ der Kugel mit dem Radius R_1 :

$$P_{R1} = \frac{P_s}{4\pi R_1^2 a_s} \quad .$$

$$(1.2)$$

Anstelle von Rundstrahlantennen werden in der Radartechnik meist Antennen mit Richtcharakteristik (Abschnitt 3) verwendet, um die Leistung in eine bestimmte Richtung zu konzentrieren. Der sogenannte Gewinn G einer Antenne ist dabei ein Maß für den in Richtung des Zieles ausgestrahlten Leistungszuwachs bezogen auf die Leistung, die über eine Rundstrahlantenne ausgesandt worden wäre. Ist der Zielabstand vom Radar mit R_1 identisch, so beträgt die Leistungsdichte am Zielort bei Benutzung einer solchen Richtantenne

$$P_z = \frac{P_s G}{4\pi R_1^2 a_s} \quad .$$

$$(1.3)$$

Die vom Ziel wieder abgestrahlte Leistung ist:

$$P_z = \frac{P_s G \sigma}{4\pi R_1^2 a_s} \quad .$$

$$(1.4)$$

Das Ziel wird dabei als isotroper Reflektor betrachtet; σ repräsentiert die entsprechende Reflexionsfläche (Abschnitt 5.3). Am Ort der Radarempfangsantenne im Abstand R_2 vom Ziel ist die Leistungsdichte gleich der am Ziel reflektierten Leistung dividiert durch die Oberfläche $4\pi\,R_2^2$ der Kugel mit dem Radius R_2:

19

$$P_e = \frac{P_S G \sigma}{(4\pi)^2 R_1^2 R_2^2 a_s} \cdot \qquad (1.5)$$

Sie ist gemäß Definition von σ gleich der durch die wirkliche Strahlung erzeugten Leistungsdichte. Berücksichtigt man noch die auf dem Weg Radarsender/Ziel/Empfänger auf das Radarsignal einwirkende atmosphärische Dämpfung durch a_a (Abschnitt 5.6), dann erhält man am Empfangsort schließlich die Leistungsdichte

$$P_{e'} = \frac{P_S G \sigma}{(4\pi)^2 R_1^2 R_2^2 a_s a_a} \cdot \qquad (1.6)$$

Mit der effektiven Wirkfläche A_w der Empfangsantenne (Abschnitt 3) ergibt sich die von ihr aufgenommene Leistung zu:

$$P_{e'} = \frac{P_S G \sigma A_w}{(4\pi)^2 R_1^2 R_2^2 a_s a_a} \cdot \qquad (1.7)$$

Da auch im Radarempfänger mit Verlusten zu rechnen ist, steht schließlich folgende resultierende Empfangsleistung zur Verfügung:

$$P_e = \frac{P_S G \sigma A_w}{(4\pi)^2 R_1^2 R_2^2 a a_a} \, , \qquad (1.8)$$

wenn durch a der Einfluß von empfänger- und senderseitigen Verlusten (Abschnitt 9.1.3) zusammengefaßt wird.

Im allgemeinen interessiert die maximal erzielbare Reichweite R_{max}, die man aus Gl. (1.8) für die zur Zielerfassung minimal erforderliche Empfangsleistung P_{emin} (Abschnitt 4) erhält:

(a) <u>Bistatisches Radar:</u>

$$R^2_{max} = \frac{P_S G \sigma A_w}{(4\pi)^2 R_1^2 a a_a P_{emin}} \quad .$$ (1.9)

(b) <u>Monostatisches Radar:</u>

$$R^4_{max} = \frac{P_S G \sigma A_w}{(4\pi)^2 a a_a P_{emin}} \quad .$$ (1.10)

(c) <u>Sekundärradar:</u>

$$R^2_{max} = \frac{P_S G A_w}{4\pi a a_a P_{emin}} \quad .$$ (1.11)

Die Beziehung (1.11) gilt sowohl für den Fall
- Sender in der Bodenanlage, Empfänger im Ziel als auch
- Sender im Ziel, Empfänger in der Bodenanlage.

2 Leistungserzeugung

Es werden die wichtigsten mit der Leistungserzeugung und -verstärkung zusammenhängenden Begriffe erläutert. Für den Großleistungsbereich steht eine erhebliche Anzahl von Röhrentypen zur Verfügung, während man für geringere Leistungen Halbleitern den Vorzug gibt. Die bedeutendsten in der Radartechnik eingesetzten Röhren und Halbleiter werden in ihren wesentlichen Eigenschaften beschrieben.

2.1 Grundbegriffe

Ein Impulsradar wird leistungsmäßig charakterisiert durch die von ihm erzeugte Spitzenleistung P_s sowie durch die mittlere Leistung P_m. Für ein rechteckförmig getastetes Dauerstrichsignal mit der Impulsdauer (Impulsbreite) τ_p und dem Impulsabstand (Impulsperiode) T_p - Impulsfolgefrequenz (Tastfrequenz) $f_p = 1/T_p$ - ergibt sich als Spitzenleistung der Leistungsmittelwert über die Trägersignalperiode und als mittlere Leistung der Leistungsmittelwert über die Impulsperiode. Zwischen P_s und P_m besteht folgende Beziehung:

$$P_m = \frac{\tau_p}{T_p} P_s = \tau_p f_p P_s \quad , \tag{2.1}$$

dabei wird

$$\varkappa = \frac{\tau_p}{T_p} = \tau_p f_p = \frac{P_m}{P_s} \tag{2.2}$$

als Tastverhältnis bezeichnet. Es ist stets $\leqslant 1$; für CW-Signale wird $\varkappa = 1$ und damit $P_m = P_s$.

Setzt man anstelle von P_s nun P_m nach Gl. (2.1) in die Radargleichung (1.10) für den monostatischen Fall ein, dann ergibt sich folgende Variante:

$$R_{max}^4 = \frac{P_m\, G \sigma A_w}{(4\pi)^2 \tau_p\, f_p\, a\, a_a\, P_{emin}} \quad . \tag{2.3}$$

Wie man der Radargleichung entnehmen kann, ist die Sendeleistung der 4. Potenz der Entfernung Radar/Ziel proportional. Um die Reichweite zu verdoppeln, muß die Leistung versechzehnfacht werden.

2.2   Röhren /3-9/

Die in der Radartechnik zur Leistungserzeugung und Leistungsverstärkung eingesetzten Röhren gehören zur Gruppe der sogenannten Laufzeitröhren. Es sind Elektronenröhren für das Hochfrequenzgebiet ($\doteq$ 1 GHz), bei denen die Laufzeit der Elektronen nicht mehr klein gegen die Periodendauer des Hochfrequenzsignals bleibt, sondern vergleichbar wird, sogar mehrere Perioden umfassen kann. Dieser Tatbestand wird zur Verstärkung und Schwingungserzeugung ausgenutzt. Die Elektronen erfahren eine Wechselwirkung mit einem hochfrequenten Feld, entweder während ihres ganzen Weges zwischen Strahlerzeugungssystem und Auffänger oder nur in einem begrenzten Steuerraum. Dabei wird der Elektronenstrom leistungslos in seiner Geschwindigkeit moduliert. Nach einer gewissen Laufzeit wandelt sich diese Geschwindigkeitsmodulation durch gegenseitiges Überholen und Verzögern der Elektronen in eine Dichtemodulation um. Es bilden sich sogenannte Elektronenpakete. Aus dem ursprünglichen Gleichstrom wird ein pulsierender Strom. Infolge der Wechselwirkung zwischen Hochfrequenzfeld und Elektronenströmung kann letzterer Hochfrequenzleistung entnommen werden. Zu den wesentlichen Vertretern der Laufzeitröhren gehören Kreuzfeldröhre (Magnetron, Kreuzfeldverstärker), Klystron, Wanderfeldröhre und Gyrotron.

Den derzeitigen Leistungsstand dieser Röhren illustriert

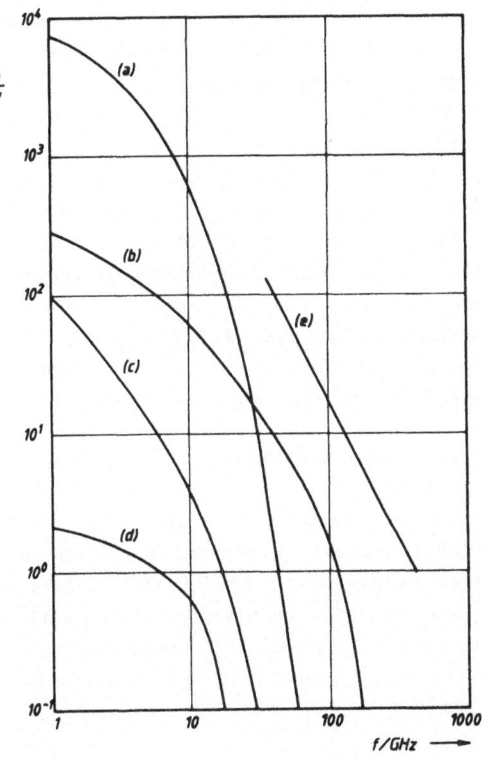

Bild 2.1: Erzeugbare mittlere Leistung in Abhängigkeit von der Frequenz /8, 9/ mit

(a) Klystrons,

(b) Wanderfeldröhren mit gekoppelten Hohlraumresonatoren,

(c) Kreuzfeldröhren,

(d) Wendel-Wanderfeldröhren,

(e) Gyrotrons

Bild 2.1. Mit Klystrons sind die höchsten mittleren Leistungen erreichbar, jedoch erfolgt der Leistungsabfall mit der Frequenz schneller als bei den Wanderfeldröhren. Oberhalb von 50 GHz sind die erzielbaren Leistungen von Klystrons von geringer Bedeutung. Dagegen lassen sich mit Wanderfeldröhren auch über 100 GHz hinaus noch nennenswerte Leistungen erzeugen. Kreuzfeldröhren zeigen dazu im Vergleich ein bescheideneres Leistungsverhalten. Sie zeichnen sich jedoch durch günstige Abmessungen, geringes Gewicht und niedrige Versorgungsspannung aus; als nachteilig ist die eingeschränkte Frequenzstabilität und das mäßige Rauschverhalten zu erwähnen. Bei hohen Frequenzen, v.a. im Millimeterwellenbereich, werden derzeit die größten Leistungen mit Gyrotrons erzeugt; dabei ist wegen der erforderlichen hohen Spannungen, Ströme und Magnetfelder der Aufwand auch entsprechend groß.

Angaben über Bandbreite und Wirkungsgrad einiger Röhrentypen sind in den Bildern 2.2 und 2.3 zusammengestellt. Dabei bezieht sich der Bandbreitenwert in Prozent auf die Bandmittenfrequenz des Röhrensystems. Klystrons erreichen erst bei höheren Leistungen nennenswerte Bandbreiten, während bei Wanderfeldröhren im unteren Leistungsbereich weitaus größere Werte erzielt werden können. Bei Kreuzfeldröhren kann man durchaus Bandbreiten zwischen 10 % und 30 % und bei Gyrotrons bis zu 10 % erwarten.

Der Wirkungsgrad ist z.T. stark bandbreitenabhängig. Mit Wanderfeldröhren sind Wirkungsgrade bis gegen 40 % realisierbar, mit Klystrons weit über 50 %, allerdings liegt in solchen Fällen die erzielbare Bandbreite dann unter 1 %. Bei Kreuzfeldröhren findet man Werteverhältnisse ähnlich wie bei Klystrons vor; bei Gyrotrons gehen die Wirkungsgrade bis 50 %.

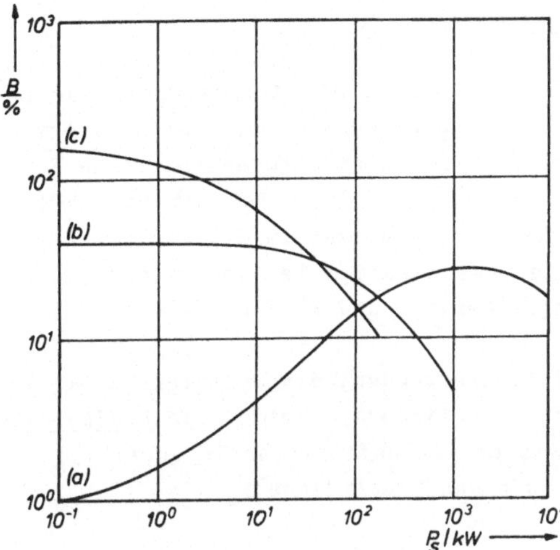

Bild 2.2: Erzielbare Bandbreite in Abhängigkeit von der Leistung /8/ bei
(a) Klystrons,
(b) Wanderfeldröhren mit gek. Hohlraumres.,
(c) Wendel-Wanderfeldröhren

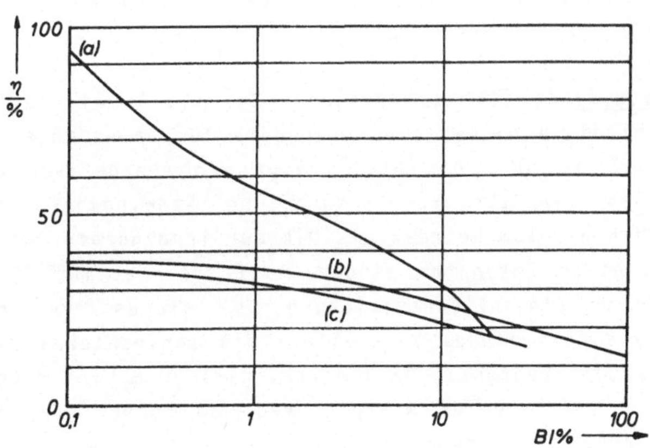

Bild 2.3: Erzielbarer Wirkungsgrad in Abhängigkeit von der Bandbreite /8/ bei
(a) Klystrons,
(b) Wendel-Wanderfeldröhren,
(c) Wanderfeldröhren mit gek. Hohlraumres.

2.3   Halbleiter /5, 10/

Im Kleinleistungsbereich werden in der Radartechnik zur Signalverstärkung und Schwingungserzeugung meist Halbleiterelemente eingesetzt. Aufgrund des rasanten technologischen Fortschritts haben sie die Röhre aus diesem Bereich fast völlig verdrängt. Der aktive Halbleiter bietet im Gegensatz zur Röhre eine Reihe von Vorteilen: niedrige Betriebsspannung, hohe Zuverlässigkeit, geringes Gewicht und kleines Volumen.

Die zur Mikrowellenleistungserzeugung eingesetzten Halbleiter lassen sich in zwei Gruppen gliedern, nämlich die <u>Dreipolelemente</u> (Bipolarer Transistor, Feldeffekttransistor (FET)) und <u>Zweipolelemente</u> (Gunndiode und Impattdiode).

Der derzeitige Stand der Leistungserzeugung mit Halbleiterelementen ist in Bild 2.4 dargestellt. Die Diagramme zeigen die erzielbare mittlere Leistung pro Einzelelement in Abhängigkeit von der Frequenz.

Die <u>Impatt-Diode</u> (IMPact Avalanche Transit Time) oder Lawinenlaufzeitdiode eignet sich besonders für Anwendungen oberhalb 5 bis 10 GHz. Die Diode zeigt einen negativen Widerstand, den man zur Verstärkung und Schwingungserzeugung ausnutzen kann. Zum Betrieb als Mikrowellengenerator wird die Diode in einen Resonator eingebaut. Betrachtet man die Wanderfeldröhre als Alternativlösung, so stehen den bereits genannten Vorteilen des Halbleiters die schlechteren Rauscheigenschaften, begrenzte Bandbreite, geringere Linearität und Stabilität, niedrigerer Wirkungsgrad und höhere Temperaturempfindlichkeit gegenüber. Der Wirkungsgrad liegt oberhalb des K_u-Bandes unter 15 %; er kann bei tieferen Frequenzen bis auf 30 % und auch noch darüber anwachsen. Die Impattdiode ist besonders für den Impulsbetrieb geeignet. Zur Erzielung höherer Leistungen als mit einem Element möglich ist, können auch mehrere Impattdioden zusammengeschaltet werden. Dies

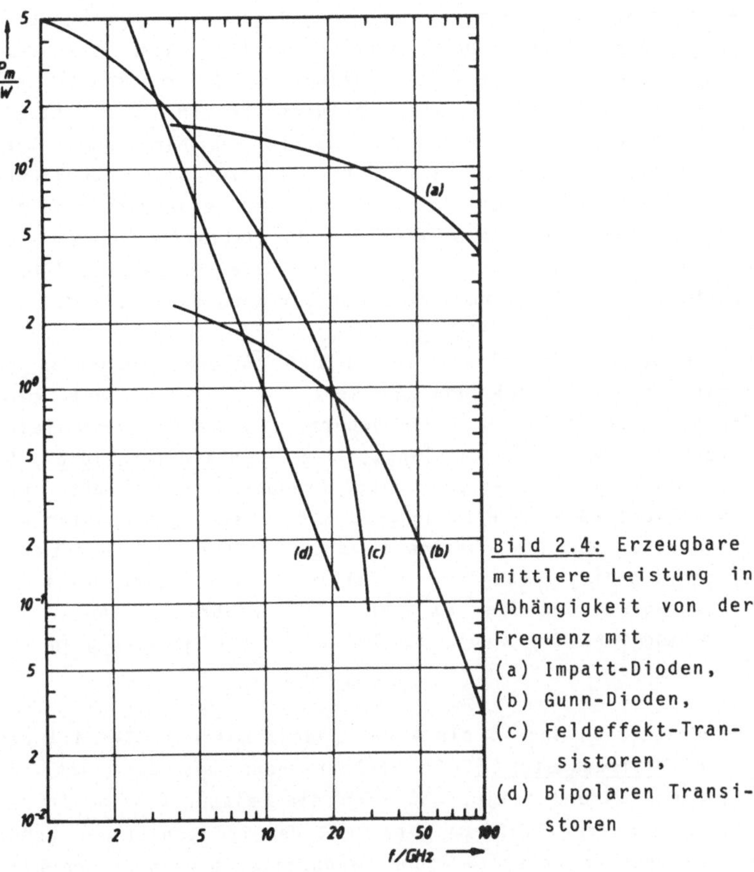

Bild 2.4: Erzeugbare mittlere Leistung in Abhängigkeit von der Frequenz mit
(a) Impatt-Dioden,
(b) Gunn-Dioden,
(c) Feldeffekt-Transistoren,
(d) Bipolaren Transistoren

kann beispielsweise durch Kopplung derselben über einen Mikrowellenresonator mit einem Kombinationswirkungsgrad von über 90 % geschehen. Da mit zunehmender Leistung die Probleme der Wärmeabführung steigen, sind dem Kombinationsgrad Grenzen gesetzt.

Wird mehr Wert auf besseres Rauschverhalten als auf große

Leistung bei hohen Radarfrequenzen gelegt, dann erweisen sich
Gunn-Dioden (Elektronen-Tansfer-Elemente) als besonders
geeignet. Diesem Vorteil steht allerdings der relativ geringe
Wirkungsgrad (kaum mehr als 5 %) gegenüber. Man erreicht mit
Gunn-Elementen einen einfachen Aufbau und eine über einen
großen Frequenzbereich ausnutzbare negative Widerstandskenn-
linie. Außerdem ergibt sich eine geringe Frequenzdrift in Abhängigkeit von der Temperatur. Im Impulsbetrieb lassen sich
erheblich höhere Leistungen erzielen als im Dauerstrichbe-
trieb; eine Größenordnung mehr ist durchaus realistisch.

Bei Frequenzen unterhalb von 5 bis 10 GHz übernehmen im
Kleinleistungsbereich mehr und mehr die Dreipolelemente eine
dominierende Rolle. Zu ihnen gehört, was den Frequenzbereich
unter 3 bis 4 GHz anbelangt, der Bipolare Transistor. Er
eignet sich für die Anwendung bei Frequenzen über 5 GHz nicht
sonderlich, da sich Wirkungsgrad und Rauscheigenschaften aus
thermischen Gründen zunehmend verschlechtern. Auch ist die
Linearität nicht besonders auffällig. Immerhin sind bei 4 GHz
Wirkungsgrade von über 30 % und 1 dB-Bandbreiten von 10 bis
15 % möglich. Bei 8 bis 10 GHz fällt der Wirkungsgrad auf
10 % und darunter.

Für Frequenzen über 3 bis 4 GHz jedoch unter 10 GHz ist der
Feldeffekttransistor (FET) vorherrschend und der sich ab-
zeichnende Trend zeigt, daß sich die Leistungsfähigkeit des
FET noch weiter steigern wird. Mit dem FET erhält man außer
entsprechender Leistung große Bandbreite, nennenswerten Wirkungsgrad, gute Rauscheigenschaften und hohe Linearität.
Bandbreiten von bis zu 1 Oktave sind realisierbar. Der erzielbare Wirkungsgrad reicht von über 40 % im S-Band bis 20 %
im K_u-Band. FET's können auch für nicht zu hohe Tastverhält-
nisse im Impulsbetrieb eingesetzt werden.

3   Antennen

Die wichtigsten Eigenschaften von Radarantennen, wie Diagrammform, Halbwertsbreite, Gewinn und Nebenzipfeldämpfung werden besprochen sowie verschiedene typische Reflektorantennen und phasengesteuerte Strahleranordnungen vorgestellt. Es folgt abschließend eine Abhandlung über das Radom als Schutz für Radarantennen, wobei besonders auf Form, Material, Struktur und elektrisches Verhalten eingegangen wird.

3.1   Eigenschaften /3, 4, 11, 12/

Das zweidimensionale Strahlungsverhalten einer Antenne mit rechteckförmiger Apertur kann im Fernfeld wie bei einem Linienstrahler durch die Feldstärke

$$E(\vartheta) = \int\limits_{-d/2}^{+d/2} A(x)\,\exp\left(i\frac{2\pi}{\lambda}\,x\sin\vartheta\right)dx \qquad (3.1)$$

beschrieben werden, wenn man mit d die Aperturbreite, mit A(x) die strommäßige Aperturbelegung und mit ϑ den auf die Aperturnormale bezogenen Abstrahlwinkel in der betrachteten Strahlungsebene bezeichnet und $d \gg \lambda$ gilt. Unter der Apertur ist die geometrische Fläche der strahlenden Öffnung der Antenne zu verstehen. A(x) ist im allgemeinen eine komplexe Größe:

$$A(x) = /A(x)/\,\exp\left[i\Psi(x)\right], \qquad (3.2)$$

dabei bedeutet

/A(x)/   die Amplitudenbelegung und

$\Psi(x)$ die Phasenbelegung.

Als einfachste Form der Aperturbelegung ergibt sich die homogene oder rechteckförmige. Sie ist über die ganze Apertur konstant, außerhalb null. Mit $/A(x)/ = A_o$ und $\Psi(x) = 0$ erhält man für die Feldstärke nach Integration und Normierung aus Gl. (3.1):

$$E(\vartheta) = \frac{\sin[\pi(d/\lambda)\sin\vartheta]}{\pi(d/\lambda)\sin\vartheta} \quad . \tag{3.3}$$

Das entsprechende leistungsmäßige Strahlungsdiagramm ist in Bild 3.1 (a) dargestellt, es hat $(\sin x/x)^2$-Form. Das Lei-

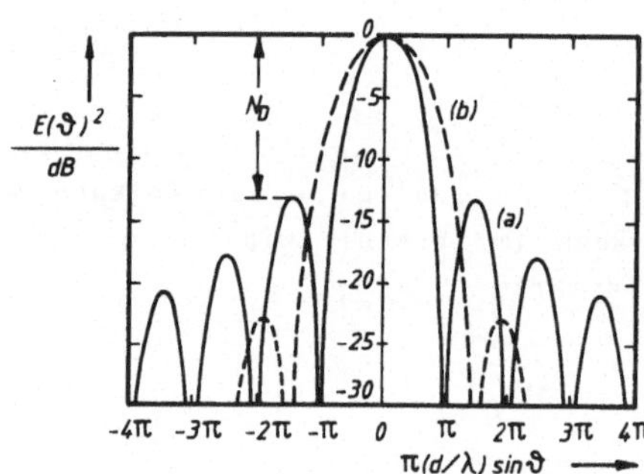

Bild 3.1: Strahlungs-
diagramm einer Anten-
ne bei
(a) homogener und
(b) cos-förmiger
Aperturbelegung

stungsmaximum des ersten Nebenzipfels liegt N_D = 13,2 dB unter demjenigen des Hauptdiagramms. Die Halbwertsbreite θ_H, d.h. der Winkelbereich im Strahlungsdiagramm, in dem die Strahlungsleistung nicht unter die Hälfte des Maximalwertes sinkt, beträgt $50,5 \cdot \lambda/d$ in Grad gemessen. Je größer die Apertur, umso geringer ist die Halbwertsbreite.

Als weiteres Beispiel zeigt Bild 3.1 (b) das Strahlungsdiagramm für eine cos-förmige Belegung

$$A(x) = A_0 \cos\left(\frac{\pi x}{d}\right) \qquad \text{mit} \qquad /x/ \leq d/2 \quad . \tag{3.4}$$

Es ergibt sich nach Gl. (3.1) bei entsprechender Normierung zu:

$$E(\vartheta) = \frac{4}{\pi}\left[\frac{\sin(\pi\frac{d}{\lambda}\sin\vartheta + \frac{\pi}{2})}{\pi\frac{d}{\lambda}\sin\vartheta + \frac{\pi}{2}} + \frac{\sin(\pi\frac{d}{\lambda}\sin\vartheta - \frac{\pi}{2})}{\pi\frac{d}{\lambda}\sin\vartheta - \frac{\pi}{2}}\right] \quad . \tag{3.5}$$

Die Halbwertsbreite von $68{,}5 \cdot \lambda/d$ ist im Vergleich zum Beispiel mit homogener Belegung vergrößert und die Nebenzipfeldämpfung N_D mit 23 dB erhöht.

Bei Flächenstrahlern spielt hinsichtlich Halbwertsbreite und Nebenzipfeldämpfung außer der Form der Belegungsfunktion auch die Gestalt der Aperturfläche eine bedeutende Rolle. In Tabelle 3.1 sind für einige Belegungsfunktionen und zwei

<u>Tabelle 3.1:</u> Eigenschaften des Strahlungsdiagramms bei Flächenstrahlern unterschiedlicher Belegungsfunktion und Aperturform

Belegungs-funktion $A(x), /x/ \leq 1$	Apertur-form	Halbwerts-breite in Grad	Nebenzipfel-dämpfung in dB	Flächen-wirkungs-grad
<u>Homogen:</u>				
1	Rechteck	$50{,}5\lambda/d$	$13{,}2$	1
1	Kreis	$58{,}5\lambda/d$	$17{,}6$	1
<u>Cos-förmig,</u> <u>$\cos^n(\pi x/2)$:</u>				
$n = 1$	Rechteck	$68{,}5\lambda/d$	$23{,}0$	$0{,}81$
1	Kreis	$70\lambda/d$	$25{,}8$	
2	Rechteck	$83\lambda/d$	$32{,}0$	$0{,}667$
2	Kreis	$90\lambda/d$	$32{,}8$	

Aperturformen diese Abhängigkeiten zusammengestellt /4, 11/. Mit einer Vergrößerung der Halbwertsbreite durch Abnahme der Belegung vom Aperturzentrum zum Rand hin verbindet sich stets eine Zunahme der Nebenzipfeldämpfung.

Neben Halbwertsbreite und Nebenzipfeldämpfung ist bei Radarantennen besonders auch der Gewinn G eine wichtige Kenngröße. Er ist ein Maß für die Richtwirkung einer Antenne, also für die Konzentration der abgestrahlten Leistung in eine bestimmte Richtung, z.B. in die Richtung eines Zieles und im Sendefall definiert als das Verhältnis der von einer Antenne in Hauptstrahlrichtung im Fernfeld erzeugten Strahlungsdichte zu der von einem Kugelstrahler in gleicher Entfernung erzeugten Strahlungsdichte bei gleicher zugeführter Leistung für Antenne und Kugelstrahler. Der Gewinn steht zum sogenannten Richtfaktor D einer Antenne, auch Strahlungsgewinn genannt, in Beziehung:

$$G = \eta D \; .$$

(3.6)

η ist der Antennenwirkungsgrad und beschreibt das Verhältnis der abgestrahlten zur gesamten zugeführten Leistung. Sind bei einem Richtstrahler α_H und ε_H die Halbwertsbreiten in Azimut- und Elevationsebene, dann läßt sich der Strahlungsgewinn näherungsweise wie folgt bestimmen:

$$D = \frac{4\pi}{\alpha_H \varepsilon_H} \; ,$$

(3.7)

wobei man die Winkelwerte in Radianten einzusetzen hat. Der Gewinn ist eine dimensionslose Größe und wird gewöhnlich in dB angegeben. Da Halbwertsbreite und Gewinn eng miteinander verknüpft sind (gegenläufig), bedeutet eine Verbesserung der Nebenzipfeldämpfung durch entsprechende Belegung einen zurückgehenden Gewinn. Er ist bei konstanter Belegung größer als bei jeder anderen. Die konstante Belegung maximiert den Gewinn.

Im Empfangsfalle ist die für die Aufnahme der einfallenden Strahlung maßgebliche Antennenfläche A, die sogenannte Absorptionsfläche oder Wirkfläche der Antenne. Zwischen der Wirkfläche A und der effektiven Wirkfläche oder Gewinnfläche A_W gilt der Zusammenhang:

$$A_W = \eta A \; .$$

(3.8)

Bei homogener Aperturbelegung entspricht A der Aperturfläche A_g. In allen anderen Fällen ist:

$$A = qA_g \; .$$
(3.9)

Unter q versteht man den Flächenwirkungsgrad einer Antenne oder die Flächenausnutzung. Weiterhin existiert eine wesentliche Beziehung zwischen Gewinn und effektiver Wirkfläche:

$$G = \frac{4\pi A_w}{\lambda^2} \; .$$
(3.10)

Mit Hilfe der behandelten Größen und ihren gegenseitigen Abhängigkeiten läßt sich für Richtstrahler eine einfache praktische Näherungsformel zur Bestimmung der Halbwertsbreite im Gradmaß herleiten:

$$\Theta_H \approx \frac{180}{\pi} \cdot \frac{1}{\sqrt{q}} \cdot \frac{\lambda}{d} \approx 70 \, \frac{\lambda}{d} \; ,$$
(3.11)

wenn d die Antennenbreite in der entsprechenden Strahlungsebene ist und für q als geläufiger Wert 0,67 eingesetzt wird.

3.2   Reflektorantennen /3, 11/

Die Reflektorantenne stellt von den im Mikrowellengebiet einsetzbaren Antennentypen eine in der Radartechnik häufig angewandte Form dar. In Bild 3.2 ist der Aufbau des normalen Parabolreflektors mit Erreger im Brennpunkt F skizziert. Der Erreger 2 leuchtet den Reflektor 1 aus. Die besonderen Eigenschaften eines Parabols sind, daß im Idealfall die von einem punktförmigen Erreger ausgehenden Strahlen

(1)   vom Parabol in eine Richtung parallel zur Parabolachse reflektiert werden und damit

(2) bis hin zu einer beliebigen Ebene senkrecht zur Parabol-
    achse im Fernfeld praktisch keine Wegunterschiede auf-
    weisen.

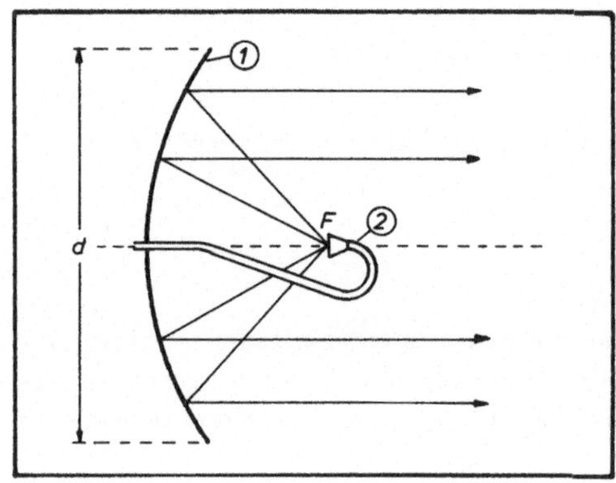

Bild 3.2: Normale
Parabolantenne

Es bildet sich eine sogenannte ebene Welle aus, d.h. ihr
Schwingungszustand in einer Ebene senkrecht zur Fortpflan-
zungsrichtung ist konstant. Wird die Parabolantenne rotationssymmetrisch ausgeführt, dann erzielt man ein in Bezug
auf die Parabolachse symmetrisches Antennendiagramm mit Keu-
lenform. Die Normalform der Parabolantenne weist zwei gravierende Nachteile auf:

(1) Der Erreger liegt direkt im Strahlengang des Spiegels,
    was zu einer Verfälschung des Strahlungsdiagrammes füh-
    ren kann. Insbesonders die Realisierung von kleinen Ne-
    benzipfeln ist erschwert.

(2) Man benötigt eine lange Zuleitung zum Erreger im Brenn-
    punkt, wodurch zumindest bei großen Antennen und hohen
    Frequenzen eine zusätzliche Dämpfung und damit ein zu-
    sätzlicher Rauschleistungsanteil entsteht.

Der erste Nachteil wird gemäß Bild 3.3 durch Verwendung eines exzentrisch angeordneten Ausschnitts eines Parabols als Reflektor vermieden. Erreger und Zuleitung liegen außerhalb des Strahlenganges. Dadurch verringert sich ihr Einfluß auf das Strahlungsdiagramm wesentlich. Auch kann der Erreger massiver

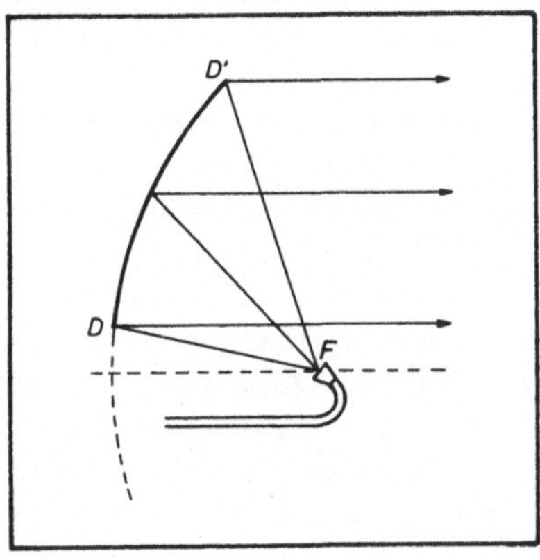

Bild 3.3: Exzentrisch angeordneter Parabolausschnitt als Reflektor

und damit konstruktiv günstiger gestaltet werden. Diese Ausführungsform ist bei Radaranlagen häufig anzutreffen.

Den zweiten Nachteil vermeidet eine sogenannte "Cassegrain"-Spiegelanordnung. Bild 3.4 zeigt das Prinzip. Dem Hauptpara-

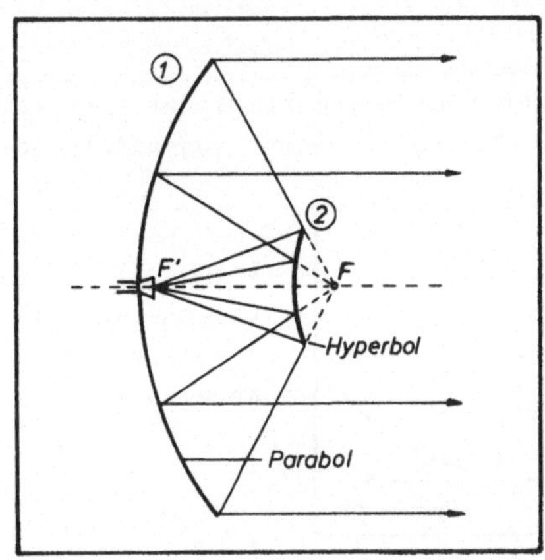

Bild 3.4: Cassegrain-Antenne

bolspiegel 1 ist ein Nebenhyperbolspiegel 2 so zugeordnet, daß der eine Brennpunkt des Hyperbols mit dem Brennpunkt F des Parabols zusammenfällt, während im anderen Brennpunkt F' des Hyperbols der Erreger sitzt. Die Zuleitung zwischen Erreger und Empfänger ist kurz, der Ausblendungseffekt durch den Nebenspiegel allerdings noch größer als beim normalen Parabol. Daher eignet sich eine solche Cassegrain-Anordnung nur, wenn keine harten Forderungen bezüglich der Nebenzipfel bestehen oder aber der Nebenspiegel für die am Hauptparabol reflektierte Strahlung, z.B. nach Polarisationsdrehung, durchlässig ist.

Asymmetrische Antennendiagramme erhält man, wenn die Begrenzungskurve des Parabols von der Kreisform abweicht. Solche Anordnungen findet man häufig bei Radaren realisiert, um zwar im Azimut hohe Bündelung zu erreichen, in der Elevation jedoch größeren Winkelbereich abzudecken. Andere Möglichkeiten, symmetrische und auch asymmetrische Diagrammformen zu erzeugen, ergeben sich z.B. mit Hilfe von parabolischen Zylindern, die in einer Ebene Parabolform zeigen und in der dazu orthogonalen linearen Verlauf. Als Erreger dient keine Punktquelle, sondern eine Linienquelle. In der einen Ebene erfolgt die Bündelung durch die Linienquelle und in der anderen durch das Parabol.

Bei Radaranlagen verwendet man vielfach anstatt der normalen Diagrammform (gestrichelt in Bild 3.5) eine sogenannte co-

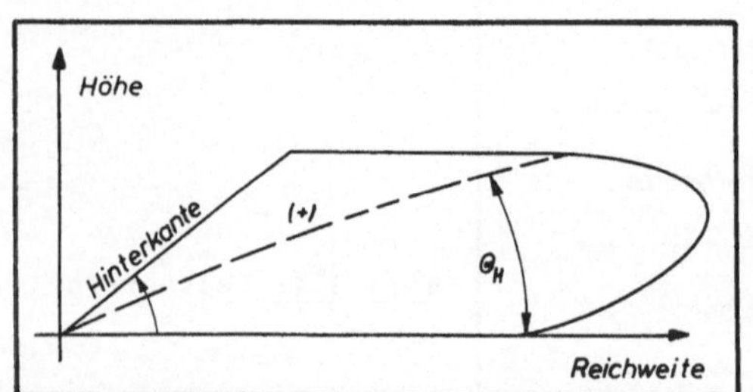

Bild 3.5:
Cosec²-Vertikaldiagramm ((+) Normaldiagramm)

sec²-Charakteristik (ausgezogenes Diagramm in Bild 3.5). Bei
dieser Diagrammform wird z.B. ein in konstanter Höhe anflie-
gendes Ziel in einem weiten Entfernungsbereich mit konstanter
Feldstärke angestrahlt. Das nämliche gilt auch für das Empfangssignal. Derartige Strahlungscharakteristika lassen sich
bei Reflektorantennen z.B. dadurch erzielen, daß dem Spiegel
im oberen bzw. unteren Bereich eine entsprechende vom Parabol
abweichende Form gegeben wird; man erhält so ein Parabol mit
Oberlippe bzw. Unterlippe /3/.

3.3   Phasengesteuerte Antennen /3/

In der Radartechnik werden in zunehmendem Maße sogenannte
elektronisch gesteuerte Antennen ("Phased Array") verwendet.
Bei ihnen erfolgt die Diagrammschwenkung nicht auf mechani-
schem Wege, sondern auf dem altbekannten Prinzip der Phasensteuerung einer Gruppe von Einzelstrahlern. Antennen dieser
Art besitzen den Vorteil, daß man die Diagramme praktisch
trägheitslos schnell und auch innerhalb gewisser Grenzen beliebig verschwenken kann. Den grundsätzlichen Aufbau einer
ebenen "Phased Array"-Anordnung zeigt Bild 3.6. Die Strahler-
fläche muß nicht notwendigerweise eben sein, sie kann auch
eine gekrümmte Form haben. Eine Gruppe von Einzelstrahlern
(z.B. elektrische Dipole oder magnetische Dipole, sogenannte
Schlitzstrahler) wird mit getrennt elektronisch verstellbaren
Phasenschiebern (Ferrit- oder Diodenphasenschieber) so kombiniert, daß die Phasenlage jedes Einzelelements einstellbar
ist. Die Steuerung geschieht meist digital mit Unterstützung
von Rechnern.

Für die Strahlschwenkung einer ebenen Anordnung in zwei Di-
mensionen (Bild 3.6) muß die Phase der Ströme in den einzelnen Antennenelementen in der Vertikalen und ebenso in der Horizontalen linear ansteigen. Ist der Phasenanstieg φ_V in
vertikaler Richtung ein Maß für den Signaleinfallswinkel bzw.

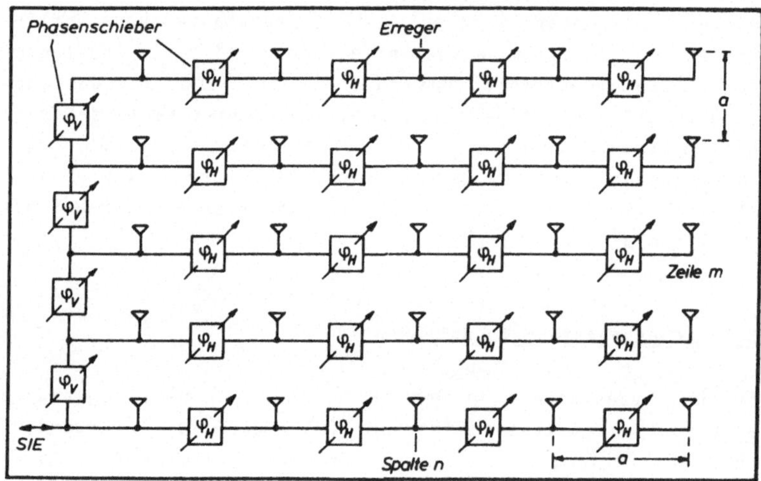

Bild 3.6: Prinzip einer 2-dimensionalen phasengesteuerten Antenne

Signalabstrahlwinkel ϑ_V in der Vertikalebene und sind φ_H und ϑ_H die entsprechenden Größen für die dazu orthogonale Ebene, so kommt dem Strahlungselement in der Zeile m und der Spalte n der Phasenwert

$$\varphi = m \cdot \varphi_H + n \cdot \varphi_V = 2\pi\frac{a}{\lambda}(m \cdot \sin\vartheta_H + n \cdot \sin\vartheta_V) \qquad (3.12)$$

zu, wenn a den vertikalen und horizontalen Strahlerabstand bezeichnet. Wird, wie in Bild 3.6 dargestellt, die vertikale Phasenverschiebung in einem vorgeschalteten Netzwerk durchgeführt, das die einzelnen Zeilen speist, erreicht man in vertikaler und horizontaler Richtung eine unabhängige Phasensteuerung.

Der Aufbau einer zweidimensional vollelektronisch steuerbaren Antenne ist aufgrund der Vielzahl von erforderlichen Einzel-

strahlern und Phasenschiebern und der entsprechenden An-
steuerelektronik mit einem nicht unerheblichen Aufwand verbunden. Daraus resultierend gibt es Lösungen, die elektronische und mechanische Diagrammverschwenkung kombinieren,
z.B. Bewegung einer kompletten Strahleranordnung um die Azi-
mutachse mechanisch und Diagrammschwenkung in der Elevation
elektronisch.

Das normierte Strahlungsdiagramm einer aus N Elementen mit
gegenseitigem Abstand a bestehenden linearen Strahlerzeile
konstanter Phasen- und Amplitudenbelegung kann nach /3/ durch
die Beziehung

$$E(\vartheta)^2 = \frac{\sin^2\left[N\pi(a/\lambda)\sin\vartheta\right]}{N^2\sin^2\left[\pi(a/\lambda)\sin\vartheta\right]} \qquad (3.13)$$

beschrieben werden, wenn die Einzelstrahler isotropen Charakter haben. Für z.B. $a = \lambda/2$ und ausreichend große Elementzahl
N ist dieses Diagramm dem in Bild 3.1 (a) dargestellten
ähnlich. Die erste Nebenkeule liegt 13,5 dB unter der Hauptkeule. Solange die Elementabstände $\lambda/2$ oder geringer sind,
bleiben die Nebenkeulen klein im Vergleich zur Hauptkeule.
Wird jedoch der Abstand größer als $\lambda/2$, können im Strahlungsdiagramm zusätzliche Keulen in einem mit der Hauptkeule vergleichbaren Ausmaß auftreten. Solche sekundären Maxima entstehen, wenn in Gl. (3.13) Zähler und Nenner zu Null werden,
d.h. für $\pi(a/\lambda)\sin\vartheta = 0, \pi, 2\pi, \ldots$. Beträgt beispielsweise
der Elementabstand zwei Wellenlängen, erhält man solche Maxi-
ma bei $\vartheta = \pm\, 30°$ und $\pm\, 90°$.

Für eine Diagrammschwenkung um den Winkel ϑ_0 muß zwischen
benachbarten Einzelelementen eine Phasendifferenz von
$2\pi(a/\lambda)\sin\vartheta_0$ bestehen. Die Strahlungscharakteristik der Antenne läßt sich dann durch (/3/)

$$E(\vartheta)^2 = \frac{\sin^2\left[N\pi(a/\lambda)(\sin\vartheta - \sin\vartheta_0)\right]}{N^2\sin^2\left[\pi(a/\lambda)(\sin\vartheta - \sin\vartheta_0)\right]} \tag{3.14}$$

beschreiben. Für die Halbwertsbreite θ_H gilt angenähert in einem eingeschränkten Schwenkwinkelbereich (/3/):

$$\theta_H = \frac{0,886\lambda}{Na\cdot\cos\vartheta_0} \quad . \tag{3.15}$$

Sie ist umgekehrt proportional zu $\cos\vartheta_0$, d.h. sie vergrößert sich mit zunehmendem Schwenkwinkel. Aus diesem Grunde wird in der Praxis auch nur von einem begrenzten Schwenkwinkelbereich Gebrauch gemacht; er liegt meist nicht über $\pm$ 45°.

3.4   Radom /4, 13, 14/

Radarantennen sind häufig erheblichen Umweltbelastungen ausgesetzt. Dabei gibt es gravierende Unterschiede, je nach dem Einsatzort des Radars. Durch diese Umweltbelastungen sollen jedoch die Antenneneigenschaften möglichst nicht beeinflußt werden. Das Radar soll weiterhin möglichst uneingeschränkt betriebsfähig bleiben. Boden- und schiffsgebundene Anlagen haben starken Winden, größeren Temperaturschwankungen, starken Niederschlägen, Blitzeinwirkung und Vereisung zu widerstehen. Man kann die Antennensysteme in ihrem Aufbau entsprechend widerstandsfähig auslegen. Meist ist jedoch der wirtschaftlichere Weg, die Antenne zu schützen. Man verwendet dazu eine spezielle Hülle, ein sogenanntes "Radom" (Radar Dome).

Für in Flugzeugen, Raketen und Raumfahrzeugen installierte Antennen bleibt als einziger Weg der Schutz durch das Radom, da nur so auch zu gewährleisten ist, daß die aerodynamischen Eigenschaften der Luftfahrzeuge nicht beeinträchtigt werden,

vorausgesetzt natürlich, daß das Radom einen integrierten
Bestandteil des Fahrzeugs bildet und eine aerodynamisch günstige Form besitzt. Die Belastungen sind auch im allgemeinen
wesentlich höher als bei boden- und schiffsgebundenen Anwendungen.

Das Radom muß also in Bezug auf Material, Struktur und Form
jeweils entsprechend den bestehenden Umweltforderungen ausgelegt sein. Dabei ist jedoch besonders darauf zu achten, daß
es auch spezielle elektrische Eigenschaften besitzen muß. Es
sollte keine oder zumindest keine störende Signaldämpfung und
Verschlechterung der Eigenschaften der zu schützenden Antenne
verursachen.

Die Form des Radoms hängt davon ab, ob es in Boden- und
Schiffsanlagen oder in Luftfahrzeugen eingesetzt wird. In
Luftfahrzeugen ist auch der Installationsort mit formbestimmend. Am Boden und auf Schiffen hat das Radom im allgemeinen Halbkugelform und ist unter Umständen von erheblicher
Größe. Durchmesser bis zu 50 Metern sind normal. Die Kugel
stellt, mechanisch betrachtet, eine günstige Form dar und
bietet aerodynamische Vorteile in Bezug auf hohe Windbeanspruchung. Außerdem ist durch die Kugelsymmetrie gewährleistet, daß praktisch Veränderungen im Antennendiagramm stets
auch symmetrisch bleiben und keine Richtungsverfälschung auftritt.

Radome von Luftfahrzeugen variieren erheblich in Größe und
Form, je nachdem ob sie z.B. an Flugzeugen oder Raketen angebracht und an welcher Stelle des Trägers sie montiert sind
sowie mit welcher Geschwindigkeit sich derselbe bewegt. So
reichen die Formen von flachen, gekrümmten Schalen über Halbkugeln bis zu aerodynamisch günstigen, kegelähnlichen, rotationssymmetrischen Gebilden. Das Nasenradom von Flugzeugen
und Raketen hat häufig die Form einer Ogive; es handelt sich
dabei um ein kegeliges Radom, dessen Randkurve durch einen

Kreisbogen beschrieben wird. Die Ogiveform besitzt auch den
Vorteil, daß Regentropfen über einen weiten Bereich unter geringen Winkeln gegen die Oberfläche auftreffen, was dem Radom
eine gute Widerstandsfähigkeit gegen Regenerosion verleiht.

Die gebräuchlichsten Radomstrukturen können gemäß Bild 3.7

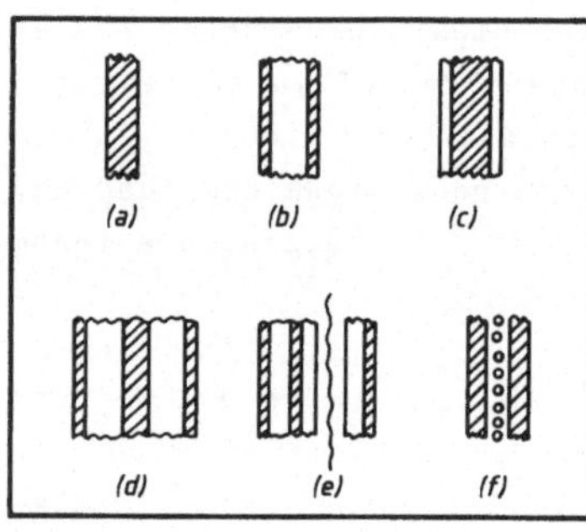

Bild 3.7: Radomstrukturen /4/:
(a) einschichtig,
(b) A-Sandwich,
(c) B-Sandwich,
(d) C-Sandwich,
(e) Mehrschichten-Sandwich,
(f) einschichtig mit metalli-
    scher Verstärkung

typisiert werden. Sie sind schichtförmig ausgebildet. Die
einzelnen Schichten haben wechselweise unterschiedliche Dichten und damit auch entsprechend verschiedene Dielektrizitäts-
konstanten (DK). Die Wahl der Struktur richtet sich nach der
geforderten mechanischen Stabilität, dem zulässigen Gewicht
und den gewünschten elektrischen Eigenschaften /4/.

Da Radome für Flugzeuge und Flugkörper relativ kleine Abmessungen haben, sind sie in der Regel in geschlossener Form
herstellbar. Boden- und Schiffsanlagen haben meist große
Radome, sodaß man sie mosaikartig aus einer Vielzahl von Ein-
zelteilen zusammensetzen muß. Ein vielgliedriger Rahmen kann
für die erforderliche Festigkeit sorgen. Bei großen Radomen
kann dieser Rahmen anstatt aus Kunststoffelementen auch aus
metallischen Teilen bestehen, ohne dabei die elektrischen
Eigenschaften wesentlich zu beeinflussen.

Als geeignete Materialien für Radome, die sowohl die erforderlichen mechanischen als auch elektrischen Eigenschaften erfüllen, gelten im wesentlichen glasfaserverstärkte Kunststoffe (organische Harze, wie z.B. Epoxy-Harze) für Anwendungen im niedrigeren Temperaturbereich und Keramiken (Aluminiumoxid, Berylliumoxid) für hohe Temperaturbeanspruchung. Für Sandwich-Kernschichten finden auch schaumstoffartige Materialien Verwendung.

Einen guten Einblick in das elektrische Verhalten von Radomen erlaubt eine häufig benutzte, relativ einfache Methode, bei welcher die Radomoberfläche als lokal eben und unendlich ausgedehnt und das Radom selbst als homogene, dielektrische Schicht betrachtet und mit ebenen, linear polarisierten Wellen gerechnet wird. Dieser Weg ist vor allem geeignet, wenn die Krümmungsradien des Radoms im strahldurchsetzten Bereich groß sind verglichen mit der Wellenlänge. Er beschreibt, wie die Wellenausbreitung durch die Schicht abhängt sowohl von der DK und der Dicke der Schicht als auch von Wellenlänge, Polarisation und Einfallswinkel der Welle.

Interessiert man sich bei einer dielektrischen Schicht mit der Dicke d, die in ein Medium mit geringerer DK eingebettet ist, für deren Reflexions- und Transmissionsverhalten, so führt der Weg dazu über eine Summation der Vielfachreflexionen und Vielfachtransmissionen, die, wie Bild 3.8 im Prinzip zeigt, an den beiden Grenzflächen der Schicht auftreten. Die einfallende Welle teilt sich also auf in einen Anteil der reflektiert und in einen der durchgelassen wird. Wenn man die Schicht als verlustlos betrachtet, läßt sich der reflektierte Anteil durch den Reflexionskoeffizienten

$$r = \frac{r_{12}\left[1 - \exp(-i2\emptyset)\right]}{1 - r_{12}^2 \exp(-i2\emptyset)} \qquad (3.16)$$

und der durchgelassene Anteil durch den Transmissions- oder Durchlässigkeitskoeffizienten

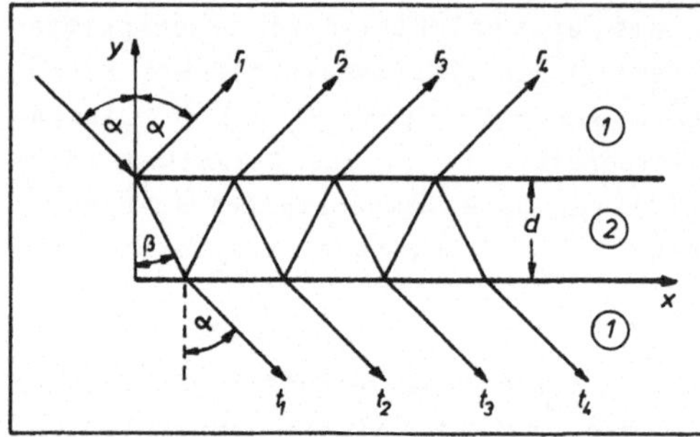

<u>Bild 3.8:</u> Wellenverhalten an und in einer dielektrischen Schicht

$$t = \frac{(1 - r_{12}^2)\exp(-i\emptyset)}{1 - r_{12}^2 \exp(-i2\emptyset)} \qquad (3.17)$$

beschreiben. Dabei bedeutet:

r_{12} den Reflexionskoeffizienten bzgl. der Grenzschicht 1,2,
$\emptyset$ einen durch die Schicht bedingten Phasenwert.

Die Darstellung nach Betrag und Phase lautet:

$$/r/^2 = rr^* = \frac{4r_{12}^2 \sin^2\emptyset}{(1 - r_{12}^2)^2 + 4r_{12}^2 \sin^2\emptyset} \quad , \qquad (3.18a)$$

$$\psi_r = \arctan(\frac{1 - r_{12}^2}{1 + r_{12}^2} \cot\emptyset) \quad , \qquad (3.18b)$$

$$/t/^2 = tt^* = \frac{(1 - r_{12}^2)^2}{(1 - r_{12}^2)^2 + 4r_{12}^2 \sin^2\emptyset} \quad , \qquad (3.19a)$$

$$\psi_t = \arctan(\frac{1 + r_{12}^2}{1 - r_{12}^2} \tan\emptyset) \quad . \qquad (3.19b)$$

Zwischen den beiden Koeffizienten r und t besteht die Beziehung:

$$/r/^2 + /t/^2 = 1 \ , \tag{3.20}$$

Die Summe aus reflektierter und durchgelassener Energie muß gleich der eingefallenen sein.

Betrachtet man den durch die dielektrische Schicht hindurchtretenden Teil der Strahlung, so ist dessen Phasenverzögerung $\Delta\psi_t$, die dadurch entsteht, daß in den Strahlengang diese Schicht eingebracht wurde:

$$\Delta\psi_t = \arctan\left(\frac{1 + r_{12}^2}{1 - r_{12}^2} \tan\emptyset\right) - \frac{2\pi}{\lambda} d \cos\alpha \ . \tag{3.21}$$

Nun hat man bei Radomanwendungen besonders zu beachten, daß bei der Transmission elektromagnetischer Energie durch dielektrische Schichten möglichst keine Energie durch Reflexion verlorengeht. Aus den Beziehungen (3.18a) und (3.19a) folgt $/r/^2 = 0$ und $/t/^2 = 1$ für $\emptyset = 0, \pi , 2\pi , 3\pi , \ldots k\pi , \ldots$. Da für die schichtbedingte Phasengröße der Ausdruck

$$\emptyset = \frac{2\pi d}{\lambda} \sqrt{\varepsilon_r - \sin^2\alpha} \tag{3.22}$$

gilt, ergibt sich eine optimale Dicke für die verlustlos angenommene dielektrische Schicht von:

$$d = \frac{v\lambda}{2\sqrt{\varepsilon_r - \sin^2\alpha}} \qquad \text{für} \quad v = 0,1,2,\ldots, \tag{3.23}$$

dabei ist v eine beliebige ganze Zahl und $\varepsilon_r = \varepsilon_1/\varepsilon_2$ die relative DK, wobei ε_1 die DK des die Schicht umgebenden Mediums und ε_2 die DK der Schicht selbst darstellt. Die optimale Dicke, bezogen auf die Wellenlänge für dielektrische Werte

ε_r von 2.0 bis 10.0 und Einfallswinkel von 0° bis 80°, zeigt Bild 3.9 für $v = 1$.

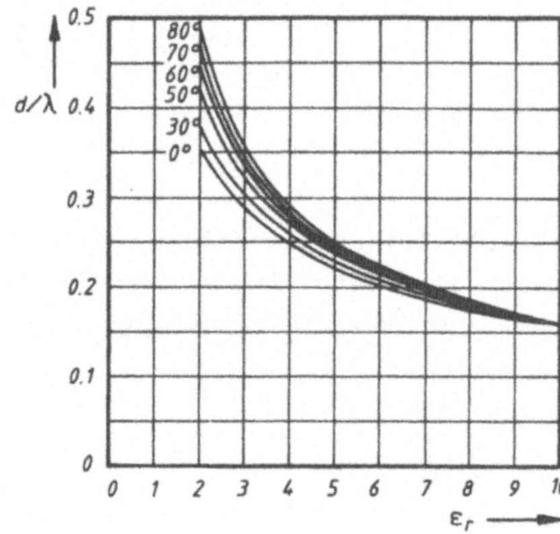

Bild 3.9: Optimale Schichtdicke für verlustlose Dielektrika /4/

Eine 100%ige Durchlässigkeit kann man auch erreichen, wenn der Grenzschicht-Reflexionskoeffizient r_{12} zu Null wird (siehe Gln. (3.18a) und (3.19a)). Diese Bedingung existiert allerdings nur für parallele Polarisation und den Einfallswinkel α_B, den sogenannten "Brewster"-Winkel:

$$\alpha_B = \arctan(\sqrt{\varepsilon_r}) \quad . \tag{3.24}$$

Es gibt also bei paralleler Polarisation für einen bestimmten Fall eine von der Schichtdicke unabhängige optimale Durchlässigkeit.

Das polarisationsabhängige Reflexions- und Transmissionsverhalten von verlustlosen dielektrischen Schichten erhält man aus den Gln. (3.18) und (3.19), wenn für senkrechte (vertikale) Polarisation der Ausdruck

$$r_{12\perp} = \frac{\cos\alpha - \sqrt{\varepsilon_r - \sin^2\alpha}}{\cos\alpha + \sqrt{\varepsilon_r - \sin^2\alpha}} \tag{3.25}$$

bzw.

$$r_{12\parallel} = \frac{\sqrt{\varepsilon_r}\,\cos\alpha - \sqrt{\varepsilon_r - \sin^2\alpha}}{\sqrt{\varepsilon_r}\,\cos\alpha + \sqrt{\varepsilon_r - \sin^2\alpha}} \qquad\qquad (3.26)$$

für parallele (horizontale) Polarisation eingesetzt wird, wobei α den Einfallswinkel der Strahlung auf die Schicht bezeichnet. Es zeigt sich, daß die Durchlässigkeit gemäß Gl. (3.19a) eine Funktion von Dicke und dielektrischer Konstante des Schichtmaterials sowie von Wellenlänge, Polarisation und Einfallswinkel ist. Je grösser die DK und je kleiner der Einfallswinkel, desto kleiner wird auch das d/λ -Verhältnis für hohe Transmissionsleistungen.

Anhand der Bilder 3.10 und 3.11 folgt nun eine Diskussion der Transmissionseigenschaften von dielektrischen Schichten verschiedener DK-Werte in Abhängigkeit von d/λ und Einfallswinkel für senkrechte und parallele Polarisation. In Erweiterung der bisherigen Betrachtungen ist die Schicht nicht mehr verlustlos angenommen. Die Verluste beschreibt der Verlustfaktor $d_v = \tan\delta_v$, wobei δ_v den Verlustwinkel bedeutet. Niedrige DK ($\varepsilon_r = 1{,}2$) und geringe Verluste ($d_v = 0{,}003$) sind typisch für schaumstoffartige Radome; bei glasfaserverstärkten Kunststoffen liegen die entsprechenden Werte im allgemeinen höher ($\varepsilon_r = 4{,}2$, $d_v = 0{,}014$), während für Keramikradome Werte wie $\varepsilon_r = 9{,}0$ und $d_v = 0{,}0004$ als charakteristisch gelten.

Besonders herausragend am Transmissionsverhalten nach Bild 3.10 in Abhängigkeit von d/λ ist der annähernd periodische Verlauf, den die Polarisation merklich beeinflußt. Mit grösserwerdender DK verringert sich diese Periodizität und die Bereiche hoher Durchlässigkeit werden schmäler. Der Einfluß des Einfallswinkels drückt sich in einer gewissen Extremwertverschiebung in d/λ aus, wobei auch eine Änderung des Transmissionsverhaltens in den Maxima zu vermerken ist. Im Transmissionsrückgang mit zunehmender Schichtdicke spiegeln sich

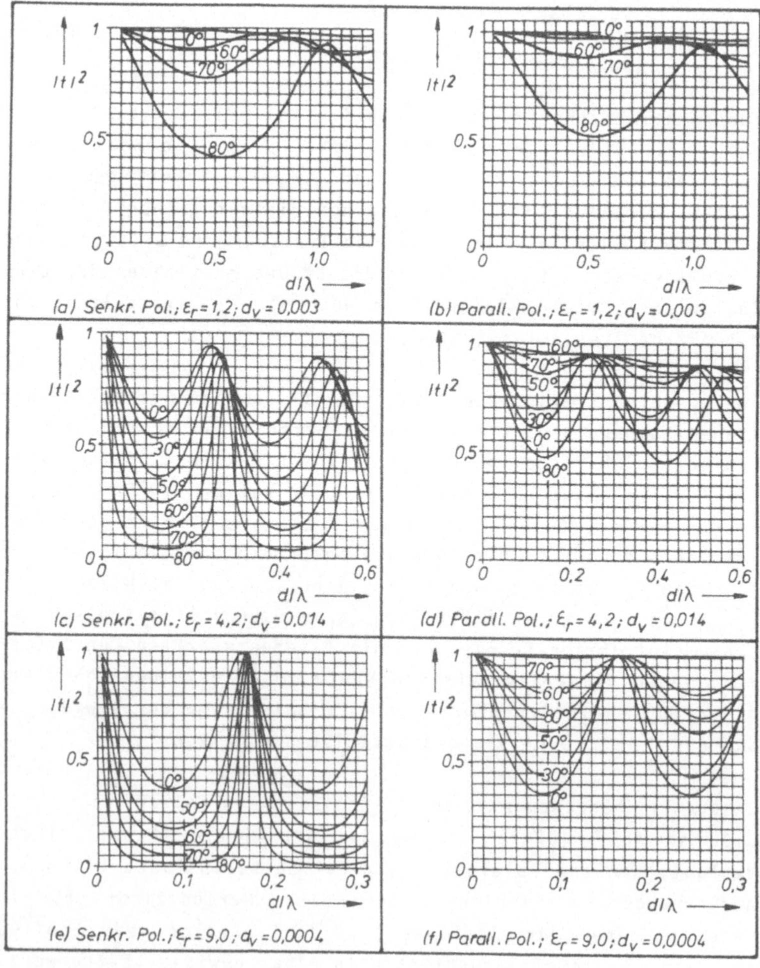

<u>Bild 3.10:</u> Transmissionseigenschaften von Einschichtdielektrika: Durchlässigkeit in Abhängigkeit von d/λ und Einfallswinkel /4/

49

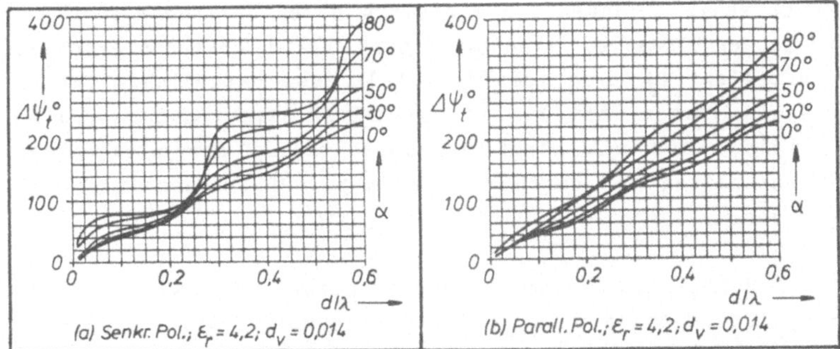

Bild 3.11: Transmissionseigenschaften von Einschichtdielektrika: Phasenverzögerung in Abhängigkeit von d/λ und Einfallswinkel /4/

die Signalverluste im Dielektrikum wieder. Ein breitbandiges Verhalten bei hoher Durchlässigkeit läßt sich eher bei niedriger als bei hoher DK realisieren; bei senkrechter Polarisation verstärkt sich diese Tendenz mit kleinerwerdendem Einfallswinkel. Aus dem Transmissionsverhalten von dielektrischen Schichten ist abzuleiten, daß Toleranzen in der Schichtdickendimensionierung sich als umso kritischer erweisen, je größer die DK ist.

Nach Bild 3.11 nimmt die durch dielektrische Schichten verursachte Phasenverzögerung erwartungsgemäß mit d/λ zu, außerdem weist die für unterschiedliche Einfallswinkel sich ergebende Kurvenschar eine auseinanderlaufende Tendenz auf. Für senkrechte Polarisation findet man als besondere Eigenschaft eine Einschnürung der Phasenkurve bei $d/\lambda \approx 0{,}225$.

Bei der Dimensionierung eines Radoms hat man nun unter Zugrundelegung der gewonnenen Erkenntnisse darauf zu achten, daß bei Berücksichtigung der Polarisation über den jeweils infragekommenden Einfallswinkel- und Frequenzbereich die Transparenz optimal ist, d.h. möglichst keine Reflexion auf-

tritt sowie zwischen den einzelnen durch das Radom hindurchtretenden Strahlen sich möglichst keine Phasenunterschiede
einstellen. Da sich ideale Verhältnisse natürlich nicht erreichen lassen, hat man mit Signalverlusten (auch durch Absorption) und mit einer Verschlechterung der elektrischen
Eigenschaften der durch das Radom zu schützenden Antenne zu
rechnen.

Eine durch ein Radom hindurchtretende elektromagnetische
Strahlung kann in Bezug auf die Neigung der Wellenfront eine
Änderung erfahren. Daraus resultiert ein Richtungsmeßfehler,
der für Radome mit großen Krümmungsradien aus folgender Näherung bestimmt werden kann /4/:

$$\Delta\theta = \frac{\Delta\psi_{t,2} - \Delta\psi_{t,1}}{2\pi} \cdot \frac{\lambda}{a} \quad . \tag{3.27}$$

Dabei bedeutet:

$\Delta\theta$ den Richtungsfehler (rad),

$\Delta\psi_{t,2} - \Delta\psi_{t,1}$ die durch das Radom bedingte Phasendifferenz zwischen den Randstrahlen der Anten-
nenapertur und

a den Abstand der beiden Randstrahlen.

Die zur Verfügung stehenden Materialien, Dimensionierungs-
und Herstellungsverfahren gestatten sowohl aus elektrischer
als auch mechanischer Sicht die Realisierung von Radomen
hoher Güte. Bei Boden- und Schiffsanlagen mit großflächigen,
kugelförmigen Radomen kann man Durchlässigkeiten von 90-95%,
Winkelfehler zwischen 0,3 und 0,5 mrad, Halbwertsbreiteände-
rungen von 5% und Nebenzipfelerhöhungen um 2 dB als durchaus
gängige Werte bezeichnen. Dagegen ist beim Einsatz von Radomen mit Ogiveform an Flugzeugen und Flugkörpern mit etwas un-
günstigeren Werten zu rechnen: z.B. Transmission 85-90%, Winkelfehler 2-4 mrad, Halbwertsbreiteänderung 10% und Nebenzipfeldämpfung 3 dB.

4   Empfänger

Eine Hauptaufgabe eines Radarempfängers besteht in der Durchführung der Zieldetektion. Unter Berücksichtigung der Empfängereigenschaften wird ausgehend vom Rauschverhalten der Zusammenhang zwischen Entdeckungswahrscheinlichkeit, Falschalarmwahrscheinlichkeit und Signal/Rauschverhältnis hergeleitet und diskutiert sowie die Verbesserung des Detektionsvorgangs durch die Impulsintegration aufgezeigt. In einem weiteren Schritt folgt die Behandlung des Empfängers als Optimalfilter und der Impulskompression.

4.1   Rauscheigenschaften /3, 15-17/

Die Rauscheigenschaften eines Radarempfängers beeinflussen wesentlich die zur Zieldetektion erforderliche minimale Empfangsleistung und die Empfängerempfindlichkeit.

Rauschsignale können innerhalb des Empfängers entstehen aber auch von außen über die Empfangsantenne mit dem eigentlichen Zielsignal zum Empfänger gelangen. Geht man zunächst davon aus, daß das Radar in einer rauschfreien Umgebung arbeitet, dann sind bei einem sogenannten idealen Empfänger die Rauscheigenschaften durch das thermische Rauschen zu beschreiben, das durch die thermischen Bewegungen der Leitungselektronen in den Empfängereingangsstufen entsteht. Die thermische Rauschleistung in einem idealen Empfänger der Bandbreite B_e (Hz) bei einer Temperatur T ist gegeben durch:

$$N_e = kTB_e \qquad\qquad (4.1)$$

mit der Boltzmann-Konstante $k = 1{,}38 \times 10^{-23}$ J/K. Wird als Standardtemperatur $T_0 = 290$ K eingesetzt, entspricht der Faktor kT_0 wertmäßig 4×10^{-21} Watt pro Hz Bandbreite. Für B_e, die man als Rauschbandbreite des Empfängers bezeichnet, kann man angenähert die 3 dB-Bandbreite benutzen.

Die Rauschleistung in einem Empfänger ist jedoch meist grösser als durch das thermische Rauschen der Eingangsstufen gegeben, z.B. durch zusätzliches Schrotrauschen oder Funkelrauschen. In diesem Fall kann die gesamte Rauschleistung im Empfänger durch die Rauschleistung des idealen Empfängers multipliziert mit einem Faktor F_e, der sogenannten Rauschzahl, dargestellt werden. Die Rauschzahl ergibt sich damit zu:

$$F_e = \frac{N_a}{kT_oB_eV_e} \quad , \tag{4.2}$$

d.h., als das Verhältnis von Ausgangsrauschleistung N_a eines realen Empfängers zu Ausgangsrauschleistung eines idealen Empfängers bei der Standardtemperatur T_o. Dabei ist V_e die Verstärkung des Empfängers. Für Empfängerschaltungen typische Rauschzahlen sind in Bild 4.1 zusammengestellt.

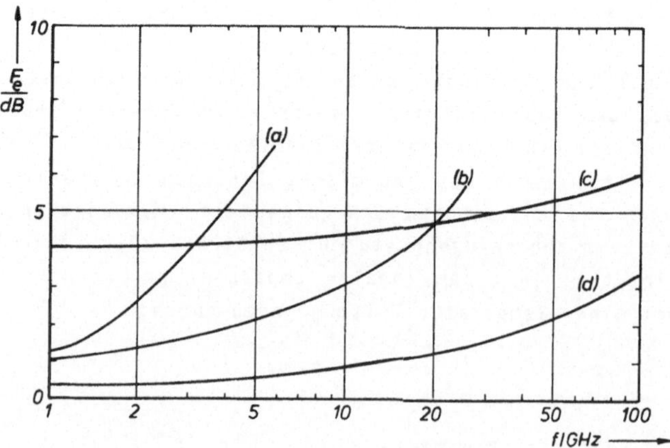

Bild 4.1: Rauschzahl verschiedener Empfängerschaltungen:
(a) Bipolarer Transistor-Verstärker,
(b) FET-Verstärker,
(c) GaAs-Schottky-Mischer,
(d) Parametrischer Verstärker

Bezeichnet V_e das Verhältnis von Signalausgangsleistung P_a zu Signaleingangsleistung P_e, dann kann Gl. (4.2) umgeformt werden in:

$$F_e = \frac{N_a P_e}{k T_o B_e P_a} \quad . \tag{4.3}$$

Daraus erhält man für die minimal detektierbare Signalempfangsleistung:

$$P_{emin} = F_e k T_o B_e \left(\frac{P_a}{N_a}\right)_{min} \quad , \tag{4.4}$$

wobei $(P_a/N_a)_{min}$ das am Empfängerausgang minimal zu fordernde Signal/Rauschverhältnis darstellt, welches meist mit S/N bezeichnet wird. Die Empfängerempfindlichkeit ist definiert durch S/N = 1. Gl. (4.4) in die Radargleichung (1.10) für den monostatischen Fall eingesetzt führt für die maximal erzielbare Reichweite auf die Beziehung:

$$R_{max}^4 = \frac{P_s G \sigma A_w}{(4\pi)^2 a a_a F_e k T_o B_e (S/N)} \quad . \tag{4.5}$$

Schreibt man die Rauschzahl nach Gl. (4.2) in folgender Weise um:

$$F_e = \frac{k T_o B_e V_e + \Delta N}{k T_o B_e V_e} = 1 + \frac{\Delta N}{k T_o B_e V_e} \quad , \tag{4.6}$$

so ist dabei mit ΔN die von einem realen Empfänger im Vergleich zu einem idealen Empfänger noch zusätzlich erzeugte Rauschleistung ausgedrückt. Für einen idealen Empfänger wäre $\Delta N = 0$, also $F_e = 1$.

Anstelle der Rauschzahl F_e wird auch der gleichwertige Begriff der effektiven Rauschtemperatur T_e benutzt. Sie ist definiert als diejenige Temperatur am Eingang des Empfängers, die für eine zusätzliche Rauschleistung ΔN am Ausgang desselben verantwortlich zeichnet, also:

$$\Delta N = kT_e B_e V_e \quad . \tag{4.7}$$

Damit findet man:

$$F_e = 1 + \frac{kT_e B_e V_e}{kT_0 B_e V_e} = 1 + \frac{T_e}{T_0} \quad , \tag{4.8}$$

oder

$$T_e = (F_e - 1)T_0 \quad . \tag{4.9}$$

Die effektive Rauschtemperatur eines idealen Empfängers ist 0 K ($F_e = 1$). Einer Rauschzahl von 3 dB entspricht eine Rauschtemperatur von 289 K und für ein F_e von 10 dB wird $T_e = 2\,610$ K.

Normalerweise besteht ein Radarempfänger entgegen den bisherigen Betrachtungen aus einer Reihe von hintereinandergeschalteten Netzwerken (Bild 4.2). Unter der Annahme, daß alle

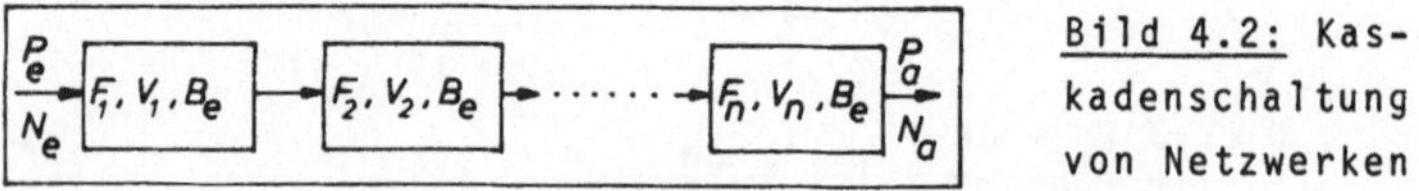

__Bild 4.2:__ Kaskadenschaltung von Netzwerken

Netzwerke gleiche Rauschbandbreite B_e, jedoch unterschiedliche Rauschzahl F_n und Verstärkung V_n aufweisen, gilt für die Rauschzahl der Gesamtanordnung:

$$F_e = F_1 + \frac{F_2 - 1}{V_1} + \frac{F_3 - 1}{V_1 V_2} + \cdots + \frac{F_n - 1}{V_1 V_2 \cdots V_{n-1}} \quad . \tag{4.10}$$

Werden die Rauschzahlen F_n durch die entsprechenden Rauschtemperaturen T_n gemäß Gl. (4.8) ersetzt, gewinnt man die Gesamtrauschtemperatur:

$$T_e = T_1 + \frac{T_2}{V_1} + \frac{T_3}{V_1 V_2} + \cdots + \frac{T_n}{V_1 V_2 \cdots V_{n-1}} \quad . \tag{4.11}$$

Häufig wird in Radarempfängern das Rauschverhalten durch die 1. Stufe bestimmt, d.h. durch das erste Glied in Gl. (4.10) bzw. Gl. (4.11); die nachfolgenden Glieder sind dann vernachlässigbar.

Bei rauscharmen Radarempfängern ist es zweckmäßig, zur Betrachtung der Rauscheigenschaften die Rauschtemperatur heranzuziehen, da nun von Wichtigkeit sein kann, ob das Rauschen der Eingangsstufen durch die Standardtemperatur T_0 richtig beschrieben wird und welche Rolle das externe Rauschen spielt. Die zu betrachtenden Rauscheinflüsse setzen sich im wesentlichen aus 3 Bestandteilen zusammen:

(1) Durch die Antenne aufgenommenes Rauschen externer Quellen,
(2) Rauschen von dämpfungsbehafteten Zuleitungen zwischen Antenne und Empfänger und
(3) Eigenrauschen des Empfängers.

Als resultierende Rauschtemperatur im Empfänger ergibt sich daraus:

$$T_E = \frac{T_a'}{L_z} + T_z + T_e \quad . \tag{4.12}$$

Dabei ist:

T_a die Rauschtemperatur der Antenne,
L_z die Dämpfung der Zuleitung zwischen Antenne und Empfänger,

T_z die Rauschtemperatur der Zuleitung und
T_e die Rauschtemperatur des Empfängers.

Für die Antennenrauschtemperatur bestimmend sind das kosmische und das atmosphärische Rauschen sowie Rauschkomponenten, die von der relativ warmen Erdoberfläche eingestrahlt werden und dies u.U. mit starken Anteilen über die Nebenzipfel der Antenne. Über den Verlauf der Antennenrauschtemperatur in Abhängigkeit von Frequenz und Elevationswinkel ε der Antenne gibt Bild 4.3 Auskunft /16, 17/.

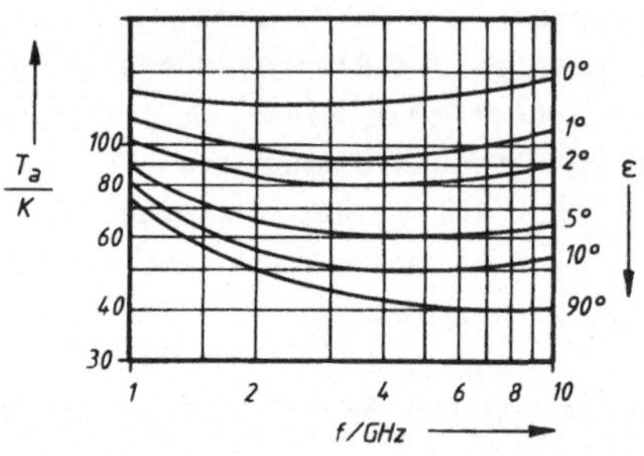

Bild 4.3: Rauschtemperatur der Antenne /16, 17/

Für die Zuleitung Antenne/Empfänger errechnet sich die Rauschtemperatur aus:

$$T_z = T_p \left(1 - \frac{1}{L_z}\right) \quad , \tag{4.13}$$

mit T_p als der physikalischen Temperatur der Zuleitung. Diejenige des Empfängers ist ja durch Gl. (4.9) gegeben. Durch Zusammenfassen der Gln. (4.9), (4.12) und (4.13) erhält man schließlich für den Radarempfänger als resultierende Rauschtemperatur:

$$T_E = \frac{T_a}{L_z} + T_p \left(1 - \frac{1}{L_z}\right) + (F_e - 1)T_0 \quad . \tag{4.14}$$

Mit der Rauschtemperatur ist eine weitere Form der Radargleichung zu gewinnen. Für den monostatischen Fall findet man:

$$R^4_{max} = \frac{P_S G \sigma A_w}{(4\pi)^2 a a_a k T_E B_e (S/N)} \quad .$$

(4.15)

4.2   Signal/Rauschverhältnis /3, 4, 18/

Die nun zu lösende Aufgabe besteht darin, das Signal/Rausch-
verhältnis zu bestimmen, welches im Radarempfänger erforderlich ist, um ein Ziel mit einer bestimmten Wahrscheinlichkeit
zu entdecken, ohne daß eine bestimmte Wahrscheinlichkeit an
Falschalarmen überschritten wird.

Hat das Rauschsignal $n(t)$ am Eingang des Empfängers
Gauss'schen Charakter, dann kann man es durch folgende Wahrscheinlichkeitsdichtefunktion (WDF) beschreiben:

$$p(n) = \frac{1}{\sqrt{2\pi}\,\sigma} \exp(-\frac{n^2}{2\sigma^2}) \quad .$$

(4.16)

Dabei bedeutet $p(n)dn$ die Wahrscheinlichkeit, die Rauschspannung n zwischen den Grenzen n und $n + dn$ vorzufinden; σ^2
stellt die Varianz oder den quadratischen Mittelwert dar, der
lineare Mittelwert ist null.

Wenn nun Gauss'sches Rauschen ein Schmalbandfilter (als ein
solches z.B. der ZF-Verstärker des Radarempfängers betrachtet
werden kann) passiert, dessen Bandbreite klein ist im Vergleich zur Bandmittenfrequenz, findet man für die WDF der
Einhüllenden der Rauschausgangsspannung R nach /18/:

$$p(R) = \frac{R}{\sigma^2} \exp(-\frac{R^2}{2\sigma^2}) \quad .$$

(4.17)

Die WDF nach Gl. (4.17) gehört zu einer Rayleigh-Verteilung. Die Wahrscheinlichkeit dafür, daß die Rauschspannung R einen vorgegebenen Schwellenwert V_s überschreitet ist:

$$P(R > V_s) = \int_{V_s}^{\infty} \frac{R}{\sigma^2} \exp(-\frac{R^2}{2\sigma^2})dR = \exp(-\frac{V_s^2}{2\sigma^2}) = P_{FA} \, . \qquad (4.18)$$

Man nennt das durch Rauschen verursachte Überschreiten einer zur Zielentdeckung eingestellten Schwelle "Falschalarm" oder "Falschmeldung" und P_{FA} die "Falschalarm"- oder "Falschmelde-wahrscheinlichkeit".

Die Zeit zwischen zwei Falschalarmen, bei denen also der Schwellenwert überschritten wird, heißt "Falschalarmzeit" T_{FA}. Da die Zeit zwischen zwei Falschmeldungen statistisch schwankt, ist dafür der lineare Mittelwert anzusetzen:

$$T_{FA} = \lim_{M \to \infty} \frac{1}{M} \sum_{k=1}^{M} T_k = \overline{T_k} \, . \qquad (4.19)$$

T_k bedeutet, wie aus Bild 4.4 ersichtlich, die jeweilige Zeit zwischen zwei Schwellenüberschreitungen der Einhüllenden der Rauschspannung am Filterausgang und M die Anzahl über die zu mittelnden Werte. Die Falschalarmwahrscheinlichkeit ist auch gegeben durch die Zeit, die das Rauschen über der Schwelle liegt, bezogen auf die Zeit, die es über der Schwelle liegen könnte:

$$P_{FA} = \frac{\sum_{k=1}^{M} t_k}{\sum_{k=1}^{M} T_k} = \frac{\overline{t_k}}{\overline{T_k}} = \frac{1}{T_{FA} B_e} \, . \qquad (4.20)$$

Die mittlere Dauer eines Rauschimpulses kann angenähert der

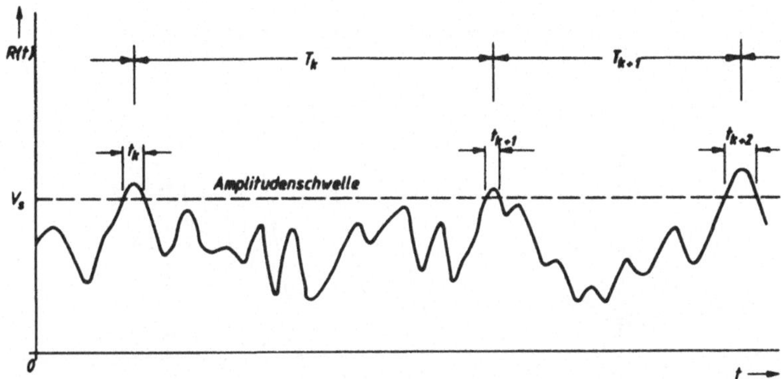

Bild 4.4: Einhüllende der Empfängerrauschspannung am Ausgang des Schmalbandfilters /3/

reziproken Bandbreite B_e des Schmalbandfilters gleichgesetzt werden. Mit den Gln. (4.18) und (4.20) erhält man:

$$T_{FA} = \frac{1}{B_e} \cdot \frac{1}{P_{FA}} = \frac{1}{B_e} \exp\left(\frac{V_s^2}{2\sigma^2}\right) \qquad . \tag{4.21}$$

Dieser Zusammenhang ist in Bild 4.5 dargestellt. Bei geringer Bandbreite muß bei vorgegebenem T_{FA} die Schwelle niedriger liegen als bei großer Bandbreite. Man erkennt auch, daß es nur einer sehr kleinen Erhöhung des Schwellenwertes bedarf, um bei konstanter Bandbreite die Zeit zwischen zwei Falschalarmen ganz wesentlich zu erhöhen. Bei einer Bandbreite von 1 MHz ergibt sich z.B. für T_{FA} = 6 min ein Wert für $V_s^2/2\sigma^2$ von 13 dB und für T_{FA} = 10.000 h ein solcher von knapp 15 dB. Das bedeutet bei diesem großen T_{FA}-Unterschied von ca. 5 Größenordnungen eine Änderung in der Schwelle um weniger als 2 dB. Wegen dieser hohen Schwellenempfindlichkeit muß aus Stabilitätsgründen der Schwellenwert sehr genau dimensioniert werden.

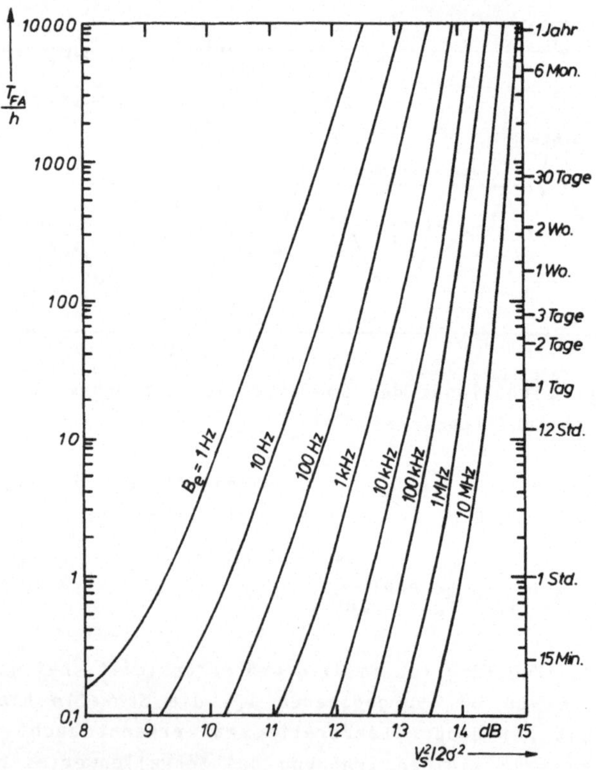

Bild 4.5: Falschalarmzeit als Funktion von Schwellenwert und Bandbreite /3/

Nun soll aber am Eingang des Empfängers (Schmalbandfilter) außer dem Rauschsignal auch ein Zielsignal, ein sinusförmiges Signal mit der Amplitude A anliegen. Die Frequenz des Zielsignals entspreche der Bandmittenfrequenz des Filters. Die WDF für die Einhüllende der Filterausgangsspannung ergibt sich dann nach /18/ zu:

61

$$p(R,A) = \frac{R}{\sigma^2} \exp\left(-\frac{R^2 + A^2}{2\sigma^2}\right) \cdot I_0\left(\frac{RA}{\sigma^2}\right) \quad . \tag{4.22}$$

Dabei ist $I_0(z)$ die modifizierte Besselfunktion erster Art nullter Ordnung mit dem Argument z. Die Wahrscheinlichkeit für die Entdeckung eines Signals, die sogenannte "Entdeckungswahrscheinlichkeit", hängt wieder von der Höhe der Schwelle V_S ab, die bei Anwesenheit von Zielsignal und Rauschen überschritten werden muß:

$$P_D = \int_{V_S}^{\infty} p(R,A)dR = \int_{V_S}^{\infty} \frac{R}{\sigma^2} \exp\left(-\frac{R^2 + A^2}{2\sigma^2}\right) \cdot I_0\left(\frac{RA}{\sigma^2}\right)dR \quad . \tag{4.23}$$

Daraus läßt sich mit Hilfe einer Reihenentwicklung unter den Annahmen $RA/\sigma^2 \gg 1$, $A \gg /R-A/$ und der Vernachlässigung aller Terme ab A^{-3} folgender Ausdruck gewinnen:

$$\begin{aligned}
P_D = \frac{1}{2}\left[1 - \emptyset\left(\frac{V_S - A}{\sqrt{2}\sigma}\right)\right] &+ \frac{\exp\left[-(V_S - A)^2/2\sigma^2\right]}{2\sqrt{2\pi}\,A/\sigma} \text{ x} \\
&\text{x}\left[1 - \frac{V_S - A}{4A} + \frac{1 + (V_S - A)^2/\sigma^2}{8A^2/\sigma^2}\right] \quad .
\end{aligned} \tag{4.24}$$

Die in Gl. (4.24) enthaltene Funktion $\emptyset(z)$ ist das sogenannte Fehlerintegral.

In der Radartechnik ist es üblich, nicht mit Spannungen, sondern mit Leistungen zu arbeiten. Für die Umrechnung gilt folgende Beziehung:

$$\frac{A}{\sigma} = \left(2\,\frac{\text{Signalleistung}}{\text{Rauschleistung}}\right)^{1/2} = \left(\frac{2S}{N}\right)^{1/2} \quad . \tag{4.25}$$

Mit den Gln. (4.18), (4.24) und (4.25) lautet schließlich die

Entdeckungswahrscheinlichkeit:

$$P_D = \frac{1}{2}\left\{1 - \emptyset\left[\ln^{1/2}(1/P_{FA}) - (S/N)^{1/2}\right]\right\} +$$

$$+ \frac{\exp\left\{-\left[\ln^{1/2}(1/P_{FA}) - (S/N)^{1/2}\right]^2\right\}}{4\sqrt{\pi}\,(S/N)^{1/2}} \times$$

$$\times\left\{1 - \frac{1}{4}\left[\frac{\ln^{1/2}(1/P_{FA})}{(S/N)^{1/2}} - 1\right] +\right.$$

$$\left.+ \frac{1 + 2\left[\ln^{1/2}(1/P_{FA}) - (S/N)^{1/2}\right]^2}{16(S/N)}\right\}\ . \tag{4.26}$$

Sie ist in Bild 4.6 dargestellt und zeigt nur noch eine Abhängigkeit vom Signal/Rauschverhältnis und von der Falschalarmwahrscheinlichkeit. Falschalarmzeit und Entdeckungswahrscheinlichkeit werden jeweils durch das zu realisierende System festgelegt. Die Falschalarmwahrscheinlichkeit berechnet sich aus Gl. (4.20) und das dazu erforderliche Signal/Rauschverhältnis entnimmt man Bild 4.6. Ist beispielsweise T_{FA} = 15 min und B_e = 1 MHz, dann ergibt sich nach Gl. (4.20) eine P_{FA} von ca. 10^{-9}. Für P_D = 0,5 entnimmt man aus Bild 4.6 ein   S/N

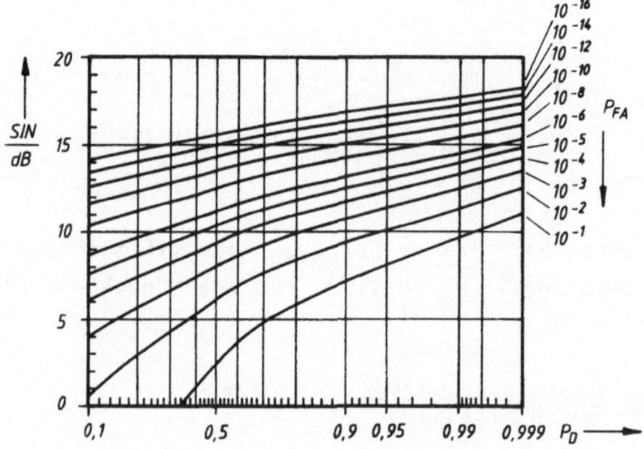

__Bild 4.6:__ Entdeckungswahrscheinlichkeit als Funktion von Signal/Rauschverhältnis und Falschalarmwahrscheinlichkeit /4/

von 13 dB, für P_D = 0,9 eines von 14,5 dB und für P_D = 0,999 ein solches von 16,5 dB. Bereits eine geringe P_D macht ein hohes S/N erforderlich. Dabei muß jedoch die sehr niedrig angesetzte P_{FA} beachtet werden. Weiterhin ist bemerkenswert, daß die P_D äußerst empfindlich auf eine S/N-Änderung reagiert, bei nur 3,5 dB Zunahme vergrößert sich P_D bereits von 0,5 auf 0,999. Außerdem zeigt sich für das zur Signalentdeckung erforderliche S/N eine nur geringe Abhängigkeit von T_{FA}. B_e = 1 MHz, P_D = 0,9 und T_{FA} = 15 min ergaben ein S/N von 14,5 dB. Steigert man T_{FA} auf 24 h ($P_{FA} \approx 10^{-11}$) bzw. 3 Jahre ($P_{FA} \approx 10^{-14}$), dann muß S/N auf 15,5 dB bzw. 16,4 dB erhöht werden. Ändert sich also T_{FA} ungefähr um den Faktor 10^{-5}, so bedeutet dies für S/N lediglich einen Zuwachs von 1,9 dB.

4.3 Impulsintegration /3, 19/

Der Zusammenhang zwischen Entdeckungswahrscheinlichkeit, Falschalarmwahrscheinlichkeit und Signal/Rauschverhältnis nach Gl. (4.26) bzw. Bild 4.6 gilt lediglich für ein Signalereignis, z.B. einen Impuls. Während die Antenne über ein Ziel streicht und es dabei erfaßt, können jedoch bei Anwendung von Impulsfolgen durchaus eine größere Anzahl vom Ziel reflektierter Impulse den Radarempfänger erreichen und zur Verbesserung des Entdeckungsvorgangs ausgenutzt werden. Die auswertbare Impulszahl beträgt bei Ansatz eines Punktzieles:

$$n = \frac{\Theta_H \cdot f_p}{\dot{\Theta}_a} = \frac{\Theta_H \cdot f_p}{6\omega_a} \quad , \tag{4.27}$$

mit $\quad \Theta_H$ der Antennenhalbwertsbreite in Grad,

$\quad\quad f_p$ der Impulsfolgefrequenz in Hz,

$\quad\quad \dot{\Theta}_a$ der Antennendrehgeschwindigkeit in °/s und

$\quad\quad \omega_a$ der Antennendrehgeschwindigkeit in U/min.

Mit den Werten f_p = 600 Hz, θ_H = 2° und $\dot{\theta}_a$ = 60 °/s (bzw. ω_a = 10 U/min) ergeben sich z.B. n = 20 Impulse.

Man bezeichnet die Aufsummierung von Impulsen zur Verbesserung der Zielentdeckung "Impulsintegration". Sie kann im Radarempfänger sowohl vor dem Detektor als auch dahinter im Videobereich vorgenommen werden. Die Integration vor dem Detektor nennt man kohärent und diejenige danach inkohärent. Kohärente Integration erfordert die Erhaltung der Signalphase über die aufzuintegrierenden Impulse hinweg, um vollen Nutzen aus dem Integrationsprozess ziehen zu können. Bei der inkohärenten Integration dagegen geht die Phaseninformation durch den Detektionsvorgang verloren.

Die inkohärente Integration besitzt nicht den Integrationswirkungsgrad wie die kohärente Integration, sie ist aber schaltungstechnisch einfacher zu realisieren. Wenn n Impulse, für die alle das gleiche Signal/Rauschverhältnis gilt, in einem idealen kohärenten Integrator aufsummiert werden, dann beträgt das resultierende Signal/Rauschverhältnis genau das n-fache des S/N eines einzelnen Impulses. Erfolgt eine Aufsummierung der n Impulse in einem inkohärenten Integrator, ist das resultierende S/N geringer. Die Ursache des Integrationsverlusts ist im Detektor selbst zu suchen, der unmittelbar vor dem eigentlichen Integrator liegt. In der einfachsten Form besteht ein inkohärenter Integrator aus einem Tiefpaßfilter im Videoteil des Empfängers. Da das Frequenzspektrum bei der Detektion gefaltet wird, muß die Bandbreite des Tiefpasses nur ungefähr halb so groß sein wie diejenige eines äquivalenten Bandpasses als einfachste Form eines kohärenten Integrators.

Der Wirkungsgrad der inkohärenten Integration wurde in /19/ für den Fall berechnet, daß alle Impulse gleiche Amplituden besitzen. Er ist folgendermaßen definiert:

$$E(n) = \frac{(S/N)_1}{n(S/N)_n} \cdot \qquad\qquad (4.28)$$

Dabei bedeutet:

n die Anzahl der integrierten Impulse,

$(S/N)_1$ das erforderliche Signal/Rauschverhältnis bei einem Einzelimpuls und vorgegebener P_D und P_{FA} und

$(S/N)_n$ das erforderliche Signal/Rauschverhältnis pro Impuls bei Impulsintegration über n Impulse für unveränderte P_D und P_{FA}.

Die Verbesserung im Signal/Rauschverhältnis bei Impulsintegration beträgt:

$$I(n) = n \cdot E(n) \quad . \qquad\qquad (4.29)$$

Dieser Ausdruck wird als Integrationsverbesserungsfaktor bezeichnet. Bei idealer kohärenter Integration ist $I(n) = n$, also $E(n) = 1$. $I(n)$ verhält sich wie in Bild 4.7 dargestellt.

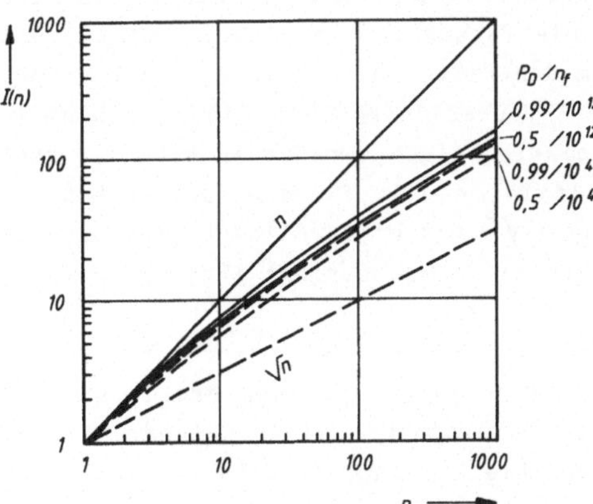

Bild 4.7: Integrationsverbesserungsfaktor bei quadratischer Gleichrichtung in Abhängigkeit von n, P_D und n_f /3/

Den entsprechenden Integrationsverlust zeigt Bild 4.8. Er

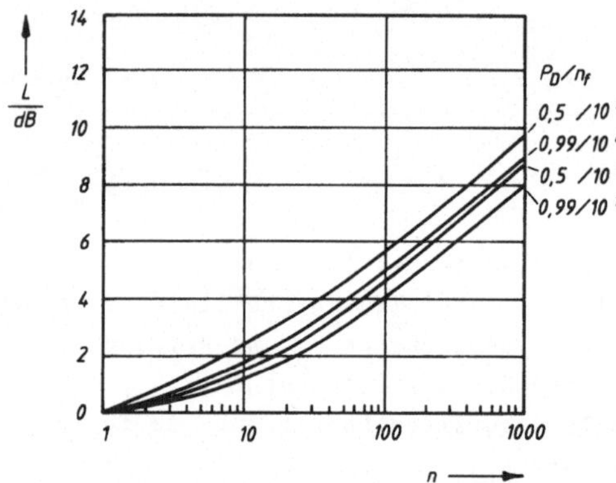

Bild 4.8: Integrationsverlust bei quadratischer Gleichrichtung in Abhängigkeit von n, P_D und n_f /3/

wird in dB angegeben:

$$L(n) = 10 \lg [1/E(n)] \quad .$$
(4.30)

Der in den Bildern 4.7 und 4.8 auftretende Parameter n_f ist die sogenannte Falschalarmzahl, durch die Beziehung $P_{FA} = 1/n_f$ mit der Falschalarmwahrscheinlichkeit verknüpft und ein Maß für die in der Falschalarmzeit T_{FA} durch Rauschimpulse möglichen Schwellenüberschreitungen. Bei der Integration über n Impulse erhöht sich die Falschalarmwahrscheinlichkeit entsprechend $P_{FA} = n/n_f$ um den Faktor n. Der Integrationsverbesserungsfaktor und der Integrationsverlust sind unwesentlich von P_D und P_{FA} abhängig. Die beiden Geraden in Bild 4.7 stellen Spezialfälle dar. $I(n) = n$ gilt für den idealen kohärenten Integrator und $I(n) = \sqrt{n}$ für einen Bildschirmbeobachter. Bei der inkohärenten Integration entspricht $I(n)$ für eine geringe Anzahl integrierter Impulse (großes S/N pro Impuls) nahezu demjenigen des idealen kohärenten Integrators. Ist dagegen n groß (kleines S/N pro Impuls), dann ergibt sich ein durchaus bemerkenswerter Unterschied zwischen kohärenter und inkohärenter Integration. Die Neigung von $I(n)$ bei inkohärenter Integration nähert sich für eine große Anzahl von n derjenigen der $\sqrt{n}$-Funktion.

Das Signal/Rauschverhältnis $(S/N)_n$ wird wie folgt bestimmt:

1) Sind T_{FA} (z.B. 15 min), B_e (1 MHz) und n (10) gegeben, berechnet sich P_{FA} aus $n/(T_{FA} B_e)$ ($\sim 10^{-8}$).

2) Für die geforderte P_D (0,9) und die bestimmte P_{FA} entnimmt man Bild 4.6 das $(S/N)_1$ (14,2 dB) für einen Impuls.

3) Mit n, B_e und T_{FA} erhält man bei der festgelegten P_D aus Bild 4.7 den Wert für I(n) (7 $\hat{=}$ 8,45 dB).

4) Schließlich wird $(S/N)_1$ durch I(n) dividiert, um das gewünschte $(S/N)_n$ (5,75 dB) zu bekommen.

Durch Berücksichtigung der Impulsintegration erhält man nun für den monostatischen Fall zwei weitere Formen der Radargleichung:

$$R_{max}^4 = \frac{P_S G \sigma A_w I(n)}{(4\pi)^2 a a_a k T_E B_e (S/N)_1} \quad , \tag{4.31a}$$

$$R_{max}^4 = \frac{P_S G \sigma A_w}{(4\pi)^2 a a_a k T_E B_e (S/N)_n} \quad . \tag{4.31b}$$

Reale Integratoren summieren im allgemeinen die Einzelimpulse nicht gleichgewichtig auf. Außerdem ändern sich die Amplituden der Impulse entsprechend dem Strahlungsdiagramm bei sich drehenden Antennen. Diese Effekte bedeuten zwar eine gewisse Korrektur der erläuterten Zusammenhänge, sie beeinflussen das Grundsätzliche jedoch nicht.

4.4 Optimalfilter /3, 4, 20, 21/

Eine wesentliche Aufgabe für einen Radarempfänger besteht in der Entdeckung der Zielechos auch bei Gegenwart von starken Störsignalen. Dabei spielt im Gegensatz zur normalen Nachrichtentechnik der zeitliche Verlauf der Signale eine sekundäre Rolle. Wichtig ist zunächst vielmehr zu entscheiden, ob ein Zielechosignal vorhanden ist oder nicht.

Die Signalentdeckung erfolgt normalerweise über eine Schwellenentscheidung. Dabei werden für die Wirkungsweise eines Radarempfängers zu einem bestimmten Zeitpunkt t_0 zwei Hypothesen aufgestellt: das Empfängerausgangssignal $V_a(t_0)$ hat seine Ursache allein im Rauschen (Hypothese H_0) oder $V_a(t_0)$ rührt von Nutzsignal + Rauschen her (Hypothese H_1). Man legt nun eine Schwellenspannung V_s fest und entscheidet H_0, wenn $V_a(t_0) < V_s$, andernfalls H_1. Überschreitet Rauschen allein die Schwelle, entsteht eine Falschmeldung oder ein Falschalarm. Auch kann es vorkommen, daß Nutzsignal + Rauschen unter der Schwelle bleiben. Letzteres führt zu einer Entdeckungswahrscheinlichkeit < 100 %. Bild 4.9 illustriert diese

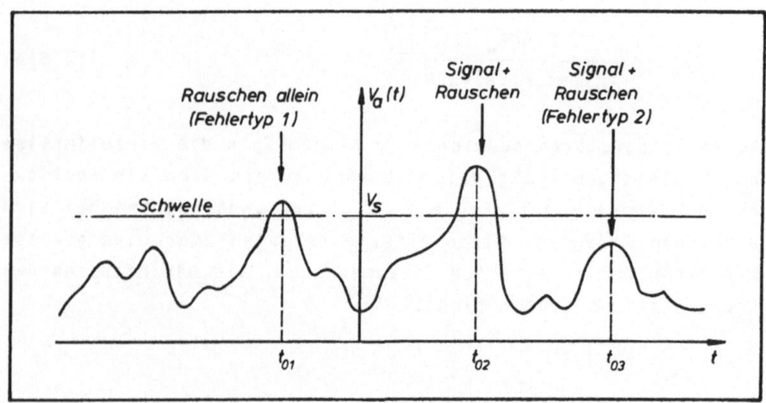

Bild 4.9: Empfängerausgangssignal und Schwellensetzung

Vorgänge. Es zeigt das Ausgangssignal $V_a(t)$ des Empfängers im Videobereich. Zum Zeitpunkt $t = t_{01}$ überschreitet Rauschen allein die Schwelle V_s, also Falschalarm (Fehlertyp 1); bei $t = t_{02}$ liegt Nutzsignal und Rauschen über der Schwelle und im Zeitpunkt $t = t_{03}$ bleibt die Summe von Nutzsignal + Rauschen unterhalb der Schwelle (Fehlertyp 2).

Der Radarempfänger ist also derart auszulegen, daß die Schwelle V_s bei Vorhandensein eines Nutzsignals mit möglichst grosser Wahrscheinlichkeit überschritten wird und sei es nur für ein kleines Zeitintervall. Man müßte also ein Filter anstreben, das während des Signaleinlaufs die Signalenergie kontinuierlich speichert, um sie danach in Form eines extrem kurzen Impulses wieder abzugeben. Die gesamte Signalenergie wäre dann auf ein kurzes Zeitintervall komprimiert, die momentane Signalleistung würde damit sehr groß und die Schwelle mit hoher Wahrscheinlichkeit überschritten.

Aus den vorstehenden Darlegungen kann die Aufgabenstellung für ein optimales Empfangsfilter ("Optimalfilter") angegeben werden. Es muß zu einem bestimmten Zeitpunkt $t = t_0$ das Verhältnis von momentaner, maximaler Nutzsignalleistung $/s_2(t_0)/^2_{max}$ zu mittlerer Rauschleistung N_2 zum Maximum machen:

$$g = \frac{/s_2(t_0)/^2_{max}}{N_2} \longrightarrow \text{Maximum} \quad . \tag{4.32}$$

Beschreibt man das Filtereingangsnutzsignal mit $s_1(t)$ im Zeitbereich und mit $S_1(f)$ im Frequenzbereich und definiert das Optimalfilter durch seine Übertragungsfunktion $H(f)$ und die entsprechende Impulsantwort $h(t)$, dann errechnet sich das Ausgangsnutzsignal aus:

$$s_2(t) = \int_{-\infty}^{+\infty} S_1(f)\, H(f)\, \exp(i2\pi ft)\, df \quad . \tag{4.33}$$

Dabei sind sowohl $s_1(t)$ und $S_1(f)$ als auch $h(t)$ und $H(f)$ Fouriertransformierte. Die Rauschleistung N_2 am Filterausgang gewinnt man aus dem Integral:

$$N_2 = \int_0^\infty /H(f)/^2 \, N_{01}(f) \, df \quad , \tag{4.34}$$

wobei $N_{01}(f)$ die Eingangsrauschleistungsdichte ist. Unter der Annahme von weißem Rauschen mit konstanter Leistungsdichte N_0 am Filtereingang, durch Ausdehnung der unteren Integrationsgrenze in Gl. (4.34) bis $-\infty$ und Einführen der beiden Beziehungen (4.33) und (4.34) in Gl. (4.32) erhält man für das gesuchte Leistungsverhältnis g :

$$g = \frac{/\int_{-\infty}^{+\infty} S_1(f) \, H(f) \, \exp(i2\pi f t_0) \, df /^2}{\frac{1}{2} \, N_0 \cdot \int_{-\infty}^{+\infty} /H(f)/^2 \, df} \quad . \tag{4.35}$$

Mit Hilfe der "Schwartz'schen Ungleichung"

$$\int P^*(f)P(f)df \int Q^*(f)Q(f)df \geq /\int P^*(f)Q(f)df/^2 \quad , \tag{4.36}$$

wobei $P(f)$ und $Q(f)$ komplexe Funktionen sind und $P^*(f)$ und $Q^*(f)$ die dazugehörigen konjugiert komplexen Größen, den Ansätzen

$$P^*(f) = S_1(f) \, \exp(i2\pi f t_0) \, , \tag{4.37a}$$

$$Q(f) = H(f) \tag{4.37b}$$

und der Beziehung

$$\int P^*(f)P(f)df = \int /P(f)/^2 df \quad , \tag{4.38}$$

kann Gl. (4.35) in folgende einfache Form gebracht werden:

$$g = \frac{2}{N_0} \int_{-\infty}^{+\infty} /S_1(f)/^2 df \quad . \tag{4.39}$$

In der Schwartz'schen Ungleichung kommt das Gleichheitszeichen zum Tragen, wenn

$$Q(f) = kP(f) \tag{4.40}$$

und k eine Konstante ist. Damit erreicht das Leistungsverhältnis g seinen Maximalwert für eine Übertragungsfunktion des Optimalfilters von der Form:

$$H(f) = kS_1^*(f) \exp(-i2\pi f t_0) \quad . \tag{4.41}$$

Abgesehen von einem Dämpfungsfaktor k und einer Zeitverzögerung t_0 ist die Übertragungsfunktion H(f) des Optimalfilters gleich dem konjugiert komplexen Eingangssignalspektrum.

Bei Benutzung des "Parseval'schen Theorems":

$$\int_{-\infty}^{+\infty} /S(f)/^2 df = \int_{-\infty}^{+\infty} /s(t)/^2 dt \quad , \tag{4.42}$$

wobei beide Ausdrücke die Signalenergie E darstellen, erhält man aus Gl. (4.39) für das Leistungsverhältnis:

$$g = \frac{2E}{N_0} \quad . \tag{4.43}$$

In Gl. (4.43) zeigt sich eine Eigenschaft des Optimalfilters. Das sich maximal ergebende Verhältnis von Signalspitzenleistung zu mittlerer Rauschleistung ist unabhängig von der Form des Eingangsnutzsignals und einfach gleich dem Verhältnis aus der zweifachen im Signal enthaltenen Energie und der Rauschleistungsdichte.

Das Optimalfilter kann außer durch sein Übertragungsverhalten
H(f) auch durch die Fouriertransformierte, die Impulsantwort
h(t) beschrieben werden:

$$h(t) = \int\limits_{-\infty}^{+\infty} H(f)\ \exp(i2\pi ft)df \quad . \qquad (4.44)$$

Daraus ergibt sich mit Hilfe von Gl. (4.41):

$$h(t) = k\int\limits_{-\infty}^{+\infty} S_1^*(f)\ \exp\left[-i2\pi f(t_0 - t)\right]df \quad . \qquad (4.45)$$

Da für das Eingangssignal

$$s_1(t) = \int\limits_{-\infty}^{+\infty} S_1(-f)\ \exp(-i2\pi ft)df \qquad (4.46)$$

und außerdem $S_1^*(f) = S_1(-f)$ gilt, findet man durch Vergleich
der beiden Beziehungen (4.45) und (4.46):

$$h(t) = ks_1(t_0 - t) \quad . \qquad (4.47)$$

Die Impulsantwort entspricht also, abgesehen von der zeitlichen Verschiebung t_0 und dem Amplitudenfaktor k, dem zeit-
inversen Eingangssignal. Ein Beispiel zeigt Bild 4.10.

Das Ausgangsnutzsignal des Optimalfilters läßt sich entweder

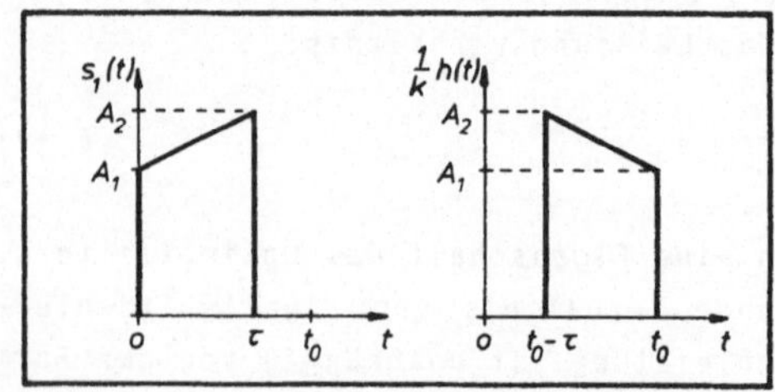

Bild 4.10: Impulsant-
wort eines Optimal-
filters

aus Gl. (4.33) oder durch Faltung des Eingangssignals $s_1(t)$
mit der Impulsantwort des Optimalfilters h(t) gewinnen:

$$s_2(t) = s_1(t) * h(t) = \int_{-\infty}^{+\infty} s_1(\vartheta) \, h(t - \vartheta) d\vartheta \quad . \qquad (4.48)$$

Nach Ersetzen von $h(t)$ gemäß Gl. (4.47) und der vereinfachenden Annahme $k = 1$ wird aus Gl. (4.48):

$$s_2(t) = \int_{-\infty}^{+\infty} s_1(\vartheta) \, s_1(\vartheta + t_0 - t) d\vartheta \quad . \qquad (4.49)$$

Diese Funktion entspricht aber, wenn man von der Zeitverschiebung t_0 absieht, der Autokorrelationsfunktion (AKF) $R_{11}(t)$ des Eingangssignals:

$$R_{11}(t) = \int_{-\infty}^{+\infty} s_1(\tau) \, s_1(\tau - t) d\tau \quad . \qquad (4.50)$$

Sieht man von Einflüssen auf dem Ausbreitungsweg ab, dann ist die Übertragungsfunktion des Optimalfilters ein Abbild der Spektralfunktion des Sendesignals. Das bedeutet, daß bei gegebenem Sendesignal auch das Optimalfilter in seinen Eigenschaften festliegt. Das Optimalfilter kann damit als eine Einrichtung betrachtet werden, die zur Erzeugung eines Ausgangssignals die Kreuzkorrelationsfunktion aus Sende- und Eingangssignal bildet, wobei das letztere im allgemeinen Fall sich aus Nutz- und Rauschsignal zusammensetzt.

Betrachtet man als Beispiel einen Rechteckimpuls mit der Dauer τ_p entsprechend Bild 4.11, so läßt sich dieser in normierter Form durch die Zeitfunktion

$$s_1(t) = \frac{1}{\sqrt{\tau_p}} \, \text{rect}\left(\frac{t}{\tau_p}\right) \qquad (4.51)$$

und das dazugehörige Frequenzspektrum (Fouriertransformierte von $s_1(t)$) durch

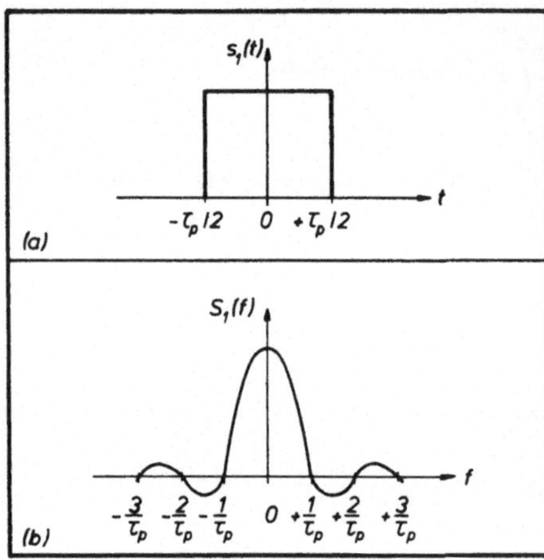

Bild 4.11: Rechteckimpuls:
(a) Zeitfunktion,
(b) Spektralfunktion

$$S_1(f) = \int\limits_{-\infty}^{+\infty} s_1(t)\,\exp(-i2\pi ft)\,dt \tag{4.52}$$

$$= \sqrt{\tau_p}\,\frac{\sin(\pi f\tau_p)}{\pi f\tau_p} = \sqrt{\tau_p}\,\mathrm{sinc}(\tau_p f)$$

beschreiben. Die Frequenzcharakteristik des Optimalfilters
entspricht somit nach Gl. (4.41) für einen Rechteckimpuls als
Eingangssignal einem sinx/x-förmigen Bandpaß. Als Ausgangssignal des Optimalfilters nach Gl. (4.50) erhält man mit Gl.
(4.51):

$$s_2(t) = \int\limits_{-\infty}^{+\infty} s_1(\vartheta)\,s_1(\vartheta - t)\,d\vartheta = \mathrm{rect}\left(\frac{t}{2\tau_p}\right)\left(1 - \frac{/t/}{\tau_p}\right) \quad . \tag{4.53}$$

Es ergibt sich ein dreieckförmiger Impuls mit der Dauer $2\tau_p$,
also der doppelten Breite des Eingangsimpulses (Bild 4.12).

In der Praxis erweist es sich jedoch als meist äußerst
schwierig, das Optimalfilter in seiner exakten Form zu realisieren (z.B. sinx/x-Bandpaß). Aus diesem Grunde ist zu prü-

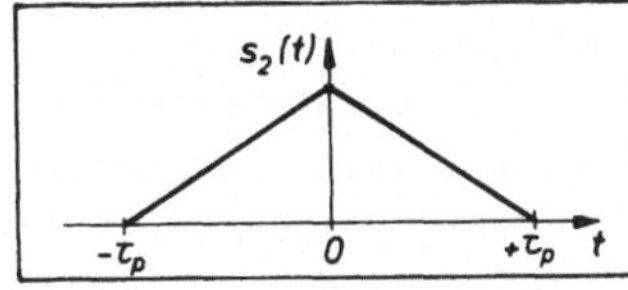

Bild 4.12: Optimalfilteraus-
gangssignal bei einem rechteckförmigen Eingangssignal

fen, welche Effektivität andere Filterformen im Vergleich zum
Optimalfilter besitzen. Beispielhaft zeigt Tabelle 4.1 für

Tabelle 4.1: Eigenschaften verschiedenartiger Filter im Vergleich zum Optimalfilter bei rechteckförmigem Eingangssignal

Filter	Opt. $B\tau_p$	S/N-Verlust in dB
sinx/x-förmig	1	0
rechteckförmig	1,37	0,85
glockenförmig	0,72	0,49
einkreisiger RLC-Bandpaß	0,4	0,88
zweikreisiger RLC-Bandpaß	0,61	0,56

einige Filterformen auf, welches optimale Zeit-Bandbreiteprodukt $B\tau_p$ (B = Filterbandbreite, τ_p = Impulsbreite) jeweils zu
wählen ist und welcher S/N-Verlust sich einstellt. Wie die
geringe Einbuße an S/N andeutet, gibt es durchaus vom Optimalfilter abweichende Formen mit akzeptablen Eigenschaften.

4.5   Impulskompression /3, 4, 20, 21/

Mit Hilfe eines Optimalfilters kann zwar das Verhältnis von
momentaner, maximaler Signalleistung zu mittlerer Rauschleistung zum Maximum gemacht werden, jedoch ist damit noch keineswegs gelungen die Signalenergie am Filterausgang auf ein
sehr kurzes Zeitintervall zu komprimieren, was für eine
sichere Schwellenüberschreitung von großem Vorteil wäre.

Betrachtet man in diesem Zusammenhang auch die Forderungen

nach großer Reichweite und hoher Entfernungsauflösung, was z.B. für Weitbereichsradare typisch ist, so muß festgestellt werden, daß die erste Forderung eine hohe mittlere Sendeleistung verlangt, die man technisch und ökonomisch vernünftig mit mäßiger Spitzenleistung und großer Sendeimpulsdauer realisiert, während die zweite Forderung eine kleine Auflösungszelle in der Entfernung bedeutet, d.h. einen zeitlich möglichst kurzen (komprimierten) Impuls am Empfängerausgang.

Um diese sich bei Anwendung der "klassischen" Impulsmodulation widerspechenden Forderungen doch zu befriedigen, ist die Frage zu stellen, ob es außer den konventionellen Signalformen andere gibt, mit Hilfe derer es gelingt, im Radarempfänger die Dauer des Ausgangssignals relativ zur Dauer des Sendesignals extrem kurz zu machen, das Empfangssignal also zu komprimieren und damit die momentane Signalleistung extrem groß zu machen. Signale dieser Art existieren tatsächlich. Es sind solche, welche im Gegensatz zum "konventionellen" Radarimpuls ($B\tau_p \approx 1$) ein Zeit-Bandbreite-Produkt $\gg 1$ besitzen. Wenn man von Impulskompression spricht, meint man also die Anwendung von Sendesignalen großen Zeit-Bandbreite-Produktes.

Ein Optimalfilter komprimiert immer mehr oder weniger gut, betreibt also Impulskompression im weitesten Sinn des Wortes. Wie gut es dies kann, hängt primär nicht vom Filter ab, sondern von der Art des Signals, für welches das Filter ausgelegt ist. Die Übertragungsfunktion des Optimalfilters wird bekanntlich durch das Sendesignal festgelegt. Das Ausgangsnutzsignal des Optimalfilters stellt ein Abbild der Autokorrelationsfunktion (AKF) des Sendesignals dar. Es ist daher nach Signalformen zu suchen, deren AKF einen möglichst schmalen Impuls ergeben. Geeignete Signale erhält man, wenn der Sendeimpuls intern moduliert wird, z.B. in der Phase oder Frequenz. Steigende Bandbreite beim Sendesignal hat einen kürzer werdenden Ausgangsimpuls des Optimalfilters zur Folge. Da größerwerdende Sendeimpulsbreite bei gleicher Spitzenleistung auch größere Sendeenergie und damit größere Reichweite bedeutet, kann man das Zeit-Bandbreite-Produkt $B\tau_p$ als eine Art Gütefaktor für das Sendesignal betrachten. Näherungsweise ist das Zeit-Bandbreite-Produkt identisch mit dem Verhältnis aus Signaldauer τ_p vor und Impulsbreite T hinter dem Optimalfilter und ebenfalls mit dem Verhältnis der Spitzenleistungen von komprimiertem Impuls P_T und unkomprimiertem Impuls P_τ :

$$B\tau_p \approx \tau_p/T = P_T/P_\tau \quad , \tag{4.54}$$

da bei Vernachlässigung von Verlusten der Energieinhalt von Eingangs- und Ausgangsimpuls gleich sein muß und $B \approx 1/T$ gesetzt werden kann. Man nennt τ_p/T das Impulskompressionsverhältnis. Nachteilig mit so erzeugten schmalen Impulsen verbunden ist, daß sie nicht reinrassig gewonnen werden, sondern zu beiden Seiten dieser Impulse zusätzliche, parasitäre Signale entstehen, sogenannte Nebenzipfel, die beim Detektionsprozess z.B. zu Mehrdeutigkeiten Anlaß geben können.

Es folgt nun ein spezielles Beispiel zur Realisierung der Impulskompression, die Anwendung eines Sendesignals mit impulsinterner, linearer Frequenzmodulation (FM).

Die Einhüllende des Sendesignals ist ein rechteckförmiger Impuls der Dauer τ_p (Bild 4.13(a)); die Trägerfrequenz steigt über der Impulsdauer von f_1 auf f_2 linear an (Bild 4.13(b)). Bild 4.13(c) zeigt die resultierende Zeitfunktion. Man kann die Signalmodulation durch

$$s_1(t) = \frac{1}{\sqrt{\tau_p}} \, rect\left(\frac{t}{\tau_p}\right) \, exp(i\pi k t^2) \tag{4.55}$$

beschreiben. Die Momentanfrequenz ergibt sich daraus zu:

$$f(t) = \frac{1}{2\pi} \frac{d\phi(t)}{dt} = kt \quad , \tag{4.56}$$

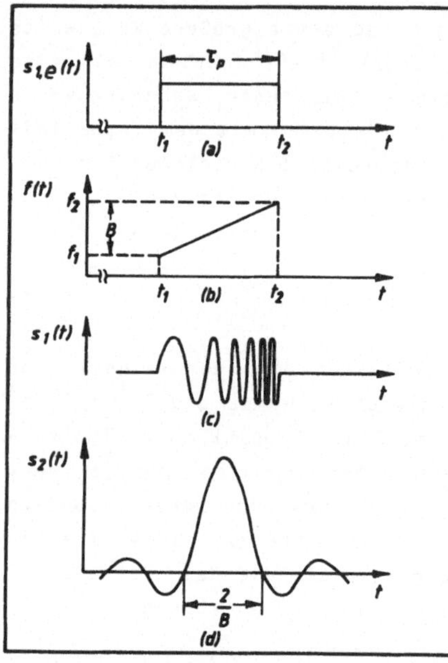

Bild 4.13: Impulskompression mit impulsinterner linearer FM /3/:
(a) Sendesignal/Einhüllende,
(b) Sendesignal/Frequenzverlauf,
(c) Sendesignal/Zeitverlauf,
(d) Ausgangssignal des IKF

wobei k ein Maß für die zeitliche Frequenzänderung darstellt. Ist B diese Änderung der Momentanfrequenz während der Signaldauer τ_p, dann bekommt man für

$$/k/ = B/\tau_p \quad . \tag{4.57}$$

Das Vorzeichen von k bestimmt die Richtung der Frequenzänderung; positives k bedeutet Frequenzzunahme, wie im vorliegenden Fall, negatives k Frequenzabnahme während der Signaldauer. Für große Zeit-Bandbreite-Produkte hat das Spektrum angenähert Rechteckform; entsprechendes gilt dann auch für die Übertragungsfunktion des Optimalfilters.

Durch Einsetzen von Gl. (4.55) in Gl. (4.50) wird das Ausgangssignal des Optimalfilters (Impulskompressionsfilter, IKF) gewonnen:

$$s_2(t) = \int\limits_{-\infty}^{+\infty} s_1(\vartheta)\, s_1^*(\vartheta - t)\, d\vartheta$$

$$= \frac{1}{\tau} \int\limits_{-\infty}^{+\infty} \mathrm{rect}(\frac{\vartheta}{\tau_p})\, \mathrm{rect}(\frac{\vartheta - t}{\tau_p})\, \exp\left\{ i\pi k\left[\vartheta^2 - (\vartheta - t)^2\right]\right\} d\vartheta \ . \tag{4.58}$$

Die Auswertung des Integrals führt zu folgendem Ergebnis:

$$s_2(t) = \mathrm{rect}(\frac{t}{2\tau_p})\, (1 - \frac{/t/}{\tau_p})\, \mathrm{sinc}\left[Bt(1 - \frac{/t/}{\tau_p})\right] \ . \tag{4.59}$$

Das Signal setzt sich multiplikativ aus drei Teilfunktionen zusammen. Die erste legt die Signaldauer von $2\tau_p$ fest, die zweite bewirkt eine mit t langsame, dreieckförmige Amplitudenänderung und die dritte gibt die Feinstruktur wieder. Zur Diskussion des Verhaltens von $s_2(t)$ kann man sich deshalb auf die Betrachtung der Teilfunktion

$$s_{2,3}(t) = \mathrm{sinc}(Bt) \tag{4.60}$$

beschränken. Das Impulskompressionsfilter wird in diesem Fall so ausgelegt, daß die Ausbreitungsgeschwindigkeit im Filter eine Funktion der Frequenz ist, d.h. die höheren Frequenzen am Impulsende erfahren eine schnellere Ausbreitung als die niedrigeren Frequenzen am Impulsanfang. Dadurch wird die im ursprünglich langen Impuls der Breite τ_p enthaltene Energie in einen kürzeren Impuls der Dauer T komprimiert. Die Form des komprimierten Impulses entspricht nach Gl. (4.60) bzw. Bild 4.13(d) einer sinx/x-Funktion. Seine Dauer T kann ungefähr gleich 1/B gesetzt werden. Aus Bild 4.13(d) erkennt man auch, daß neben dem komprimierten Impuls die bereits erwähnten Seitenzipfel auftreten. Die Dämpfung des ersten Nebenzipfels auf den Hauptimpuls bezogen beträgt 13,5 dB. Der komprimierte Impuls nach Gl. (4.59) besitzt ein rechteckförmiges Spektrum. Impulskompressionsfilter dieser Art können z.B. mit dispersiven Verzögerungsleitungen realisiert werden.

5 Wellenausbreitung

Im Hinblick auf die Wellenausbreitung wird zunächst auf die Bedeutung der Erdkrümmung und Strahlenbrechung eingegangen. Es folgt die Behandlung der Signalreflexion am Ziel und an der Erdoberfläche. Weiterhin werden die Wellenausbreitung in unmittelbarer Nähe der Erdoberfläche sowie die atmosphärische Dämpfung besprochen.

5.1 Einfluß der Erdkrümmung

Unter Freiraumbedingungen breiten sich elektromagnetische Wellen geradlinig aus. Ziele können nur dann jenseits des geometrischen Horizonts von einem Radar erfaßt werden, wenn sie durch ihre Höhe diesen überragen. Nach Bild 5.1 und den

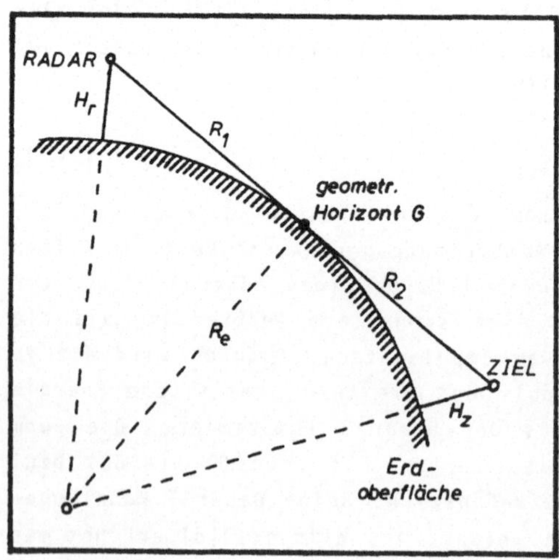

Bild 5.1: Einfluß der Erdkrümmung auf die Wellenausbreitung

Bezeichnungen

R_e Erdradius (6371 km),
R_1 Abstand Radar/geometrischer Horizont,
R_2 Abstand geometrischer Horizont/Ziel,
H_r Höhe der Radarantenne über der Erdoberfläche und

H_z Höhe des Zieles über der Erdoberfläche

erhält man für den erdnahen Bereich, also $H_r \ll R_e$ und $H_z \ll R_e$, unter der Annahme einer glatten Erdoberfläche (keine Erhebungen) eine maximale Radarreichweite von

$$R_{max} = R_1 + R_2 = \sqrt{2R_e}\,(\sqrt{H_r} + \sqrt{H_z}) \quad . \tag{5.1}$$

In Abhängigkeit von der Zielhöhe bedeutet dies eine Reichweitenvergrößerung über den geometrischen Horizont hinaus von

$$\frac{R_{max}}{R_1} = 1 + \sqrt{\frac{H_z}{H_r}} \quad . \tag{5.2}$$

Bei einer Antennenhöhe von beispielsweise H_r = 10 m und einer Zielhöhe von H_z = 10.000 m beträgt der Abstand Radar/geometrischer Horizont R_1 = 11,3 km und die maximale Reichweite R_{max} = 368,3 km. Dies entspricht einer Reichweitenvergrößerung über den geometrischen Horizont hinaus um etwa das 33-fache.

5.2   Atmosphärische Brechung /3, 22/

In der Erdatmosphäre breiten sich elektromagnetische Wellen in der Regel jedoch nicht geradlinig aus, sondern es kommt zur Brechung. Die Ursache dafür liegt darin, daß die Atmosphäre mit ihren unterschiedlichen Dichten kein homogenes Ausbreitungsmedium darstellt und damit sich für den Brechungsindex (n) eine Änderung mit der Höhe ergibt. Der Brechungsindex ist definiert als das Verhältnis von Ausbreitungsgeschwindigkeit elektromagnetischer Wellen im freien Raum zu derjenigen im zu betrachtenden Medium, also in diesem Fall der Atmosphäre. Für Wasserdampf enthaltende Luft hängt im Mikrowellenbereich n von p/T (p = Luftdruck, T = Temperatur) und e/T^2 (e = Wasserdampfgehalt) ab. Da sich Luftdruck

und Wasserdampfgehalt stark mit der Höhe (H) verringern, die
Temperatur dagegen sich jedoch nur geringfügig, stellt sich
auch für n normalerweise eine Abnahme mit steigender Höhe
ein; der vertikale Gradient des Brechungsindexes (dn/dH) ist
negativ. Dieser Tatbestand führt zu einer Krümmung der Strahlung zur Erdoberfläche hin. Dadurch vergrößert sich die Entfernung Radar/Radarhorizont (B) und es werden auch Ziele angestrahlt, die jenseits des geometrischen Horizonts (G) liegen und diesen auch nicht überragen. In Bild 5.2 ((a) und
(b)) ist der vorliegende Sachverhalt skizziert.

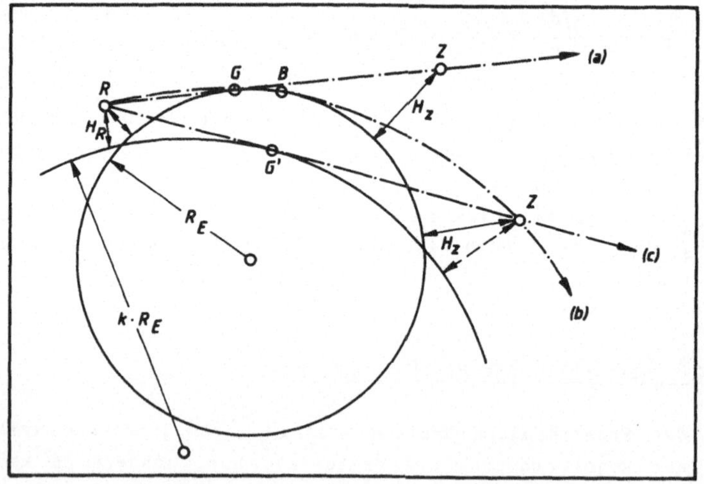

Bild 5.2: Einfluß der Brechung auf die Wellenausbreitung:
(a) Strahlungsverlauf ohne Brechung,
(b) Strahlungsverlauf durch Brechung,
(c) geradliniger Strahlungsverlauf bei vergrößertem
Erdradius zur Berücksichtigung der Brechung

Für den Brechungsindex benutzt man häufig einen linearen Zusammenhang mit der Höhe, was zwar eine Näherung darstellt,
jedoch einen informativen Einblick in das Brechungsphänomen
gestattet und für den erdnahen Bereich eine recht brauchbare

Beschreibung liefert. Ein typischer Wert für n in unmittelbarer Nähe der Erdoberfläche ist 1,0003. In einer Standardatmosphäre wird für den vertikalen Gradienten des Brechungsindexes ein mittlerer Wert von $-4\cdot 10^{-8}$/m angesetzt.

Eine gebräuchliche Methode, den vorliegenden Sachverhalt zu erfassen, besteht nun darin, den aktuellen Erdradius (R_e) durch einen äquivalenten Radius (KR_e) sowie die aktuelle Atmosphäre durch eine homogene zu ersetzen, in der sich dann die elektromagnetischen Wellen wieder geradlinig und nicht mehr auf gekrümmten Bahnen ausbreiten (siehe Bild 5.2 (c)). Die maximal erzielbare Radarreichweite bestimmt sich dann entsprechend Gl. (5.1) nach:

$$R_{max/B} = \sqrt{2KR_e}\ (\sqrt{H_r} + \sqrt{H_z}\ )\quad . \tag{5.3}$$

Der Vergrößerungsfaktor K läßt sich mit Hilfe des Snellius'schen Brechungsgesetzes herleiten und durch folgende Beziehung beschreiben /3/:

$$K = \frac{1}{1 + R_e(dn/dH)}\quad . \tag{5.4}$$

Für die Standardatmosphäre errechnet man ein K von 4/3 und damit eine maximale Reichweite von:

$$R_{max/B} = \sqrt{\tfrac{8}{3}\ R_e}\ (\sqrt{H_r} + \sqrt{H_z}\ ) = \frac{2}{\sqrt{3}}\ R_{max}\quad , \tag{5.5}$$

also infolge Brechung im Vergleich zur Freiraumreichweite R_{max} eine Vergrößerung um 15 %.

Eine weitere Begleiterscheinung der Strahlbrechung ist das Auftreten von Fehlern bei der Messung von Elevationswinkel und Zielentfernung, wie Bild 5.3 entnommen werden kann. Das wahre Ziel liegt nicht in der Elevationsrichtung, die das Radar liefert und die gemessene Entfernung ist durch den weite-

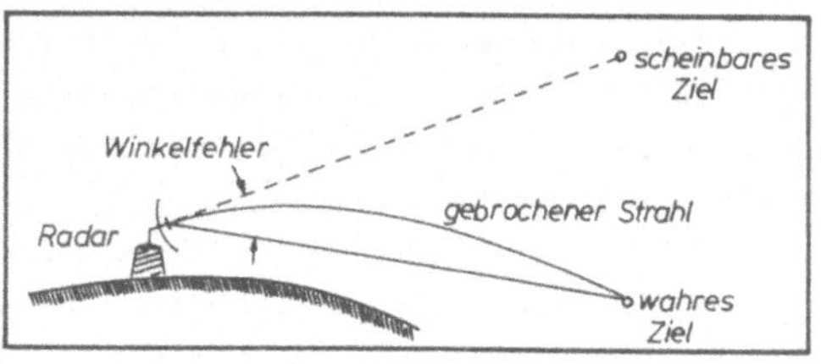

Bild 5.3: Einfluß der Brechung auf die Messung von Elevation und Entfernung

ren Weg des gebrochenen Strahls stets länger als die wahre Entfernung.

Anormale atmosphärische Verhältnisse findet man vor bei wesentlich stärkerer Abnahme des Brechungsindexes mit der Höhe als bisher angenommen. Solche Fälle treten ein, wenn im Gegensatz zum bislang betrachteten Verhalten nun die Temperatur mit der Höhe ansteigt und/oder die Feuchtigkeit sich stärker verändert. Bei einem derartigen Temperaturverhalten spricht man von einer Temperaturinversion.

Bei anormaler Brechung kann es zur Ausbildung von Schichten in der Atmosphäre kommen und zwar derart, daß darin elektromagnetische Wellen ähnlich wie in einem Hohlleiter verhältnismäßig dämpfungsarm über weite Strecken geführt werden. Für die Radarreichweite bedeutet dies unter Umständen eine erhebliche Vergrößerung vorausgesetzt, das Radar befindet sich innerhalb oder zumindest in unmittelbarer Nähe der Schicht. Ziele können dann weit über den normalen Radarhorizont hinaus erfaßt werden. Schichten der beschriebenen Art, auch "ducts" genannt, bilden sich meistens in unmittelbarer Nähe der Erdoberfläche aus. Ihre Höhenausdehnung ist sehr eingeschränkt; sie liegt im allgemeinen größenordnungsmäßig zwischen 10 m und einigen 100 m. Diese anormale Brechung ist hauptsächlich auf kleine Elevationswinkel von kaum über 1° bis 1,5° und hohe Frequenzen beschränkt. Bei Radaren geringer Aufstellungshöhe sind schon Reichweiten von 2000 km und mehr gemessen worden.

Als anormal bezeichnet man auch atmosphärische Zustände, bei denen sich ein Brechungsindex mit positivem Gradienten ergibt. Solche Verhältnisse können z.B. durch die Gegenwart von Nebel verursacht werden. Die Krümmung der Strahlung erfolgt dann von der Erdoberfläche weg. Damit verbunden ist, gegensätzlich zu dem bislang gewohnten Bild, eine Reichweitenreduzierung oder gar ein Ortungsausfall möglich.

5.3   Rückstrahlquerschnitt /3, 4, 15, 17, 23, 24/

Bei der Bestrahlung eines Zieles mit elektromagnetischer Energie wird ein Teil der einfallenden Strahlung absorbiert und in Wärme umgewandelt und der verbleibende Rest mit durchaus unterschiedlicher Stärke wieder in die verschiedensten Richtungen abgestrahlt. Die Reflexionseigenschaften eines Zieles beschreibt die Reflexionsfläche σ. Sie ist ein Maß für das Verhältnis der am Ort des Radarempfängers (im Abstand R_2 vom Ziel) von der vom Ziel reflektierten Strahlung erzeugten Leistungsdichte zu der durch das am Zielort (im Abstand R_1 vom Radar) einfallende Signal verursachten Leistungsdichte und wie folgt gegeben, wenn man von Verlusten absieht:

$$\sigma = 4\pi R_2^2 \frac{P_e/A_w}{P_s G/4\pi R_1^2} \quad , \tag{5.6}$$

was sich auf einfache Weise aus der Radargleichung (1.8) ableiten läßt. Man betrachtet dabei das Ziel als einen isotropen Reflektor. Diese Festlegung bedeutet aber zugleich eine Beschränkung des Gültigkeitsbereichs für den Wert von σ auf eine bestimmte Reflexionsrichtung. Für die Bestimmung der gesamten von einem Ziel reflektierten Leistung ist dann die Reflexionsfläche in ihrer Richtungsabhängigkeit anzusetzen. Das größte Interesse gehört in der Radartechnik dem monostatischen Fall, also der unmittelbaren Rückstrahlung vom Ziel, worauf sich auch die folgenden Ausführungen beschränken werden. Für die Reflexionsfläche benutzt man in diesem Fall die Bezeichnungen Rückstrahlquerschnitt, äquivalente Echofläche, aber auch Radarquerschnitt.

Der Rückstrahlquerschnitt hängt von einer Reihe von Parametern ab, wie Zielaspekt, Zielgröße, Zielgestalt, Material, Oberflächenstruktur, aber auch Wellenlänge und Polarisation. Da die Abhängigkeit von der Wellenlänge eine wesentliche Rolle spielt, liegt es nahe, eine Zielklassifikation in der Größe bezogen auf die Wellenlänge vorzunehmen. Ziele, deren Abmessungen und Krümmungsradien groß sind in Relation zur benutzten Wellenlänge, zeigen ein Verhalten, wie es von der Optik her bekannt ist. Solche Ziele können bei komplexer Gestalt hinsichtlich ihres Rückstrahlquerschnitts in Einzelkomponenten zerlegt werden. Das andere Extrem sind Ziele mit Abmessungen klein in Bezug auf die Wellenlänge. Die Reflexionseigenschaften solcher Ziele hängen in erster Linie von der Zielgröße und nicht so sehr von der Zielform ab. Eine Klassifizierung des Rückstrahlquerschnitts wird nach drei Bereichen vorgenommen:

(1) Rayleigh-Bereich: Wellenlänge groß verglichen mit den Zielabmessungen.

(2) Mie- oder Resonanz-Bereich: Wellenlänge vergleichbar mit den Zielabmessungen.

(3) Optischer Bereich: Wellenlänge klein gegen die Zielabmessungen.

Als anschauliches Beispiel dient die Metallkugel mit Radius a. Den Rückstrahlquerschnitt σ_k in Abhängigkeit von der Wellenlänge zeigt Bild 5.4. Für große Werte von a/λ (optischer Bereich) nähert sich der Rückstrahlquerschnitt dem geometrischen Querschnitt πa^2. Bei kleinen Werten von a/λ (Rayleigh-

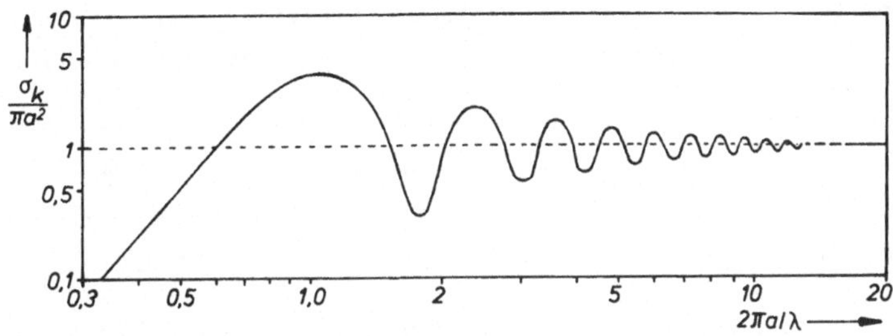

Bild 5.4: Rückstrahlquerschnitt einer Metall-Kugel /3/

Bereich) weist σ_k eine λ^{-4}-Abhängigkeit auf. Im mittleren Bereich (Mie- oder Resonanzbereich) schwankt σ_k etwa bis zu 4 bis 6 dB um den geometrischen Wert. Auch der Rayleigh-Bereich hat für die Radartechnik eine gewisse Bedeutung, da z.B. die Rückstrahlquerschnitte von Regentropfen ihm zuzuordnen sind. Sie erzeugen durch ihr Rückstrahlverhalten oft nicht unerheblich störende Cluttersignale. Die Kugel hat wegen ihrer Symmetrie keinerlei Aspekteigenschaften bezüglich ihres Rückstrahlquerschnittes. Bei anderen weniger symmetrischen oder unsymmetrischen Formen ist dies jedoch keineswegs mehr der Fall. Die Tabelle 5.1 enthält den Rückstrahlquerschnitt einiger bekannter Formen. Dabei sind die Abmessungen als groß im Vergleich zur Wellenlänge vorausgesetzt.

Im allgemeinen sind jedoch Radarziele von viel komplexerer Gestalt, wie z.B. Flugzeuge. Der Rückstrahlquerschnitt solcher Ziele hängt in starkem Maße vom Aspektwinkel und von der Wellenlänge ab; ein Beispiel zeigt Bild 5.5. Dargestellt ist der experimentell ermittelte Rückstrahlquerschnitt eines Flugzeuges mit 2 Triebwerken in Abhängigkeit vom Aspektwinkel bei einer Wellenlänge von 10 cm. Der Rückstrahlquerschnitt kann sich bis zu 15 dB ändern bei einer Aspektwinkeländerung von nur 1/3°. Der Maximalwert ergibt sich normal zur Breitseite, wo auch die sichtbare Fläche am größten ist.

Tabelle 5.1: Rückstrahlquerschnitt einfacher geometrischer, metallischer Formen mit Abmessungen groß gegen die Wellenlänge

Form	Aspekt	Rückstrahl-querschnitt	Symbole
Kugel		πa^2	a = Radius
Kegel	axial	$\dfrac{\lambda^2}{16\pi}\tan^4(\theta_0/2)$	θ_0 = Kegel-winkel
Paraboloid	axial	πg^2	g = Scheitel-radius
Ellipsoid	axial	$\pi b^4/a^2$	a, b = Ellipsen-halbachsen
Ogive	axial	$\dfrac{\lambda^2}{16\pi}\tan^4(\theta_0/2)$	θ_0 = Ogive-winkel
Kreisplatte	unter θ zur Normalen	$\pi a^2\cot^2\theta\cdot J_1^2\left(\dfrac{4\pi a}{\lambda}\sin\theta\right)$	a = Radius
große, flache Platte willkürlicher Form	normal	$4\pi A^2/\lambda^2$	A = Fläche
Kreiszylinder	unter θ zur Längsachse	$\dfrac{a\lambda}{2\pi}\cdot\dfrac{\cos\theta\cdot\sin^2(kl\cdot\sin\theta)}{\sin^2\theta}$	a = Radius l = Länge k = $2\pi/\lambda$

Weiterhin findet man für den Rückstrahlquerschnitt eine Abhängigkeit von der Polarisation. Ein spezielles Phänomen tritt dabei besonders hervor; bei der Zielreflexion stellt sich eine sogenannte Depolarisation ein, d.h. das eingestrahlte, definiert polarisierte Signal besitzt nach Reflexion am Ziel auch noch eine orthogonale Polarisationskomponente. Es ist dabei besonders zu vermerken, daß bei Zirkularpolarisation im Echosignal dann die entgegengesetzte Polarisationsart vorherrscht, wenn es sich um einen isotropen Reflektor handelt. Da Regentropfen solche isotrope Reflekto-

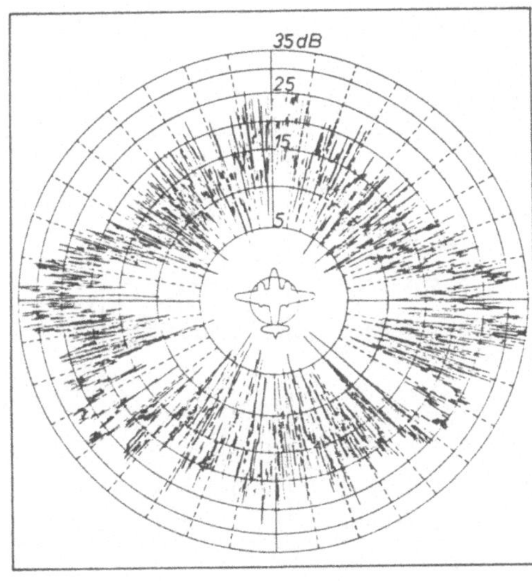

Bild 5.5: Rückstrahlquerschnitt eines 2-motorigen Flugzeuges in Abhängigkeit vom Aspektwinkel ($\lambda = 10$ cm) /3/

ren sind, kann mittels Zirkularpolarisation eine gewisse Diskriminierung zwischen komplexen Zielen, wie Flugzeugen und Regenechos erfolgen, wenn man Sender und Empfänger auf gleichorientierte zirkulare Polarisation auslegt.

In Tabelle 5.2 sind für einige bekannte Objekte die mittleren Rückstrahlquerschnitte zusammengestellt.

Bei der Bestimmung des zur Zielentdeckung erforderlichen Signal/Rauschverhältnisses wurden bislang die Amplituden der Zielechosignale als zeitlich konstant betrachtet. In der Praxis trifft diese Annahme für Bewegtziele in der Regel nicht zu. Zeitliche Änderungen der Echoamplitude können z.B. durch meteorologische Einwirkungen, die Antennencharakteristik oder Geräteinstabilitäten verursacht werden. Eine wesentliche Quelle von Echoamplitudenschwankungen ist der sich laufend ändernde Rückstrahlquerschnitt, der bekanntlich bei komplexen Zielen sich als äußerst richtungssensitiv erweist.

<u>Tabelle 5.2:</u> Mittlerer Rückstrahlquerschnitt einiger Objekte /3, 17/

Objekt	Frequenzbereich	Mittlerer Rück-strahlquerschnitt
Propellerflugzeug, mehrmotorig	L-Band	bis zu $20m^2$
Propellerflugzeug, einmotorig	L-Band S- bis X-Band	bis zu $4m^2$ 2 bis $3m^2$
Düsenflugzeug, mehrstrahlig	L- bis X-Band	5 bis $10m^2$
Düsenflugzeug, einstrahlig	L-Band S- bis X-Band	bis zu $3m^2$ 1 bis $2m^2$
Mensch	L- und S-Band C- und X-Band	0,1 bis $1m^2$ 0,4 bis $1,9m^2$

Fluktuationen des Zielechosignals dieser Art können mit Hilfe der Statistik erfaßt werden. S w e r l i n g /23/ hat dieses Problem aufgegriffen und entsprechende Modellvorstellungen entwickelt. Er setzt für den Rückstrahlquerschnitt folgende Wahrscheinlichkeitsdichtefunktion (WDF) an :

$$p(\sigma) = \frac{1}{(k-1)!} \frac{k}{\bar{\sigma}} \left(\frac{k\sigma}{\bar{\sigma}}\right)^{k-1} \exp\left(-\frac{k\sigma}{\bar{\sigma}}\right) \qquad \text{für} \quad \sigma \gtrless 0 \ . \qquad (5.7)$$

Sie führt zu einer χ^2-Verteilung mit 2k-Freiheitsgraden; $\bar{\sigma}$ ist der lineare Mittelwert. Unter Zugrundelegung von Gl. (5.7) konstruierte Swerling 4 verschiedene Fluktuationsmodelle (Fälle), welche das Rückstrahlverhalten der wichtigsten Ziele in guter Näherung beschreiben:

Fall 1:   Die in einem Radarempfänger zu verarbeitenden Ziel-echoimpulse sind während eines gesamten Antennen-überlaufes über ein Ziel von konstanter Amplitude, jedoch von Überlauf (Scan) zu Überlauf (Scan) unterschiedlich und unkorreliert. Bei dieser Annahme ist der Einfluß der Antennendiagrammform beim Über- lauf vernachlässigt. Eine Signalfluktuation diesen Typs nennt man "Scan-zu-Scan"-Fluktuation. Die ent- sprechende WDF für den Rückstrahlquerschnitt erhält man aus Gl. (5.7) für k = 1:

$$p(\sigma) = \frac{1}{\bar{\sigma}} \exp(- \frac{\sigma}{\bar{\sigma}}) \qquad \text{für} \qquad \sigma \doteq 0 \quad . \qquad (5.8)$$

Es ist die WDF einer Exponentialverteilung.

Fall 2: Für die WDF des Zielrückstrahlquerschnitts gilt wieder Gl. (5.8). Die Signalfluktuationen aber er- folgen schneller und zwar von Impuls zu Impuls (Puls-zu-Puls-Fluktuation).

Fall 3: Das Verhalten der Fluktuationen entspricht wieder Fall 1 (Scan-zu-Scan-Fluktuation); die WDF erhält man aus Gl. (5.7) für k = 2:

$$p(\sigma) = \frac{4\sigma}{\bar{\sigma}^2} \exp(- \frac{2\sigma}{\bar{\sigma}}) \qquad \text{für} \qquad \sigma \doteq 0 \quad . \qquad (5.9)$$

Fall 4: Während die WDF wieder durch Gl. (5.9) gegeben ist, erfolgen die Fluktuationen von Impuls zu Impuls.

Zusätzlich zu den 4 Swerling-Fällen wird auch der konstante Rückstrahlquerschnitt weiterbetrachtet und folgend als Fall 5 bezeichnet.

Die Fälle 1 und 2 beschreiben das Rückstrahlverhalten von Zielen, welche man sich aus vielen voneinander unabhängigen Rückstrahlflächen ungefähr gleicher Größe zusammengesetzt denken kann und deren Abmessungen groß sind. Damit werden Radarziele wie beispielsweise Flugzeuge erfaßt.

Die Fälle 3 und 4 treffen mehr auf Ziele zu, die man durch einen großen Reflektor und eine Anzahl kleiner Rückstrahlflächen oder durch einen großen Reflektor, der gewissen kleinen Änderungen in seiner Orientierung unterworfen ist, darstellen kann. Damit werden z.B. Ziele beschrieben, die nicht sehr ausgedehnt, starr und stromlinienförmig sind.

Von den 4 Swerling-Modellen finden hauptsächlich die Fälle 1 und 3 Anwendung, da sie die realen Verhältnisse am besten wiedergeben. Die Fälle 2 und 4 benutzt man selten; für sie gibt es wenig Parallelen in Wirklichkeit und sie liefern bei Impulsintegration mit zunehmender Impulszahl immer mehr dem Fall 5 entsprechende Ergebnisse.

Das von Entdeckungs- und Falschalarmwahrscheinlichkeit abhängige und im Radarempfänger erforderliche Signal/Rauschverhältnis ist nun für jedes der besprochenen Fluktuationsmodelle berechnet worden. Ein Vergleich der beschriebenen 5 Fälle hinsichtlich der Entdeckungswahrscheinlichkeit in Abhängigkeit von S/N findet sich in Bild 5.6. Es ist eine

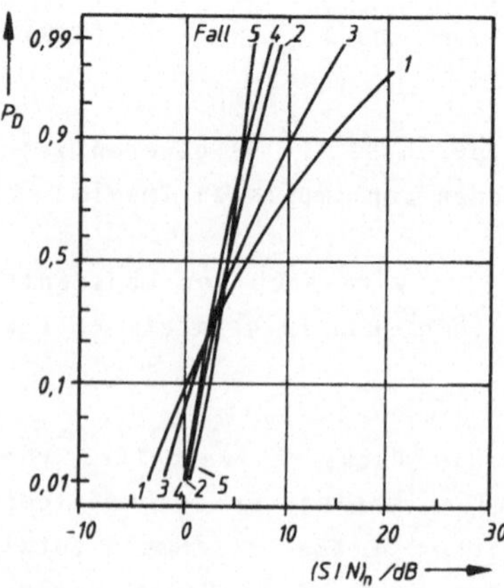

Bild 5.6: Entdeckungswahrscheinlichkeit bzgl. der 5 Fluktuationsmodelle in Abhängigkeit von $(S/N)_n$ ($n_f = 10^8$, n = 10) /3/

Falschalarmzahl von $n_f = 10^8$ angesetzt und über 10 Impulse

wird integriert. Für eine $P_D > 0,9$ erfordern die Fälle 1 bis 4 ein größeres S/N als Fall 5. Ist beispielsweise $P_D = 0,9$, dann ergibt sich für den Fall 5 ein $(S/N)_n$ von ca. 5,5 dB und für den Fall 1 ein Wert von ~14 dB, also 8,5 dB mehr. Dies ist gleichbedeutend mit einer Reichweitenverringerung um den Faktor 1,63. Bild 5.6 zeigt weiter, daß für $P_D > ~ 0,3$ die Fälle 1 und 3 ein größeres S/N benötigen als die Fälle 2 und 4. Bei den zuletzt genannten beiden Fällen können sich die Fluktuationen ausmitteln, was mit zunehmender Anzahl der integrierten Impulse immer wahrscheinlicher wird. Für $P_D < 0,3$ stellen sich in Fall 5 größere S/N-Werte ein als in allen anderen Fällen. Dieser Bereich ist jedoch für Radaranwendungen von geringer Bedeutung.

Aus Bild 5.7 kann das zusätzlich erforderliche Signal/Rausch-

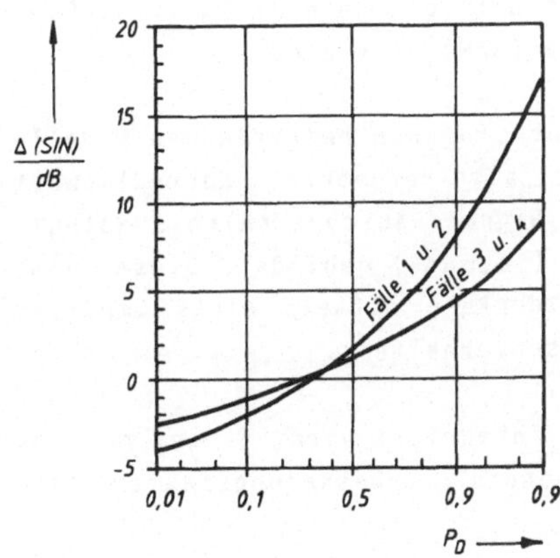

Bild 5.7: Zusätzliches Signal/Rauschverhältnis für einen Einzelimpuls in Abhängigkeit von P_D und den Fällen 1 bis 4 /3/

verhältnis $\Delta(S/N)$ für einen Einzelimpuls entnommen werden, wenn fluktuierende Ziele zu betrachten sind. Bild 5.8 liefert den sich ergebenden Verbesserungsfaktor $I(n)$ bei Impulsintegration. Eine Abhängigkeit der beiden Größen $\Delta(S/N)$ und $I(n)$ von der Falschalarmwahrscheinlichkeit P_{FA} ist praktisch vernachlässigbar.

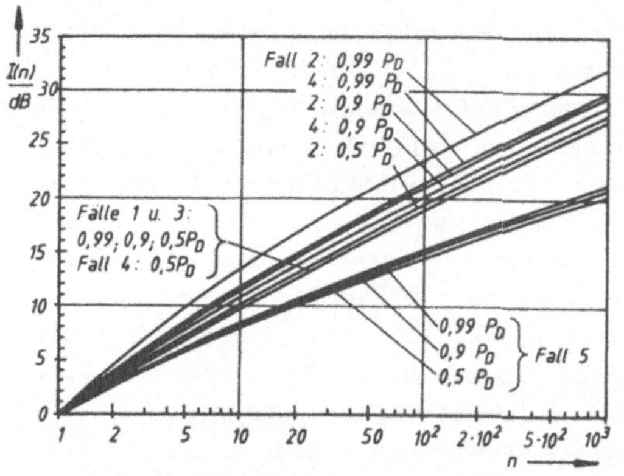

Bild 5.8: Integrationsverbesserungsfaktor in Abhängigkeit von n, P_D und den Fällen 1 bis 5 /3/

Die für die Radargleichung relevanten Größen sind im Falle fluktuierender Ziele auf folgende Weise zu bestimmen:

(1) Man entnimmt Bild 4.7 das bei vorgegebener P_D (z.B. 0,9) und P_{FA} (10^{-8}) notwendige $(S/N)_1$ (14.2 dB).

(2) Aus Bild 5.7 wird dann der für den betreffenden Modellfall (z.B. Swerling 3) sich ergebende Korrekturwert $\Delta(S/N)$ (4,3 dB) für das Signal/Rauschverhältnis entnommen und $(S/N)_1 + \Delta(S/N)$ (18,5 dB) gebildet. Diese Summe ist das für die Zielentdeckung mittels eines Impulses erforderliche Signal/Rauschverhältnis.

(3) Wenn über n (10) Impulse integriert wird, findet man aus Bild 5.8 den entsprechenden Verbesserungsfaktor I(n) (9,5 dB).

In die Radargleichung sind nun die beiden Werte $(S/N)_1 + \Delta(S/N)$ und I(n) zusammen mit dem linearen Mittelwert $\bar{\sigma}$ des Rückstrahlquerschnitts einzusetzen.

5.4 Rückstrahlung an ausgedehnten Zielen /17, 25 - 28/

In der Praxis hat man es fast nie nur mit isolierten Zielen der behandelten Art zu tun. Neben den Nutzsignalen sind auch Störsignale vorhanden, die sogar aus derselben Auflösungszelle kommen können. Bei der Detektion von Bewegtzielen beispielsweise gelten als störend alle Signale, die von Festzielen wie Boden, Wolken und Seeoberfläche herrühren. Solche Störsignale werden als Clutter bezeichnet. Man unterscheidet im allgemeinen zwischen Boden-, See- und Wolkenclutter. Problematisch als Störziele erweisen sich meist nicht so sehr Punktziele, sondern vielmehr ausgedehnte Ziele wie Wälder, Flächen spezieller Vegetation, Hügelgebiete, künstliche Strukturen. Diese Ziele sind durch eine Vielzahl von Einzelreflektoren darstellbar, die innerhalb der Auflösungszelle liegen. Durch solche Clutterziele wird die Detektionsfähigkeit eines Radars u.U. stark eingeschränkt, da ihr totaler Rückstrahlquerschnitt sehr groß sein kann.

Betrachtet man ein in geringer Höhe über Grund aufgestelltes Impulsradar, dann ist bei einer Impulslänge τ_p und einer azimutalen Antennenhalbwertsbreite α_H bei auf der Erdoberfläche aufliegendem Antennendiagramm die für eine Reflexion infrage kommende Fläche nach Bild 5.9 gegeben durch die ebene Auf-

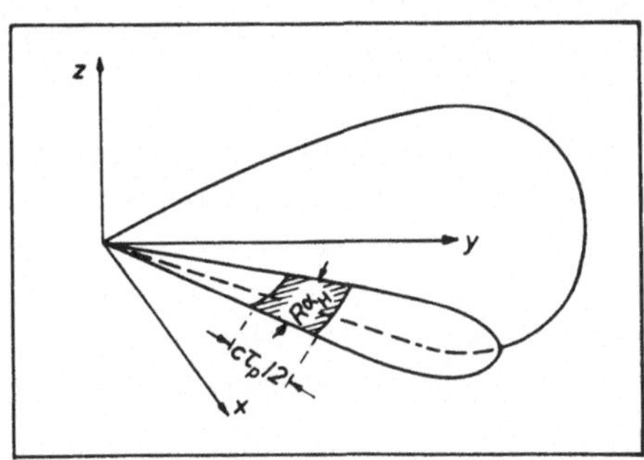

Bild 5.9: Reflektierende Fläche bei an der Erdoberfläche aufliegendem Antennendiagramm

lösungszelle F im Abstand R vom Radar:

$$F = R\,\alpha_H\,\frac{c\tau_p}{2} \quad . \tag{5.10}$$

Denkt man sich den Clutterrückstrahlquerschnitt σ_c über diese Auflösungszelle gleichmäßig verteilt, dann läßt sich eine sogenannte spezifische Reflektivität σ° des Reflexionsmediums angeben, die einen mittleren Rückstrahlwert in m² pro m² Fläche darstellt. Mit Gl. (5.10) ergibt sich damit der Rückstrahlquerschnitt des durch die Auflösungszelle abgedeckten Teils der Erdoberfläche zu

$$\sigma_c = \sigma^\circ R\alpha_H \cdot \frac{c\tau_p}{2} \quad . \tag{5.11}$$

Dabei ist der Winkel α_H im Bogenmaß zu benutzen.

In einem zweiten Beispiel beobachtet ein am Boden stehendes Radargerät mit Keulendiagramm Ziele unter größeren Erhebungswinkeln. Das Radar strahlt im Idealfall keine Energie in Richtung auf den Boden ab. Clutterstörungen können dann nur durch Wolken verursacht werden. Die Auflösungszelle ist in diesem Fall in räumlicher Form anzusetzen:

$$V = R^2 \alpha_H\,\varepsilon_H\,\frac{c\tau_p}{2} \quad , \tag{5.12}$$

wobei ε_H die Antennenhalbwertsbreite in Elevation bedeutet. Ähnlich wie bei den vorangegangenen Betrachtungen kann nun auch für Wolken eine spezifische Reflektivität σ_W° eingeführt werden, die den mittleren Rückstrahlquerschnitt in m² pro m³ Volumen angibt. Der Rückstrahlquerschnitt von Wolken ist dann, vorausgesetzt, daß sie die ganze Auflösungszelle ausfüllen:

$$\sigma_C = \sigma_W^o \cdot R^2 \alpha_H \varepsilon_H \cdot \frac{c\tau_p}{2} \quad . \tag{5.13}$$

Werte für die spezifische Reflektivität sind aus den Bildern 5.10 bis 5.12 zu entnehmen. In Bild 5.10 ist die Wahrschein-

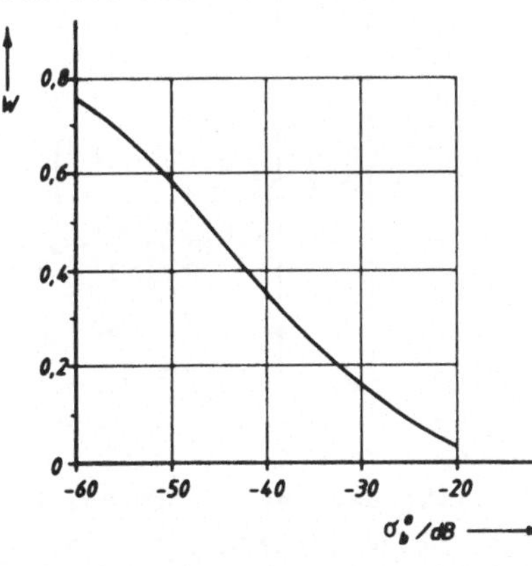

Bild 5.10: Spezifische Reflektivität bei starkem Bodenclutter

lichkeit für die spezifische Reflektivität bei starkem Bodenclutter dargestellt /25/, mit welcher ein bestimmter Wert σ_b^o überschritten wird. Mit großen Clutterwerten hat man beispielsweise in stark hügeligem und bebautem Gelände sowie in Industriegebieten zu rechnen. Für freies Gelände sind -45 dB eine typische Größe.

Im Falle von Seeclutter kann die spezifische Reflektivität σ_S^o folgendermaßen beschrieben werden /25/:

$$\sigma_S^o(dB) = -64 + 6K_B + \sin\gamma(dB) - \lambda(dB) \quad . \tag{5.14}$$

K_B ist ein Maß für die Stärke des Seegangs, γ der Streifwinkel bezüglich der auf die Seeoberfläche einfallenden Strahlung und λ die in m gemessene Signalwellenlänge. Für einen mittleren Seezustand von $K_B = 4$ entspricht die Windstärke etwa Beaufort 5 (frische Brise). Bild 5.11 zeigt die spezifische

Bild 5.11: Spezifische Reflektivität der See in Abhängigkeit von der Seegangsstärke bei streifendem Signaleinfall und $\lambda = 3{,}3$ cm

Reflektivität der See bei streifendem Signaleinfall und einer Wellenlänge von $\lambda = 3{,}3$ cm.

Die spezifische Reflektivität σ°_W von Wolken findet man in Bild 5.12 aufgezeichnet /26/. Sie ist in besonderem Maße von der Regenmenge (mm/h) und der Wellenlänge abhängig.

Mit Hilfe der Radargleichung (1.10) und des clutterbezogenen Rückstrahlquerschnitts kann nun die Reichweite eines Radars gegen Clutterziele berechnet werden. Es ergibt sich mit Gl. (3.10) für

Beispiel 1:   Bodenclutter bzw. Seeclutter, Gl. (5.11), An-
strahlung des Bodens bzw. der Seeoberfläche in
nahezu horizontaler Richtung:

99

$$R^3 = \frac{P_s G_C^2 \lambda^2}{(4\pi)^3 a a_a P_e} \, \sigma^\circ \alpha_H \, \frac{c\tau_p}{2} \quad . \tag{5.15}$$

Beispiel 2:   Wolkenclutter, Gl. (5.13):

$$R^2 = \frac{P_s G_C^2 \lambda^2}{(4\pi)^3 a a_a P_e} \, \sigma_W^\circ \alpha_H \varepsilon_H \, \frac{c\tau_p}{2} \quad . \tag{5.16}$$

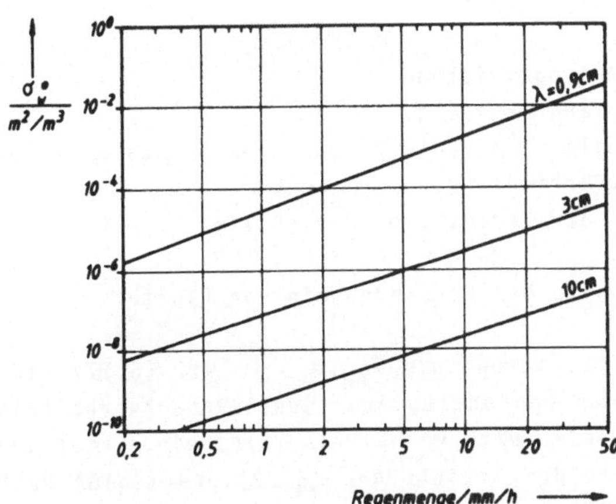

Bild 5.12: Spezifische Reflektivität von Regenwolken in Abhängigkeit von der Regenmenge und λ

Die empfangene Leistung folgt beim Grundclutter nach Gl. (5.15) einem R^{-3}- und beim Wolkenclutter nach Gl. (5.16) einem R^{-2}-Gesetz. G_C ist der Antennengewinn in Richtung Clutterziel.

Im allgemeinen interessiert jedoch nicht die Reichweite eines Radars gegen Clutterziele, sondern gegen Nutzziele bei gleichzeitigem Vorhandensein von Nutz- und Cluttersignalen aus derselben Auflösungszelle. Zunächst wird das Verhältnis der empfangenen Nutzzielleistung zur Clutterleistung, der sogenannte Kontrast betrachtet. Mit der für Nutzziele zuständi-

gen Radargleichung und den Beziehungen (5.15) und (5.16) sind
folgende Kontrastwerte zu gewinnen:

Beispiel 1:
$$\frac{P_{ez}}{P_{ec}} = \frac{2\sigma/\sigma^{\circ}}{c\tau_p\alpha_H} \cdot \frac{(\Delta G)^2}{\Delta a} \cdot \frac{1}{R_C} \quad , \tag{5.17}$$

Beispiel 2:
$$\frac{P_{ez}}{P_{ec}} = \frac{2\sigma/\sigma^{\circ}_W}{c\tau_p\alpha_H\varepsilon_H} \cdot \frac{(\Delta G)^2}{\Delta a} \cdot \frac{1}{R_C^2} \quad . \tag{5.18}$$

Dabei ist:

P_{ez} die Nutzzielempfangsleistung,

P_{ec} die Clutterempfangsleistung,

ΔG das Gewinnverhältnis bezüglich des Antennendiagramms in
Ziel- und Clutterrichtung,

Δa das Verhältnis der Verluste bezüglich Ziel- und Clutter-
signal und

R_C die Zielreichweite bei Vorhandensein von Clutter.

Für den Kontrast, das Verhältnis P_{ez}/P_{ec} in Gl. (5.17) bzw.
Gl. (5.18), führt man nun analog zum Signal/Rauschverhältnis
die Bezeichnung Signal/Clutterverhältnis (S/C) ein. Damit und
nach Auflösen der beiden Beziehungen (5.17) und (5.18) nach
R_C bzw. R_C^2 errechnet sich dann die Zielreichweite bei Anwesenheit von Clutter aus:

Beispiel 1:
$$R_C = \frac{2\sigma/\sigma^{\circ}}{(S/C)c\tau_p\alpha_H} \cdot \frac{(\Delta G)^2}{\Delta a} \quad , \tag{5.19}$$

Beispiel 2:
$$R_C^2 = \frac{2\sigma/\sigma^{\circ}_W}{(S/C)c\tau_p\alpha_H\varepsilon_H} \cdot \frac{(\Delta G)^2}{\Delta a} \quad . \tag{5.20}$$

Da häufig der Clutter rauschartiges Verhalten zeigt, kann in
diesen Fällen das für eine verlangte Zielentdeckungswahr-

scheinlichkeit P_D bei vorgegebener Falschalarmwahrscheinlichkeit P_{FA} erforderliche Signal/Clutterverhältnis (S/C) in zu-
lässiger Näherung wie vom Signal/Rauschverhältnis (S/N) her
bekannt bestimmt werden.

Vielfach würde ohne gezielte Maßnahmen die Zielreichweite bei
Anwesenheit von Clutter unzulässig stark reduziert. Eine Verbesserung kann z.B. bei der Ortung von Bewegtzielen durch die
Anwendung spezieller Verfahren zur Festzeichenunterdrückung,
wie beispielsweise MTI (siehe Abschnitt 6.4) erreicht werden.
Bei Wolkenclutter bringt die Benutzung von Zirkularpolarisation in Abhängigkeit von der Zielart Verbesserungen im (S/C)
zwischen 10 und 20 dB /27/.

5.5   Wellenausbreitung in unmittelbarer Erdnähe /3, 29/

Bei der Ausbreitung elektromagnetischer Wellen unmittelbar
über der Erdoberfläche ist mit Reflexionen zu rechnen, welche
sich auf die Zielerfassung und Zielvermessung negativ auswirken können. Betrachtet man, wie in Bild 5.13 dargestellt, die
Erdoberfläche als eine reflektierende Ebene und das Radar (A)
in einer Höhe H_r über dieser Ebene aufgestellt, so wird im
Aufpunkt B, dem Zielort (Höhe H_z), nicht nur das direkt vom
Radar kommende, sondern auch das über die Erdoberfläche reflektierte Signal empfangen. Das Letztere scheint von dem an
der Erdoberfläche gespiegelten Radarort A' herzukommen. Am
Zielort selbst entsteht durch die Überlagerung beider Signale
ein sogenanntes Interferenzfeld. Ähnliche Verhältnisse herr-
schen am Ort des Radars, da ja vom Ziel her ebenso mit einem
direkten und einem reflektierten Signal zu rechnen ist. Das
reflektierte Signal scheint in diesem Fall von dem an der
Erdoberfläche gespiegelten Zielort B' auszugehen.

Um die Eigenschaften solcher Interferenzfelder und deren Einfluß auf Zielerfassung und Zielvermessung kennenzulernen,

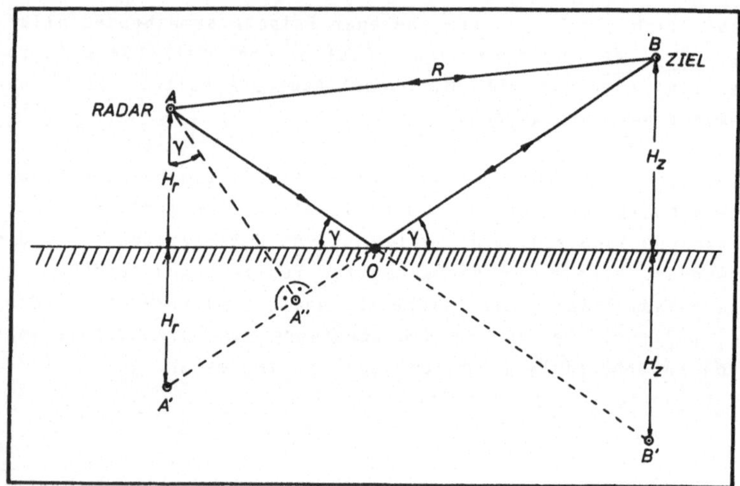

Bild 5.13: Wellenausbreitung über einer reflektierenden Ebene

werden zwei ebene Wellen betrachtet, die vertikal polarisiert
(Polarisationsrichtung parallel zur Einfallsebene) sind und
deren Ausbreitungsrichtungen in der x,z-Ebene liegen. Die
Welle 1 falle unter dem Winkel α und die Welle 2 unter
180°-α gegen die z-Achse am Interferenzort ein. Das ent-
stehende Interferenzfeld läßt sich dann durch die Kurven konstanter Phase, die sogenannten Isophasen

$$x = \frac{const.\lambda}{2\pi sin\alpha} + z \cdot cot\alpha - \frac{\lambda}{2\pi sin\alpha} \cdot g(z) + \frac{\lambda\omega}{2\pi sin\alpha} \cdot t \qquad (5.21)$$

mit

$$g(z) = arctan \frac{\sigma sin(\frac{4\pi}{\lambda} \cdot z \cdot cos\alpha + \emptyset)}{1 + \sigma cos(\frac{4\pi}{\lambda} \cdot z \cdot cos\alpha + \emptyset)} \qquad (5.22)$$

und den Amplitudenverlauf

$$A = \left[1 + 2\sigma \cos\left(\frac{4\pi}{\lambda} \cdot z \cdot \cos\alpha + \emptyset\right) + \sigma^2\right]^{1/2} \qquad (5.23)$$

beschreiben /29/; σ ist dabei das Amplitudenverhältnis der beiden Wellen, $\emptyset$ der Phasenunterschied und $\omega (= 2\pi f)$ die Kreisfrequenz.

Den prinzipiellen Verlauf von Isophasen und Amplitude zeigt Bild 5.14 sowohl für den Einwellen- als auch den Zweiwellen-

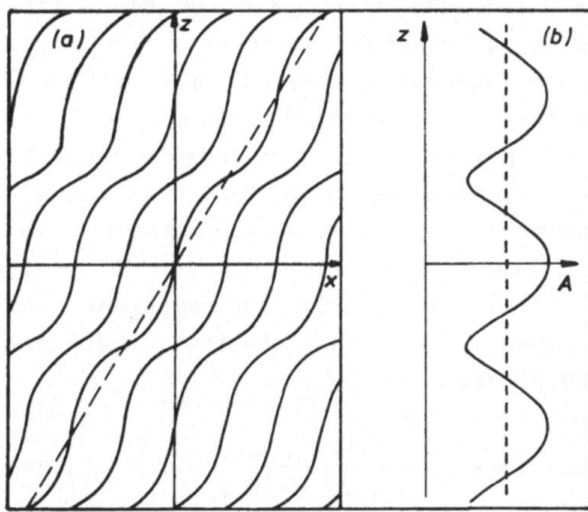

Bild 5.14: Interferenzfeld:
(a) Isophasen,
(b) Amplitudenverlauf

einfall. Bei ausschließlichem Vorhandensein des direkten Zielsignals, also $\sigma = 0$, stellen sich die Isophasen als Geraden senkrecht zur Ausbreitungsrichtung des Zielsignals dar. Die Amplitude verhält sich konstant. Bei zusätzlichem Einfall eines zweiten Signals am Radarort aus einer anderen Richtung wird das Interferenzfeld sowohl in seinem Phasen- als auch Amplitudenverhalten wellenförmig verbildet. Für die mittlere Orientierung der Isophasen ergibt sich allerdings eine Ausrichtung nach der stärkeren Welle. Die Welligkeit hängt wesentlich ab vom Amplitudenverhältnis σ und vom Winkel $\Delta\alpha$, der den Unterschied in der Ausbreitungsrichtung der beiden interferierenden Wellen ausdrückt. Mit größerwerdendem σ verstärkt sich die Wellenform, sie kann sogar für $\sigma\to1$ zur Treppenfunktion ausarten; nimmt $\Delta\alpha$ zu, dann verringert sich die Periodizität. Eine Änderung in der Phasendifferenz $\emptyset$ bedeutet eine Verschiebung des Phasenfeldes in z-Richtung. Die Amplitude folgt ähnlichen Abhängigkeiten. Im Extremfall ($\sigma = 1$) können ihre Minima zu Null werden und ihre Maxima den doppelten Wert im Vergleich zum Einwellenfall erreichen.

Die Zielvermessung in der Elevation kann in einem derartigen Interferenzfeld erheblich fehlerbehaftet sein. Um einen Einblick in diese Problematik zu bekommen, betrachtet man im besagten Interferenzfeld ein Antennensystem mit kleiner Apertur. Die Antenne orientiert sich an den Isophasen, d.h. die Antennenblickrichtung entspricht also der Normalenrichtung der Isophase am Ort der Antenne. Der Winkelfehler selbst ergibt sich aus der Abweichung der Antennenblickrichtung von der eigentlichen Zielrichtung (z.B. Richtung der Welle 1, Bild 5.14). Wenn man sich auf den Fall z = 0 beschränkt und die -x-Richtung als Referenz wählt, dann stellt sich der Antennenblickwinkel wie folgt dar:

$$\delta = 180° - \arctan\left[- \cot\alpha \left(1 - 2\sigma \frac{\sigma + \cos\emptyset}{1 + 2\sigma\cdot\cos\emptyset + \sigma^2}\right)\right] \quad .(5.24)$$

Wie sich Phasendifferenz $\emptyset$ und Amplitudenverhältnis σ auf den Blickwinkel δ auswirken, zeigt Bild 5.15. Die beiden Wellen schließen auf ihre Ausbreitungsrichtungen bezogen einen Winkel $\Delta\alpha$ von 10° ein. Ist $\sigma = 0$ bzw. ∞ , weist die Isophasennormale direkt in Richtung von Welle 1 bzw. Welle 2. Nimmt σ von 0 ausgehend zu, bzw. von ∞ ausgehend ab, tritt für δ eine wachsende Abhängigkeit von $\emptyset$ auf. Die Normale zeigt für kleine Werte von $\emptyset$ in Richtung zwischen beide Wellen, für große $\emptyset$ wandert sie mehr und mehr aus, ihre Richtung geht für $\sigma \to 1$ und $\emptyset \to 180°$ gegen 90°, d.h. es stellt sich ein beträchtlicher Meßfehler ein.

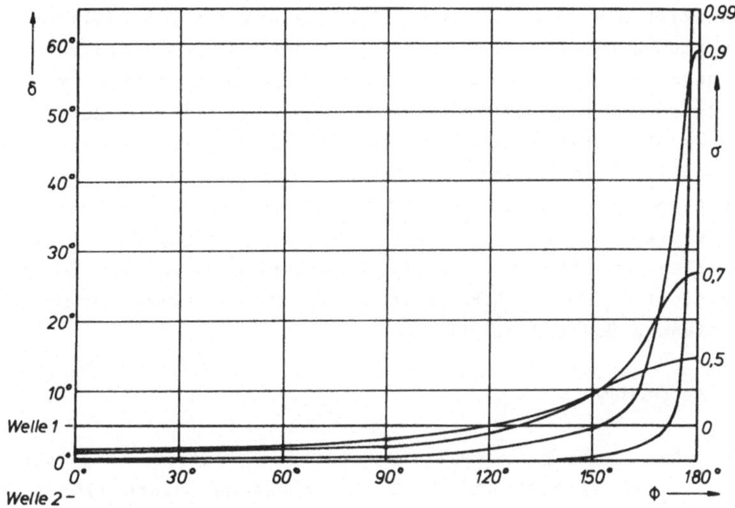

Bild 5.15: Antennenblickwinkel im Interferenzfeld

Aus Gl. (5.23) und Bild 5.14 ergibt sich, daß auch das Amplitudenverhalten im Interferenzfeld u.U. sehr starken Schwankungen unterworfen ist, was Einfluß auf die Radarreichweite haben kann. Mehr Einblick in die Bedeutung dieses Amplitudenverhaltens bekommt man, wenn das vertikale Radarbedeckungsdiagramm im Interferenzfeld betrachtet wird. Es gibt Auskunft über die erzielbare Reichweite in Abhängigkeit vom Elevationswinkel.

Zwischen dem direkten und dem reflektierten Strahl vom Radar zum Ziel (Bild 5.13) findet man einen Phasenunterschied, der sich aus einem durch die unterschiedlichen Weglängen verursachten Anteil ($\emptyset_e$) und einem durch die Reflexion hervorgerufenen Anteil ($\emptyset_r$) zusammensetzt. Der Reflexionskoeffizient der reflektierenden Fläche kann durch den komplexen Ausdruck

$$r = \varrho \cdot \exp(i\emptyset_r) \tag{5.25}$$

beschrieben werden /3/. Der Betrag beinhaltet die Amplituden-
bewertung, das Argument eine Phasenverschiebung. Wird vereinfachend r = -1 angenommen, so setzt man gleichbleibende Amplitude und eine 180°-Phasenverschiebung bei der Reflexion
voraus. Ein solcher Reflexionskoeffizient trifft im Mikrowellenbereich für glatte Oberflächen mit gut reflektierenden
Eigenschaften, horizontale Polarisation und großen Einfallswinkel (Winkel zwischen Ausbreitungsrichtung und Oberflächen-
normale) in Näherung zu. Der Wegunterschied Δ zwischen re-
flektiertem Strahl AOB (Bild 5.13) und direktem Strahl AB
(Abstand R Radar/Ziel) beträgt:

$$\Delta = 2H_r \sin\gamma \quad , \tag{5.26}$$

wenn man von R $\gg$ H_r ausgeht. Wird weiter $\sin\gamma$ durch
$(H_r + H_z)/R$ ersetzt und $H_z \gg H_r$ angenommen, dann läßt sich
aus Gl. (5.26)

$$\Delta = \frac{2H_r}{R} (H_r + H_z) \approx \frac{2H_r H_z}{R} \tag{5.27}$$

gewinnen. Der dem Wegunterschied Δ entsprechende Phasenwert
ist damit:

$$\emptyset_e = \frac{2\pi}{\lambda} \cdot \frac{2H_r H_z}{R} \quad . \tag{5.28}$$

Unter Einbeziehung der durch den Reflexionsvorgang verursachten Phasenänderung $\emptyset_r = \pi$ bekommt man schließlich als Gesamt-
phasendifferenz zwischen dem Direktsignal und dem reflektierten Signal:

$$\emptyset = \emptyset_e + \emptyset_r = \frac{2\pi}{\lambda} \cdot \frac{2H_r H_z}{R} + \pi \quad . \tag{5.29}$$

Mit der Amplitudenfunktion gemäß Gl. (5.23), dem Ausdruck von

Gl. (5.29) für $\emptyset$, $\sigma = 1$ und $z = 0$ findet man für das Leistungsverhalten des Interferenzfeldes am Zielort:

$$A^2 = 2(1 - \cos \frac{4\pi H_r H_z}{\lambda R}) = 4 \sin^2(\frac{2\pi H_r H_z}{\lambda R}) \quad . \tag{5.30}$$

Da nun die Signalwege vom Ziel zum Radar die gleichen sind wie diejenigen vom Radar zum Ziel, ergibt sich am Radarort als Leistungsmaß:

$$A^4 = 16 \sin^4(\frac{2\pi H_r H_z}{\lambda R}) \quad . \tag{5.31}$$

Um die Empfangsleistung P_e bei Wellenausbreitung über einer glatten, ebenen Oberfläche berechnen zu können, muß die Radargleichung durch Einführung des Leistungsfaktors A^4 modifiziert werden (Verluste vernachlässigt):

$$P_e = \frac{P_s G^2 \lambda^2 \sigma}{(4\pi)^3 R^4} \; 16 \sin^4(\frac{2\pi H_r H_z}{\lambda R}) \quad . \tag{5.32a}$$

Für sehr kleine Elevationswinkel ist:

$$P_e \approx \frac{4\pi P_s G^2 \sigma (H_r H_z)^4}{\lambda^2 R^8} \quad . \tag{5.32b}$$

Da die Sinusfunktion in der Amplitude von 0 bis 1 variiert, verändert sich der Faktor A^4 zwischen 0 und 16, entsprechend die empfangene Signalleistung. Das bedeutet aber infolge der R^4-Abhängigkeit in der Radargleichung eine Variation von 0 bis 2 in der Reichweite in Relation zur Freiraumausbreitung. Die Leistung wird zum Maximum, wenn das Argument des Sinus in Gl. (5.31) gleich $(2n + 1) \pi/2$ für $n = 0,1,2 \ldots$ ist. Die Maxima sind also gegeben durch:

$$\frac{4H_r H_z}{\lambda R} = 2n + 1 \quad . \tag{5.33a}$$

Die Minima, Nullstellen, treten bei Argumenten des Sinus von $n\pi$ für n = 0,1,2, ... auf, also bei

$$\frac{2H_r H_z}{\lambda R} = n \quad . \tag{5.33b}$$

Bei der Wellenausbreitung über einer ebenen, reflektierenden Fläche wird demzufolge das vertikale Radarbedeckungsdiagramm aufgezipfelt, d.h. fächerförmig strukturiert, wie in Bild 5.16 angedeutet. Ein in Richtung eines Maximums liegendes Ziel kann also verglichen mit der Freiraumausbreitung bis zur doppelten Entfernung detektiert werden. Jedoch ist bei anderen Elevationswinkeln auch durchaus möglich, daß die detektierbare Reichweite stark unter die Freiraumreichweite absinkt. Der Elevationswinkel beim ersten Maximum beträgt etwa $\lambda/4H_r$. Wenn also Zielentdeckung bei kleinen Elevationswinkeln gefragt ist, sollte die Antennenhöhe des Radars groß und die Signalwellenlänge klein gewählt werden. Betrachtet man die modifizierte Radargleichung (5.32b), so stellt man bei kleinen Elevationswinkeln für die Empfangsleistung eine R^{-8}-Abhängigkeit im Gegensatz zur normalen R^{-4}-Abhängigkeit fest. Dies trifft für Winkel zu, die unterhalb des ersten Maximums liegen.

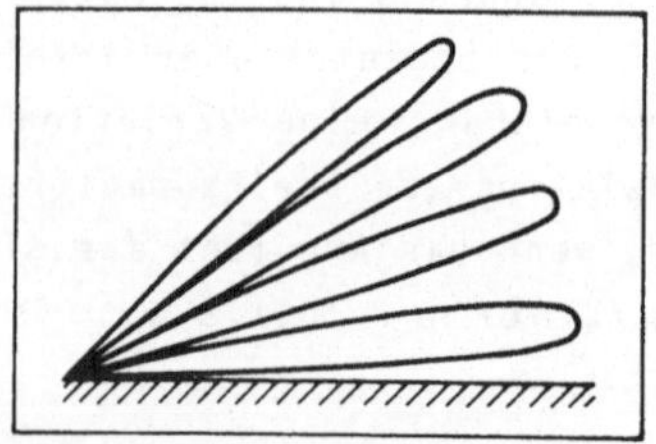

Bild 5.16: Prinzipielle Struktur des vertikalen Radarbedeckungsdiagramms bei einer ebenen, reflektierenden Fläche

Die bislang erarbeiteten Ergebnisse gelten unter vereinfachenden Annahmen. Im Normalfall ist die reflektierende Erdoberfläche kaum eben und der Reflexionskoeffizient von -1 verschieden. Letzterer hängt in seinem Amplituden- und Phasenwert jeweils von einer Reihe von Einflußgrößen ab, wie Frequenz, Einfallswinkel, Polarisation und Materialeigenschaften der an der Reflexionsfläche aneinandergrenzenden Medien. Daraus resultiert, daß die in Bild 5.16 aufgezeigte Diagrammstruktur einen veränderten Verlauf hat. Die Nullstellen sind mehr oder minder stark aufgefüllt, während die Maxima reduziert erscheinen. Da die Antennenapertur im allgemeinen einen größeren Bereich im Isophasenfeld abdeckt, tritt durch Mittelung auch eine u.U. nicht unerhebliche Reduktion im angedeuteten Elevationsmeßfehler ein.

Auswirkungen der besprochenen Art hinsichtlich der Wellenausbreitung in unmittelbarer Nähe der Erdoberfläche können in ihrem Ausmaß durch die Realisierung hoher Antennenrichtwirkung mittels großer Aperturen und/oder hoher Frequenzen nennenswert eingeschränkt werden.

5.6   Atmosphärische Dämpfung /3, 4, 16, 17, 22, 30 -32/

Elektromagnetische Wellen werden bei ihrer Ausbreitung in der Atmosphäre gedämpft. Die wesentlichen Ursachen dafür sind:

- Absorption durch atmosphärische Gase,
- Regen,
- Nebel und Wolken.

Die atmosphärische Dämpfung kann erheblichen Einfluß auf die erzielbare Radarreichweite ausüben. Sie wird in der Radargleichung durch den Exponentialausdruck

$$a_a = \exp(2\alpha R) \tag{5.34}$$

erfaßt. Dabei ist 2R die Wegstrecke Radar/Ziel/Radar und α
der Einwegdämpfungskoeffizient. Die Dämpfung wird meist in
dB/km angegeben.

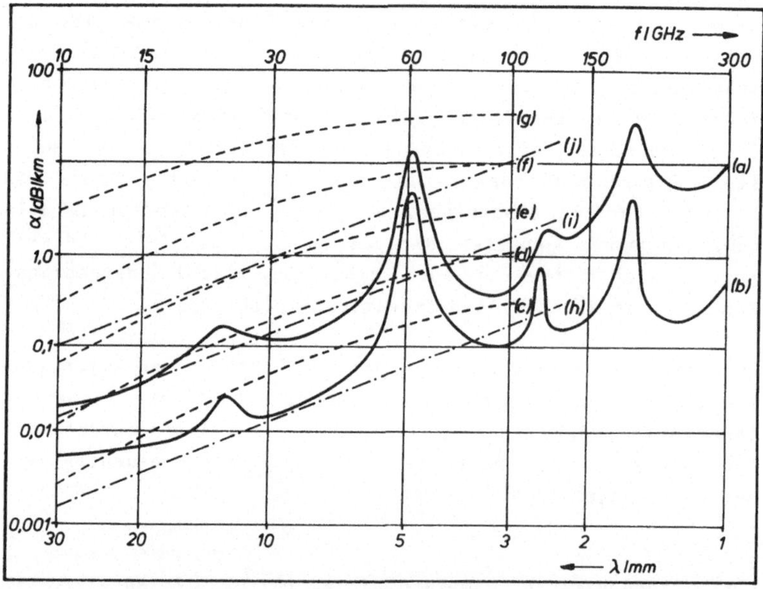

<u>Bild 5.17:</u> Dämpfung elektromagnetischer Wellen durch atmos-
phärische Gase (a und b), Regen (c bis g), Nebel und Wolken
(h bis j) für:

(a)   Atmosphäre in 0 km Höhe (+20°C, 7,5 g/m³ Wasserdampfge-
      halt),

(b)   Atmosphäre in 4 km Höhe (0°C, 1 g/m³ Wasserdampfgehalt),

(c)   r = 0,25 mm/h,

(d)   r = 1   mm/h,   (h) 600 m Sicht (M = 0,032 g/m³),

(e)   r = 4   mm/h,   (i) 120 m Sicht (M = 0,32 g/m³),

(f)   r = 16   mm/h,   (j) 30 m Sicht (M = 2,3 g/m³)

(g)   r = 100   mm/h,

Für die Dämpfung durch atmosphärische Gase sind vor allem die
neutralen Sauerstoffmoleküle und die Moleküle des nicht kon-
densierten Wasserdampfs verantwortlich. Sie zeigt eine deut-
liche Frequenzabhängigkeit. Ausgesprochene Absorptionslinien
findet man für Wasserdampf bei ca. 20 GHz und 180 GHz, für
Sauerstoff bei 60 GHz und 120 GHz. Zwischen diesen Dämpfungs-
maxima liegen die atmosphärischen Fenster geringer Dämpfung,
die für den Radarbetrieb von besonderem Interesse sind. In
Bild 5.17 ist die Dämpfung durch atmosphärische Gase für Frequenzen oberhalb 10 GHz für zwei unterschiedliche Höhen (0
und 4 km) dargestellt. Da sich die Dämpfung mit Druck und
Temperatur ändert, hängt sie auch von der Höhe ab. Sie spielt
unterhalb 1 GHz (L-Band) eine unwesentliche Rolle. Über 10
GHz (X-Band) dagegen kann sie von erheblicher Bedeutung sein,
vor allem was den unteren Höhenbereich der Atmosphäre anbelangt.

Die Regendämpfung ist vor allem abhängig von Frequenz und
Regenmenge r (mm/h), die man in 5 Klassen unterteilt:

(1) Nieselregen, bis zu 1 mm/h,
(2) leichter Regen, 1 bis 3 mm/h (durchschnittliche europäi-
     sche Regenfronten),
(3) mäßiger Regen, 3 bis 10 mm/h (typische britische Regen-
     fronten),
(4) starker Regen, 10 bis 30 mm/h (Gewitterschauer) und
(5) sehr starker Regen, mehr als 30 mm/h (Gewitterkernre-
     gen).

Diesen 5 Klassen entsprechend ist ebenfalls in Bild 5.17 die
Regendämpfung bei etwa 18° C für fünf unterschiedliche Regen-
mengen dargestellt. Durch die zusätzliche Temperaturabhängigkeit sind natürlich diese Dämpfungswerte gewissen Schwankungen unterworfen. Auch hierbei gilt wieder, daß unterhalb
1 GHz die Regendämpfung fast ohne Bedeutung ist; für Frequenzen von 1 GHz an aufwärts nimmt ihr Einfluß jedoch auf die

Radarreichweite stetig zu.

Für die atmosphärische Dämpfung elektromagnetischer Wellen in Nebel und Wolken sind auch in Bild 5.17 wesentliche Informationen zusammengetragen. Sie gelten für eine Temperatur von 18° C. Man stellt auch hierbei eine nicht unerhebliche Temperaturabhängigkeit fest; es ergibt sich über den Temperaturbereich von 0° bis 40° C eine Dämpfungsabnahme um mehr als den Faktor 3. Bild 5.17 enthält Dämpfungswerte für 3 unterschiedliche Sichtweiten bzw. Werte für den Wassergehalt M. Besonders in den höheren Frequenzbereichen muß man bei geringen Sichtweiten wieder erhebliche Dämpfungswerte in Kauf nehmen.

6 Radarverfahren

Die in der Primärradartechnik bekanntesten Verfahren werden behandelt; dazu gehören: Dauerstrich (CW)-, FM-CW-, Impuls- und Pulsdopplerverfahren. Die wesentlichen Eigenschaften werden herausgestellt, wichtige Zusammenhänge aufgezeigt und anwendungsorientierte Aspekte beleuchtet. Den Abschluß bildet eine Beschreibung des Sekundärradarverfahrens, wobei besonders auch auf typische Störungen, deren Einfluß und geeignete Unterdrückungsmaßnahmen eingegangen wird.

6.1 Dauerstrich-Verfahren /3, 33/

Ein Dauerstrich- oder CW (Continuous Wave) -Signal kann durch die Zeitfunktion

$$V_S(t) = A_S \sin(\omega_S t + \emptyset_0) \qquad (6.1)$$

dargestellt werden; dabei bedeutet:

A_S die Signalamplitude,

$\omega_S (= 2 \pi f_S)$ die Kreisfrequenz,

f_S die Signalfrequenz und

$\emptyset_0$ einen konstanten Phasenwert.

$V_S(t)$ soll das Sendesignal eines CW-Radars beschreiben. Um die Entfernung R zwischen Radar und Ziel zurückzulegen, benötigt das Signal eine Zeit $\Delta t = R/c$, wenn c $(3 \cdot 10^8$ m/sec) die Ausbreitungsgeschwindigkeit (Lichtgeschwindigkeit) elektromagnetischer Wellen ist. Das am Ziel ankommende Signal $V_Z(t)$ entspricht dem um die Zeit R/c verzögerten Sendesignal:

$$V_Z(t) = A_Z \sin\left[\omega_S\left(t - \frac{R}{c}\right) + \emptyset_0\right] = A_Z \sin\left(\omega_S t - \frac{\omega_S R}{c} + \emptyset_0\right) \quad . \quad (6.2)$$

$V_Z(t)$ wird nun im monostatischen Fall wieder zum Radar zurückgestrahlt und erfährt dabei nochmals eine zeitliche

Verzögerung um den Wert R/c, sodaß das Radar folgendes Signal wieder empfängt:

$$V_e(t) = A_e \sin(\omega_s t - \frac{2\omega_s R}{c} + \emptyset_0) \qquad . \qquad (6.3)$$

Den Phasenunterschied zwischen Sende- und Empfangssignal von

$$\Delta\emptyset = 2\omega_s \cdot \frac{R}{c} \qquad (6.4)$$

kann man zur Bestimmung der Zielentfernung R heranziehen. Dazu wird in einem Phasendetektor nach Zuführung von Sende- und Empfangssignal eine der Phasendifferenz $\Delta\emptyset$ zwischen beiden Signalen proportionale Spannung erzeugt und in einem anschließenden Indikator als Entfernungsinformation dargestellt:

$$R = \frac{c}{4\pi f_s} \Delta\emptyset \qquad . \qquad (6.5)$$

Die Messung der Zielentfernung R ist auf die Messung einer Phasendifferenz zurückgeführt. Da die Phase eine Periodizität von 2π aufweist, ist sie nur im Bereich $\Delta\emptyset \leq 2\pi$ eindeutig. Somit ergibt sich auch eine Grenze für die eindeutig meßbare Reichweite:

$$R_{eind} = \frac{c}{4\pi f_s} \cdot 2\pi = \frac{c}{2f_s} = \frac{\lambda_s}{2} \qquad , \qquad (6.6)$$

wobei die Beziehung $c = f_s \cdot \lambda_s$ (λ_s = Signalwellenlänge) benutzt wurde. Die Entfernungsmessung ist also mit $\lambda_s/2$ mehrdeutig. Um nennenswerte eindeutige Reichweiten zu erhalten, muß man große Wellenlängen wählen. Für λ_s = 10 cm (f_s = 3 GHz) beispielsweise ist ein R_{eind} von nur 5 cm erzielbar. Für die Radartechnik besitzt dieses Verfahren zur Entfernungsmessung einen unbedeutend praktischen Wert, da einerseits bei großen Wellenlängen aus Abmessungsgründen keine nennenswerten Antennenrichtwirkungen mehr realisierbar sind und andererseits extrem kurze Reichweiten selten gefordert werden.

Ist die Zielentfernung R nicht konstant, sondern bewegt sich das Ziel mit einer Radialgeschwindigkeit v_r bzgl. des Radars, dann kann man R durch folgende Zeitfunktion beschreiben:

$$R(t) = R_0 \pm v_r(t-t_0) \quad , \qquad (6.7)$$

dabei ist R_0 die Zielentfernung zur Zeit $t = t_0$. Das positive Vorzeichen in Gl. (6.7) bedeutet, daß das Ziel sich vom Radar wegbewegt, während das negative Vorzeichen eine Zielannäherung ausdrücken soll. Nun setzt man die zeitvariable Entfernung R(t) nach Gl. (6.7) in Gl. (6.4) ein und erhält:

$$\Delta\emptyset = \frac{2\omega_s}{c} \cdot R(t) = \frac{2\omega_s}{c}(R_0 \mp v_r t_0) \pm \frac{2\omega_s}{c} v_r t \quad . \qquad (6.8)$$

Die Phase $\Delta\emptyset$ setzt sich aus einem konstanten und einem zeitvariablen Anteil zusammen. Das Radarempfangssignal wird aus Gl. (6.3) durch Einsetzen des Phasenausdruckes von Gl. (6.8) gewonnen:

$$V_e(t) = A_e \sin\left[\omega_s(1 \pm \frac{2v_r}{c})t - \frac{2\omega_s}{c}(R_0 \pm v_r t_0) + \emptyset_0\right] \quad . \qquad (6.9)$$

Außer einem zusätzlichen konstanten Phasenwert, der für die folgenden Betrachtungen ohne Bedeutung ist, tritt nun noch ein Frequenzunterschied zwischen Sende- und Empfangssignal auf; das Empfangssignal besitzt die Frequenz:

$$f_e = f_s(1 \pm 2 \frac{v_r}{c}) \quad . \qquad (6.10)$$

Dabei ergibt sich die Frequenzerhöhung (positives Vorzeichen) bei sich näherndem und die Frequenzerniedrigung (negatives Vorzeichen) bei sich entfernendem Ziel. Den Frequenzunterschied f_d zwischen Sende- und Empfangssignal nennt man Dopplerverschiebung oder Dopplerfrequenz:

$$f_d = 2f_s \cdot \frac{v_r}{c} = 2\,\frac{v_r}{\lambda_s} \quad . \tag{6.11}$$

Der Zusammenhang nach Gl. (6.11) ist in Bild 6.1 dargestellt.

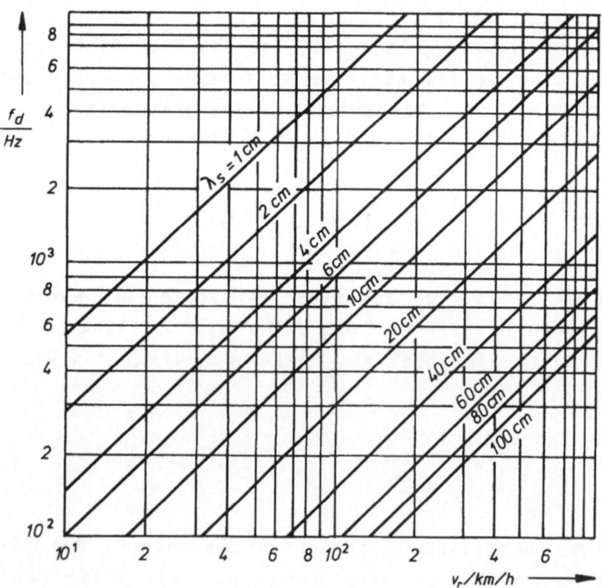

<u>Bild 6.1</u>: Dopplerfrequenz in Abhängigkeit von Radialgeschwindigkeit eines Zieles und Wellenlänge

Die Messung der Dopplerfrequenz kann zur Bestimmung der Radialgeschwindigkeit eines Zieles ausgenutzt werden. Nun bewegt sich im allgemeinen ein Ziel nicht direkt auf ein Radar zu, sodaß man zwischen Radialgeschwindigkeit v_r und der tatsächlichen Geschwindigkeit v_z eines Zieles unterscheiden muß. Zwischen diesen beiden Geschwindigkeiten besteht nach Bild 6.2 folgender Zusammenhang:

$$v_r = v_z \cos\alpha \quad , \tag{6.12}$$

wobei mit α der Winkel zwischen Zielbewegungsrichtung und

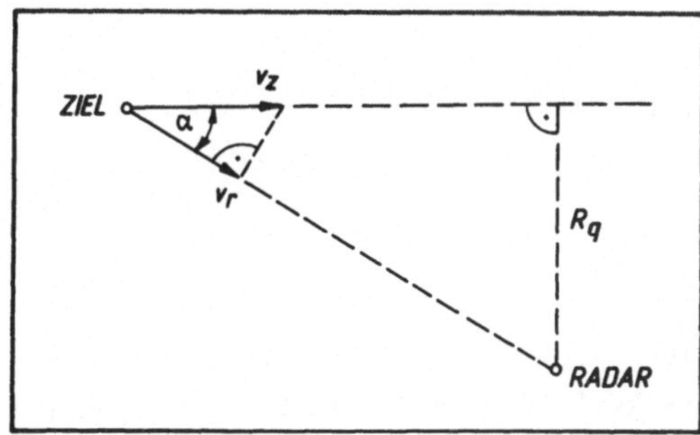

Bild 6.2: Radar/Ziel-Geometrie bei geradliniger Zielbewegung

Richtung Ziel/Radar bezeichnet ist. In Abhängigkeit von der Zeit ergibt sich für einen Zielvorbeiflug in Bezug auf das Radar nach Bild 6.2 für die Frequenz des Empfangssignals der in Bild 6.3 dargestellte Verlauf mit der Querablage R_q, der

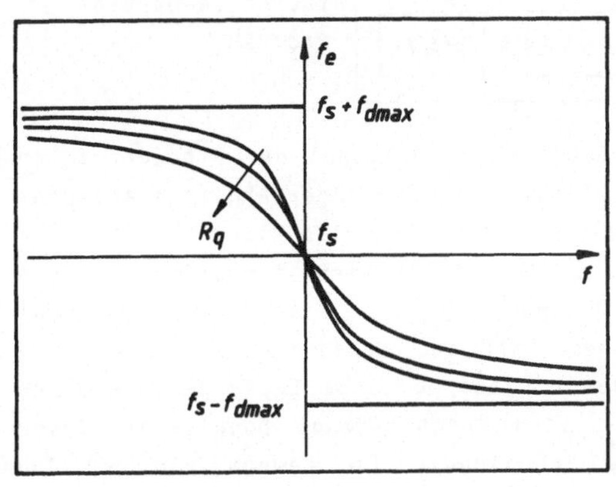

Bild 6.3: Zeitabhängiger Verlauf der Empfangsfrequenz

während des Vorbeifluges auftretenden kürzesten Entfernung zwischen Radar und Ziel als Parameter. Im Grenzfall des direkten Anfluges (R_q = o) erhält man die maximale Empfangsfrequenz f_s + f_{dmax}, bei entsprechendem Abflug die minimale Empfangsfrequenz f_s - f_{dmax}, also im Moment des unmittelbaren Vorbeifluges den bekannten Frequenzsprung. Für $R_q \neq 0$ hat die Frequenz einen kontinuierlichen Verlauf. Der maximale Doppler, das Maß für die tatsächliche Zielgeschwindigkeit v_z, tritt bei $\alpha = 0°$ auf:

$$f_{dmax} = \frac{2v_z}{\lambda_s} \quad . \tag{6.13}$$

v_z kann also aus der Dopplerfrequenz bei großer Zielentfernung abgeschätzt werden.

Wie ein einfaches Dopplerradar, das nach dem CW-Verfahren arbeitet, im Prinzip aufgebaut sein kann, zeigt Bild 6.4. Das

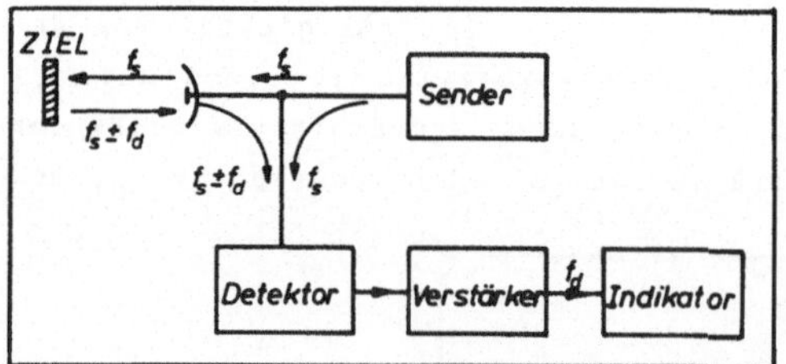

Bild 6.4: Blockschaltbild eines einfachen CW-Doppler-Radars

Radar strahlt ein unmoduliertes CW-Signal der Frequenz f_s in Richtung zum Ziel ab. Sender und Empfänger arbeiten auf eine Antenne. Besitzt das Ziel in Bezug auf das Radar eine Radialgeschwindigkeit, so weist das reflektierte Signal infolge des Dopplereffektes eine Frequenz $f_s \pm f_d$ auf. Das Echosignal wird zusammen mit einem Teil des Sendesignals (direkt vom Sender in den Empfänger eingekoppelt) im Empfänger einem Detektor zugeführt. Der sich anschließende Dopplerverstärker hat die Aufgabe, die Echosignale der Bewegtziele von den meist unerwünschten Festzielechos zu trennen sowie die Signale entsprechend zu verstärken. Die untere Frequenzgrenze des Dopplerverstärkers muß dann hoch genug liegen, um die Festziele zu eliminieren, aber auch entsprechend niedrig, um das Dopplersignal mit der niedrigsten noch zu erwartenden Frequenz passieren zu lassen. Nach oben richtet sich die Frequenzgrenze nach der höchsten sich ergebenden Dopplerfrequenz. Das Dopplervorzeichen geht hierbei verloren. Das Übersprechen vom Sende- auf den Empfangsweg bei Verwendung von nur einer Antenne für Senden und Empfangen ist zwar in diesem Fall gewünscht (Bild 6.4), jedoch von der Stärke her einzuschränken. Der Empfänger darf nicht durch zu hohe eingekoppelte Sendeleistung einer Übersteuerung oder gar Zerstörung ausgesetzt oder die Empfängerempfindlichkeit durch zu starkes Senderrauschen beeinträchtigt werden. Eine Lösung dieses Problems liegt im Bedarfsfalle in der Anwendung von Sende/Empfangsweichen (Hybride, Zirkulatoren). Man kann auch zu getrennten Antennen für Senden und Empfangen übergehen.

Ein weiteres einfaches CW-Radar wird durch Bild 6.5 beschrie-

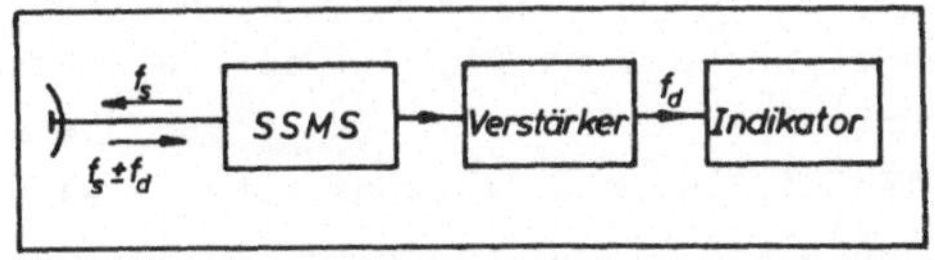

Bild 6.5: Blockschaltbild eines CW-Radars mit selbstschwingender Mischstufe

ben. Sender und Mischer sind in einer sogenannten selbstschwingenden Mischstufe (SSMS) zusammengefaßt. Solche Schaltungen sind auf kleine Leistungen beschränkt; ihr Einsatzbereich ist stark eingeengt.

Bild 6.6 zeigt in Form eines Blockschaltbildes ein CW-Radar mit Überlagerungsempfänger. Ein Empfänger dieser Art ist im allgemeinen empfindlicher als die in den vorangegangenen beiden Beispielen behandelten. Dies beruht darauf, daß bei höhe-

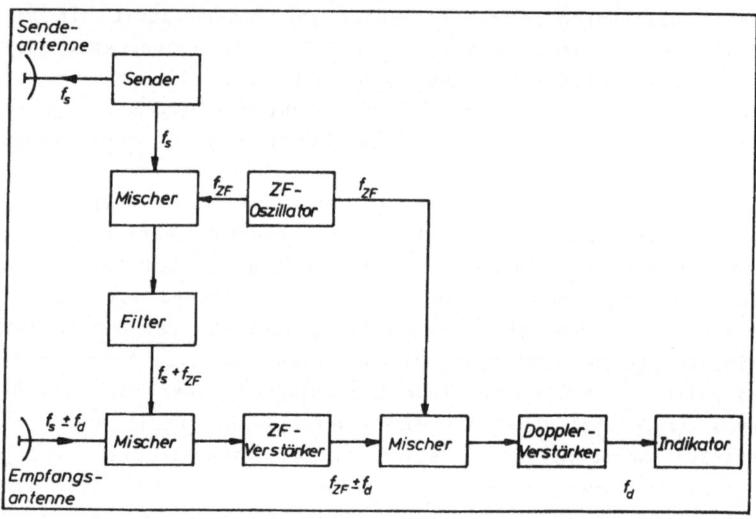

Bild 6.6: Blockschaltbild eines CW-Radars mit Überlagerungsempfänger

ren Frequenzen das Funkelrauschen weitaus geringer ist als
bei niedrigeren. Es entsteht in Halbleiterschaltungen aber
auch in Kathoden von Röhren und ändert sich in der Leistung
mit der Frequenz etwa nach einem 1/f-Gesetz. Bei einem Überlagerungsempfänger kann man die Zwischenfrequenz (ZF) so wählen, daß das Funkelrauschen klein bleibt und einen zulässigen
Wert nicht überschreitet. Getrennte Antennen für Senden und
Empfangen dienen der Entkopplung von Sende- und Empfangsweg.
Das Referenzsignal für den Empfangszweig wird durch Mischen
eines Teils des Sendesignals mit einem im ZF-Bereich liegenden Oszillatorsignal gewonnen. Durch ein Einseitenbandfilter
erfolgt die Selektion des Signals mit der Frequenz $f_s + f_{ZF}$.
Im Prinzip kann man das Referenzsignal auch mittels eines
separaten Lokaloszillators erzeugen, wenn nur Oszillatorfre-
quenz und Sendefrequenz ausreichend stabil gehalten werden
können, während bei der Konfiguration nach Bild 6.6 nur der

ZF-Oszillator stabil zu sein braucht. Letzteres ist auch wegen der niedrigeren Frequenzen einfacher zu realisieren. Die Empfindlichkeit eines Überlagerungsempfängers liegt ungefähr 30 dB über derjenigen einfacherer Empfänger wie sie in den Bildern 6.4 und 6.5 dargestellt sind.

Wesentlich bei der Auslegung der Verstärker bei CW-Radaren ist die Wahl der Bandbreite derart, daß der gesamte zu erwartende Dopplerbereich erfaßt wird. In den meisten Fällen interessiert ein Dopplerbereich größer als das Frequenzspektrum eines einzelnen Zielsignals, d.h. die Verstärkerbandbreite ist nicht an das Zielsignal angepaßt. Es muß dann mit starkem Rauscheinfluß und verminderter Empfängerempfindlichkeit gerechnet werden. Bei bekannter Dopplerverschiebung besteht jedoch die Möglichkeit ein Schmalbandfilter einzusetzen, das bei gegebener Form des Echosignals dann auch als Optimalfilter ausgelegt werden kann. Die erforderliche Bandbreite eines solchen Schmalbandfilters bestimmen mehrere Faktoren, zwei wesentliche sind:

(1) Die Dauer des Empfangssignals ist endlich; das Amplitudenspektrum folgt einer sinx/x-Funktion (Bild 6.7). Als

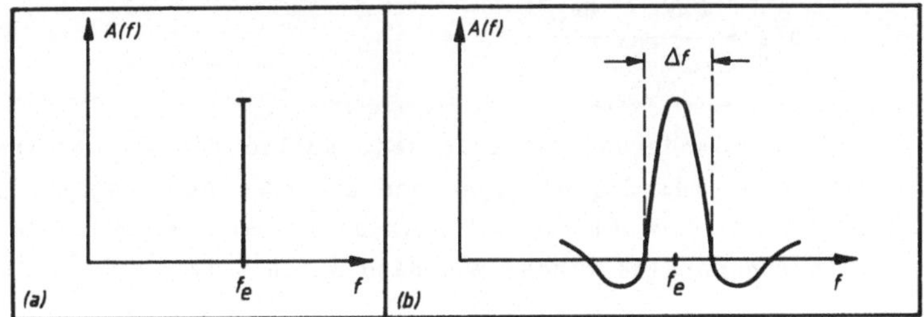

<u>Bild 6.7:</u> Amplitudenspektrum eines CW-Signals
   (a) unendlicher und
   (b) endlicher Dauer

Frequenzverbreiterung erhält man bei Ansatz des Abstandes der beiden ersten Nulldurchgänge im Amplitudenspektrum nach Bild 6.7 (b):

$$\Delta f = \frac{2}{T_D} \quad ,$$

(6.14)

wenn mit T_D die Signaldauer bezeichnet ist. Wird dieser Vorgang auf eine suchende, rotierende Antenne bezogen, dann läßt sich anstelle von Gl. (6.14) folgende Beziehung gewinnen:

$$\Delta f = \frac{2\dot{\theta}_a}{\theta_H} \quad ,$$

(6.15)

dabei bedeutet: $\quad \theta_H$ die Antennenhalbwertsbreite und $\dot{\theta}_a$ die Rotationsgeschwindigkeit der Antenne.

(2) Ist die radiale Zielgeschwindigkeit nicht konstant sondern tritt über eine Zeitspanne Δt eine Radialbeschleunigung a_r auf, so ergibt sich eine Geschwindigkeitsänderung von $\Delta v_r = a_r \cdot \Delta t$. Dies führt zu einer Dopplerfrequenzänderung von

$$\Delta f_d = \frac{2\Delta v_r}{\lambda} = \frac{2a_r \Delta t}{\lambda} \quad .$$

(6.16)

Um diese Änderung zu erfassen, sollte die Filterbandbreite B etwa Δf_d betragen und außerdem Δt nicht kürzer sein als die Filtereinschwingzeit. Als erforderliche Filterbandbreite findet man dann mit Gl. (6.16):

$$B = \sqrt{\frac{2a_r}{\lambda}} \quad .$$

(6.17)

Ist das Echosignal frequenzmäßig jedoch nicht genau bekannt, so kann man, um den Rauscheinfluß in Grenzen zu halten und die Empfängerempfindlichkeit nicht zu reduzieren, statt das

Filter zu verbreitern auch von einer sogenannten Filterbank Gebrauch machen. Eine Dopplerfilterbank ist im HF-, ZF- oder Videobereich einsetzbar. Bild 6.8 zeigt beispielhaft einen Aufbau. Die Lage der Einzelfilter ist so zu wählen, daß durch eine gewisse Überlappung der gesamte Dopplerbereich nahtlos

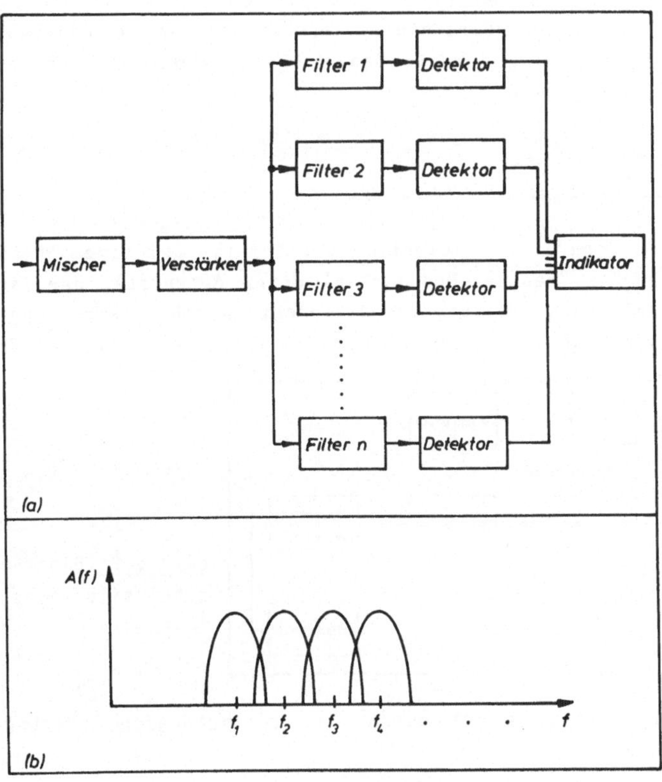

<u>Bild 6.8:</u> Dopplerfilterbank: (a) Blockschaltbild,
(b) Übertragungsverhalten

überdeckt wird. Mit der Anwendung einer Filterbank ist auch der Vorteil verbunden, entsprechend der Breite der Einzelfilter Ziele geschwindigkeitsmäßig voneinander trennen zu können. Damit bleibt das Dopplerverfahren nicht nur auf die Verarbeitung von Einzelzielen beschränkt. Eine Zieltrennung ergibt sich bei einer Einzelfilterbandbreite B nach Gl. (6.11) für Geschwindigkeitsunterschiede von $\Delta v_r \cong \lambda_s B/2$. Im Falle einer HF- oder ZF-Filterbank ist auch das Vorzeichen des Dopplers zu gewinnen; die Filterbank muß nur zu beiden Seiten von f_s bzw. f_{ZF} jeweils den in Frage kommenden Frequenzbereich überdecken.

6.2   FM-CW-Verfahren /3, 33/

Die Gewinnung der Zielentfernung erfolgt bei einem FM-CW-Radar (FM : Frequenz-Modulation) unter Ausnutzung der Signallaufzeit durch Messung der Differenz zwischen Sende- und Empfangsfrequenz. Bild 6.9 zeigt im Blockschaltbild das FM-CW-

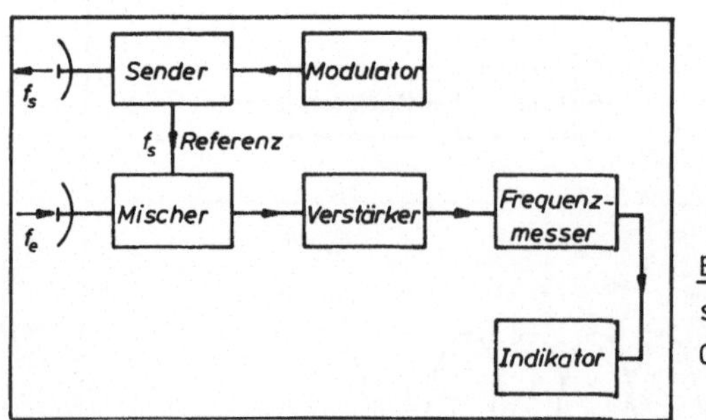

Bild 6.9: Blockschaltbild eines FM-CW-Radars

Radarprinzip. Es ist durch eine zeitabhängige Änderung der Sendefrequenz charakterisiert. Mit Hilfe dieser Modulation wird die Möglichkeit geschaffen, die äußerst begrenzte Fähigkeit eines CW-Radars für eine Entfernungsmessung auszuweiten. Es sind eine Reihe von Modulationsfunktionen denkbar. Im Empfänger wird das vom Ziel reflektierte Signal mit dem vom Sender abgezweigten Referenzsignal gemischt. Nach einer entsprechenden Verstärkung und Signalselektion folgt die Messung der

Differenzfrequenz. Sie ist ein Maß für die Zielentfernung.

Bei einer Dreieckmodulation ändert sich die Sendefrequenz f_s mit der Zeit entsprechend Bild 6.10 (a). Die Modulationsperiode ist $T_m = 1/f_m$ (f_m = Modulationsfrequenz) und der Frequenzhub Δf. In den einzelnen Zeitbereichen gilt für die Sendefrequenz:

$$f_s = f_0 + \Delta f \left(1 - 4\frac{t-nT_m}{T_m}\right) \quad \text{für} \quad nT_m \leq t \leq (n+\tfrac{1}{2})T_m \ , \tag{6.18}$$

$$n = 0, 1, 2, \ldots ,$$

$$f_s = f_0 - \Delta f \left(3 - 4\frac{t-nT_m}{T_m}\right) \quad \text{für} \quad (n+\tfrac{1}{2})T_m \leq t \leq (n+1)T_m \ , \tag{6.19}$$

$$n = 0, 1, 2, \ldots .$$

Die Laufzeit Δt eines Signals für die Entfernung 2R vom Sender über das Ziel zurück zum Empfänger beträgt bekanntlich $\Delta t = 2R/c$. Bei ruhendem Ziel ergibt sich damit den Beziehungen (6.18) und (6.19) entsprechend für die Empfangsfrequenz:

$$f_e = f_0 + \Delta f - 4\frac{\Delta f}{T_m}\left(t - nT_m - \frac{2R}{c}\right) \quad \text{für} \quad nT_m + \frac{2R}{c} \leq t \leq (n+\tfrac{1}{2})T_m + \frac{2R}{c} \ , \tag{6.20}$$

$$f_e = f_0 - 3\Delta f + 4\frac{\Delta f}{T_m}\left(t - nT_m - \frac{2R}{c}\right) \quad \text{für} \quad (n+\tfrac{1}{2})T_m + \frac{2R}{c} \leq t \leq (n+1)T_m + \frac{2R}{c} \ . \tag{6.21}$$

Nach Mischung von Sende- und Empfangssignal gewinnt man, wenn in einem anschließenden Verstärker das Summenfrequenzsignal unterdrückt wird, das gewünschte Differenzfrequenzsignal mit

$$f_{dif} = f_e - f_s \quad (\text{bzw. } f_s - f_e) = \frac{8\Delta f R}{T_m c} \tag{6.22}$$

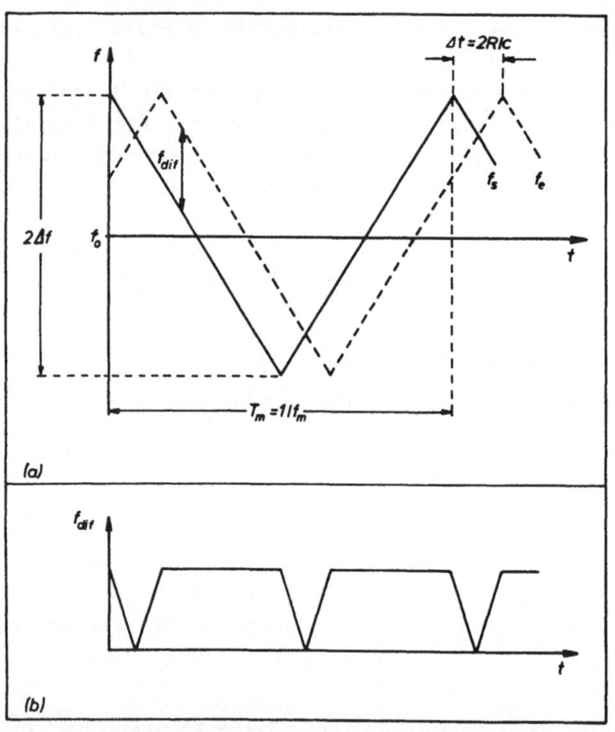

Bild 6.10: FM-CW-Verfahren mit Dreieckmodulation bei stationärem Ziel: (a) Verlauf von Sende- und Empfangsfrequenz,
(b) Differenzfrequenzverlauf

in den Zeitbereichen, in welchen sowohl Sende- als auch Empfangsfrequenz gleichartigen Verlauf zeigen (Bild 6.10 (b)).
Es ergibt sich praktisch ein konstanter Wert für f_{dif}, wenn
$\Delta t \ll T_m$ ist. Damit besteht also zwischen der Zielentfernung R und der Differenzfrequenz f_{dif} der Zusammenhang:

$$R = \frac{T_m c}{8 \Delta f}\, f_{dif} = \frac{c}{8 \Delta f \cdot f_m}\, f_{dif} \quad . \tag{6.23}$$

Um eine hohe Meßgenauigkeit in der Entfernung zu erhalten, sollte das Produkt aus Δf und f_m möglichst groß gewählt werden.

Ist das Ziel jedoch nicht stationär, sondern besitzt es eine Radialgeschwindigkeit v_r, so tritt in der Differenzfrequenz noch ein zusätzlicher Frequenzterm $f_d = 2v_r/\lambda_s$ durch den Dopplereffekt auf. Vernachlässigt man den Einfluß der durch die Modulation bedingten Frequenzänderung auf den Doppler, dann können die sich bei Zielannäherung ergebenden Frequenzverhältnisse aus Bild 6.11 entnommen werden. In den Zeitbereichen ansteigender Frequenzfunktionen bekommt man für die Differenzfrequenz:

$$f_{dif/an} = f_r - f_d = 8\,\frac{\Delta f\,R}{T_m c} - \frac{2v_r}{\lambda_0} \qquad (6.24)$$

und in denjenigen abfallender Frequenzfunktionen:

$$f_{dif/ab} = f_r + f_d = 8\,\frac{\Delta f\,R}{T_m c} + \frac{2v_r}{\lambda_0} \quad . \qquad (6.25)$$

Der die Entfernung enthaltende Frequenzterm f_r ist aus den Gln. (6.24) und (6.25) durch Mittelwertbildung zu gewinnen:

$$\frac{1}{2}(f_{dif/ab} + f_{dif/an}) = f_r \quad . \qquad (6.26)$$

Werden die Differenzfrequenzen $f_{dif/ab}$ und $f_{dif/an}$ pro halbe Modulationsperiode getrennt gemessen und bildet man davon anschließend die halbe Differenz, so ergibt sich der die radiale Zielgeschwindigkeit enthaltende Frequenzterm:

$$\frac{1}{2}(f_{dif/ab} - f_{dif/an}) = f_d \quad . \qquad (6.27)$$

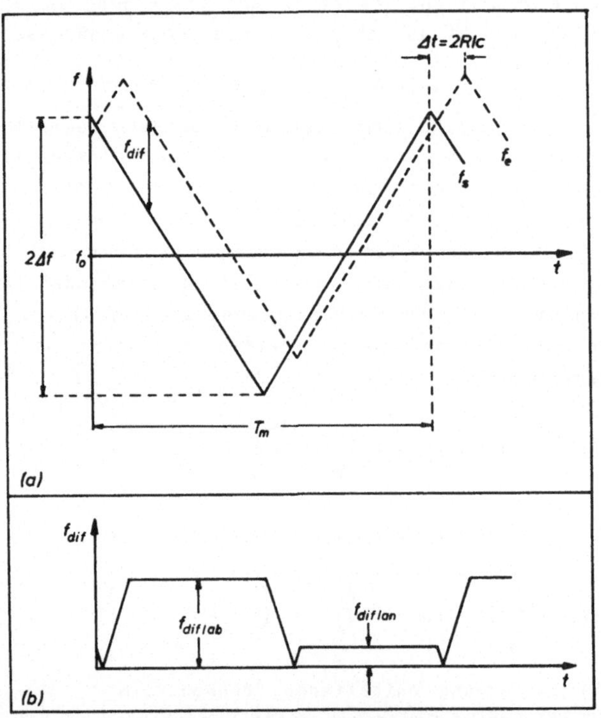

Bild 6.11: FM-CW-Verfahren mit Dreieckmodulation bei beweg-
tem, sich nähernden Ziel: (a) Verlauf von Sende- und Empfangsfrequenz,

(b) Differenzfrequenzverlauf

Die beiden Beziehungen (6.26) und (6.27) gelten für $f_r > f_d$.
Für $f_d > f_r$, den Fall hoher Radialgeschwindigkeit und geringer Entfernung, ist in den Gln. (6.26) und (6.27) f_r durch
f_d und umgekehrt zu ersetzen. Mit Hilfe eines FM-CW-Verfah-
rens besteht also die Möglichkeit, sowohl Entfernung als auch
Radialgeschwindigkeit eines Zieles zu messen.

Zur Frequenzmessung wird häufig ein Frequenzzähler benutzt. Er mißt die Anzahl der Schwingungen oder Halbschwingungen in einem bestimmten Zeitabschnitt, z.B. in einer halben Modulationsperiode ($T_m/2$). Da nur ganze Vielfache einer Schwingung oder Halbschwingung gemessen werden können, ist die Messung mit einem Frequenzzähler mit einem systematischen Fehler behaftet. Die während einer Modulationshalbperiode gemessene Anzahl Z von Halbschwingungen ist durch f_{dif}/f_m gegeben. Damit kann Gl. (6.23) wie folgt umgeschrieben werden:

$$R = Z \cdot \frac{c}{8\Delta f} \quad . \tag{6.28}$$

Z ist eine ganze Zahl, die gemessene Entfernung R also stets ein ganzzahliges Vielfaches von $c/(8 \cdot \Delta f)$. Daraus resultiert ein systematischer Fehler von

$$\Delta R = \frac{c}{8\Delta f} \quad . \tag{6.29}$$

Bild 6.12 zeigt diesen Fehler in Abhängigkeit vom Frequenzhub.

Falls im Auffaßbereich eines FM-CW-Radars mehr als nur ein stationäres Ziel vorhanden ist, entstehen am Mischerausgang (Bild 6.9), wenn die Ziele unterschiedliche Entfernungen aufweisen, auch Signale mit unterschiedlichen Differenzfrequenzen. Jedem Ziel entspricht dann ein bestimmter Frequenzwert. Um diese Frequenzen messen zu können, muß man die einzelnen Signale voneinander trennen. Zu diesem Zweck kann eine aus schmalen Einzelfiltern bestehende Filterbank eingesetzt werden. Eine solche Anordnung ermöglicht auch eine Zielselektion in der Entfernung. Bei einer Filterbreite B ist nach Gl. (6.23) eine Zielauflösung für einen gegenseitigen Mindestabstand von $\Delta R = c \cdot B/(8\Delta f \cdot f_m)$ gegeben.

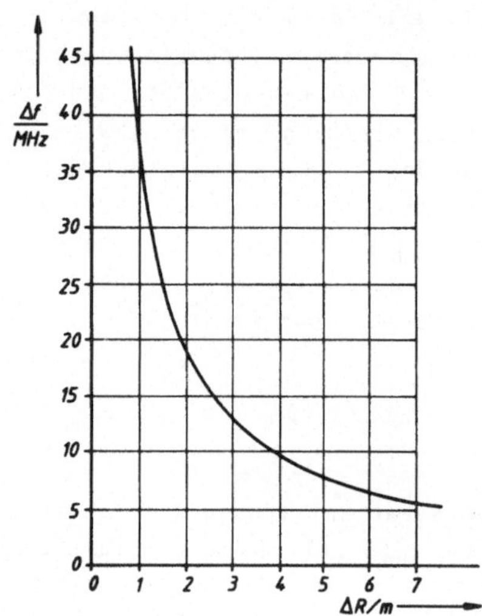

Bild 6.12: Systematischer Entfernungsfehler durch Frequenzmessung mit einem Frequenzzähler

Ist nur ein Einzelziel zu betrachten, dann kann beim FM-CW-Verfahren durchaus anstelle einer linearen Modulationsfunktion auch eine nichtlineare, z.B. eine Cosinusfunktion benutzt werden. Ein Vorteil liegt vor allem in der einfacheren Realisierbarkeit. Bild 6.13 (a) zeigt bei stationärem Ziel den zeitlichen Verlauf von Sende- und Empfangsfrequenz bei Anwendung einer cosinusförmigen Modulationsfunktion. Ist die Modulationsperiode wieder T_m und der Frequenzhub Δf, dann lautet die momentane Sendefrequenz:

$$f_S = f_0 + \Delta f \cdot \cos\omega_m t \tag{6.30}$$

und die dazugehörige Zeitfunktion:

$$V_S(t) = A_S \sin\left[2\pi(f_0 + \Delta f \cdot \cos\omega_m t)t\right] = A_S \sin\emptyset(t) . \tag{6.31}$$

Zwischen der Phase $\emptyset(t)$ und der Momentanfrequenz $f_S(t)$ besteht der Zusammenhang:

$$f_s(t) = \frac{1}{2\pi} \frac{d\emptyset(t)}{dt} \qquad . \qquad\qquad (6.32)$$

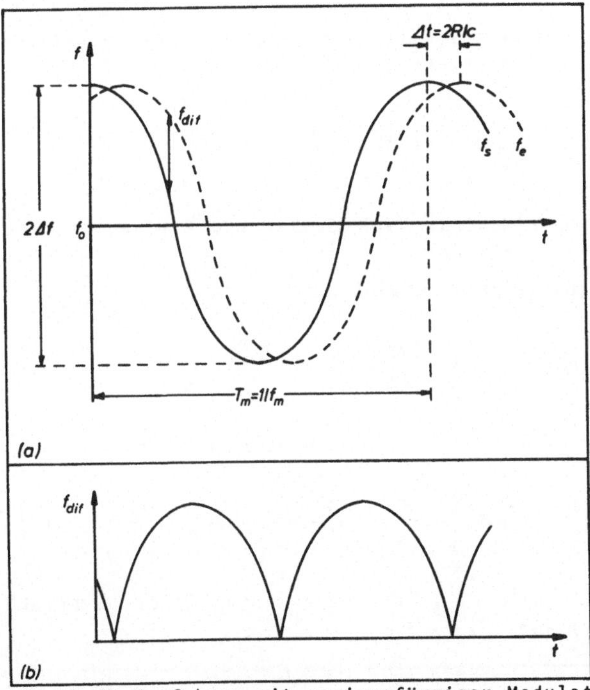

<u>Bild 6.13:</u> FM-CW-Verfahren mit cosinusförmiger Modulation bei stationärem Ziel: (a) Verlauf von Sende- und Empfangsfre-
quenz,
(b) Differenzfrequenzverlauf

Daraus ergibt sich mit Gl. (6.30):

$$\emptyset(t) = 2\pi \int_0^t f_s(t)\, dt = \omega_0 t + \frac{\Delta f}{f_m} \cdot \sin\omega_m t \qquad\qquad (6.33)$$

und damit für das Sendesignal:

$$V_s(t) = A_s \sin(\omega_0 t + \frac{\Delta f}{f_m} \sin\omega_m t) \quad . \tag{6.34}$$

Das Empfangssignal $V_e(t)$ ist gegenüber dem Sendesignal $V_s(t)$ um die Signallaufzeit $\Delta t = 2R/c$ verzögert:

$$V_e(t) = A_e \sin\left[\omega_0(t-\Delta t) + \frac{\Delta f}{f_m} \sin\omega_m(t-\Delta t)\right] \quad . \tag{6.35}$$

Wieder nach Mischung von Sende- und Empfangssignal, Unterdrückung des Summenfrequenzsignals und Verstärkung des Differenzfrequenzsignals ergibt sich:

$$V_{dif}(t) = A_{dif} \cos\left\{\frac{\Delta f}{f_m}\left[\sin\omega_m t - \sin\omega_m(t-\Delta t)\right] + \omega_0 \Delta t\right\} \tag{6.36}$$

und nach entsprechender trigonometrischer Umformung:

$$V_{dif}(t) = A_{dif} \cos\left\{2\,\frac{\Delta f}{f_m}\,\sin(\tfrac{1}{2}\omega_m\Delta t)\cos\left[\omega_m(t-\tfrac{\Delta t}{2})\right] + \omega_0 \Delta t\right\} \quad . \tag{6.37}$$

Wählt man $\Delta t \ll T_m$, dann kann $\sin(\omega_m \cdot \Delta t/2) \approx \pi f_m \Delta t$ gesetzt werden. Damit folgt:

$$V_{dif}(t) = A_{dif} \cos\left\{2\pi\Delta f\Delta t\,\cos\left[\omega_m(t-\tfrac{\Delta t}{2})\right] + \omega_0\Delta t\right\} \quad . \tag{6.38}$$

Gemäß Beziehung (6.32) errechnet sich die Momentanfrequenz von $V_{dif}(t)$ zu:

$$f_{dif}(t) = 2\pi\Delta f\Delta t \cdot f_m \sin\left[\omega_m(t-\tfrac{\Delta t}{2}) + \pi\right] \quad . \tag{6.39}$$

Die Frequenz nach Gl. (6.39) ist im Gegensatz zur Dreieckmodulation in keinem Zeitintervall konstant (Bild 6.13 (b)).

Bildet man jedoch den Mittelwert über eine halbe Modulations-periode

$$\overline{F}_{dif} = \frac{2}{T_m} \; 2\pi\Delta f\Delta t \cdot f_m \cdot \int_0^{T_m/2} \sin\left[\omega_m(t-\tfrac{\Delta t}{2})\right] dt \qquad\qquad (6.40)$$

$$= 4\Delta f\Delta t \cdot f_m \cos(\pi f_m \Delta t)$$

und beachtet wieder $\Delta t/T_m \ll 1$, dann ergibt sich, da $\cos(\pi f_m \Delta t) \approx 1$ ist:

$$\overline{F}_{dif} = 4\Delta f\Delta t \cdot f_m \quad . \qquad\qquad (6.41)$$

Mit $\Delta t = 2R/c$ wird schließlich:

$$\overline{F}_{dif} = 8 \; \frac{\Delta f \cdot f_m R}{c} = 8 \; \frac{\Delta f R}{T_m c} \quad . \qquad\qquad (6.42)$$

Man erhält also bei Anwendung einer cosinusförmigen Modulation durch Mittelwertbildung über die Differenzfrequenz wieder den gewünschten Zusammenhang zwischen derselben und der Zielentfernung entsprechend Gl. (6.22) bzw. Gl. (6.23) im Falle der Dreieckmodulation.

6.3   Impuls-Verfahren /17, 33/

Beim Impulsverfahren arbeitet man meist mit einer Folge von rechteckförmigen Impulsen konstanter Breite und konstanten Abstands. Solche Impulsfolgen (Bild 6.14) sind durch die Größen

A	Impulsamplitude,
f_s	Signalfrequenz,
T_p	Impulsabstand oder Impulsperiode,
$f_p = 1/T_p$	Impulsfolgefrequenz oder Tastfrequenz,

τ_p — Impulsdauer oder Impulsbreite und

$\varkappa = \tau_p / T_p$ — Tastverhältnis

charakterisiert.

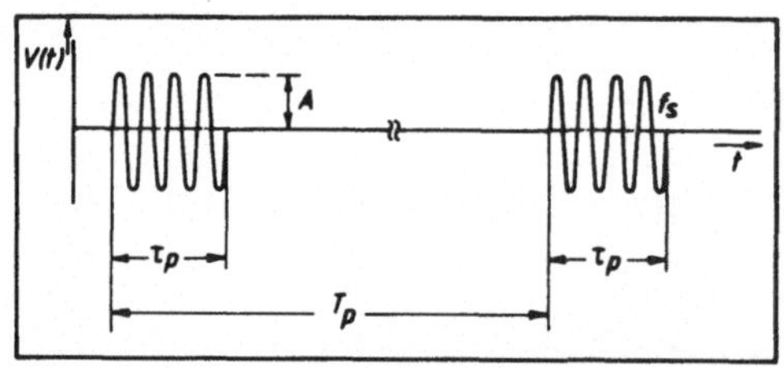

Bild 6.14: Impulsfolge

Ein Impulsradar ist im Prinzip wie in Bild 6.15 dargestellt

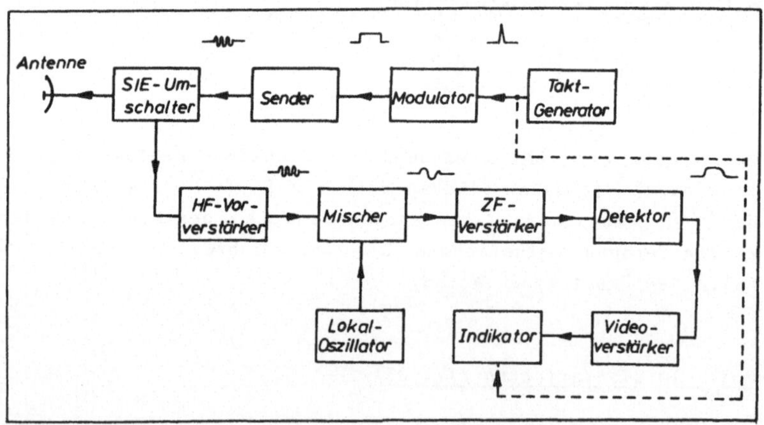

Bild 6.15: Blockschaltbild eines Impulsradars

aufgebaut. Ein Taktgenerator erzeugt fortlaufend schmale Impulse in konstanter Zeitfolge. Mit diesen Impulsen wird ein Modulator geschaltet, der seinerseits wiederum in demselben zeitlichen Abstand die Impulse der gewünschten Form und Breite generiert und damit den Sender ansteuert. Das hochfrequente Anschwingen von Impuls zu Impuls kann dabei mit willkürlicher Phase erfolgen, d.h. zwischen den einzelnen Impulsen muß nicht notwendigerweise Kohärenz bestehen.

Die hochfrequenten (HF) Impulse werden vom Sender über die
Antenne in den Raum abgestrahlt. Im allgemeinen wird bei Impulsbetrieb _eine_ Antenne für Senden und Empfangen benutzt.
Ein schnelles Schaltelement, der sogenannte Sende/Empfangs-
umschalter (Duplexer), trennt während der Sendezeit den Empfänger von der Antenne, um letzteren vor Überlastung oder gar
Zerstörung zu schützen. Sobald der Sendeimpuls über die Antenne abgegeben ist, wird der Empfänger wieder aufgeschaltet.
Der Teil der vom Ziel zum Radar zurückgestrahlten Sendeenergie wird über dieselbe Antenne, über die auch gesendet worden
ist, wieder aufgenommen. Der Duplexer bewirkt durch eine entsprechende Schaltfunktion, daß während der Empfangsperiode
die Empfangsenergie voll in den Empfänger gelangt und keine
Verluste durch Signalstreuung in den Sendezweig auftreten. Im
Falle, daß für Senden und Empfangen getrennte Antennen benutzt werden, erübrigt sich ein Duplexer vorausgesetzt, daß
die räumliche Trennung der beiden Antennen ausreichend groß
ist, um die notwendige Entkopplung zwischen Sende- und Empfangsweg zu gewährleisten.

Der Radarempfänger ist aus Empfindlichkeitsgründen im allgemeinen ein Überlagerungsempfänger. In der ersten Stufe verwendet man vielfach rauscharme HF-Vorverstärker. Das Empfangssignal wird danach in einem Mischer mit Hilfe eines Lo-
kaloszillator-Signals (LO) auf eine Zwischenfrequenz (ZF) umgesetzt. Bei niedrigen Frequenzen sind schmalbandige Verstärker hohen Gewinns leichter zu realisieren als bei hohen Frequenzen. Nach dem Mischer geht es über einen ZF-Verstärker
auf einen Detektor, in dem das Zielsignal gleichgerichtet und
in einem anschließenden Videoverstärker auf den erforderlichen Pegel gebracht wird. Es folgt die eigentliche Zieldarstellung auf einem geeigneten Indikator, z.B. einer Kathoden-
strahlröhre. Die nötige Zeitreferenz wird aus dem Taktgenerator bezogen. Damit ergibt sich die Möglichkeit zur Darstel-

lung von Entfernungsinformationen auf einem Bildschirm.

Ein Impulsradar eignet sich besonders zur Entfernungsmessung.
Dazu wird im Empfänger die Impulslaufzeit Δt ermittelt, die
der Impuls für den Weg Sender/Ziel/Empfänger benötigt. Sie
ist der Zielentfernung R direkt proportional:

$$R = \frac{1}{2} \cdot c\Delta t \quad . \qquad (6.43)$$

Die charakteristischen Größen einer Impulsfolge sind in ganz
bestimmter Weise mit den Eigenschaften eines Radarsystems
verknüpft.

Für die __Impulsamplitude A__ ergibt sich im wesentlichen ein Zusammenhang über die Leistung mit der Reichweite nach der Radargleichung.

Die __Signalfrequenz f_s__ (bzw. Wellenlänge λ_s) steht in Beziehung zur Halbwertsbreite (θ_H) einer Antenne und deren Abmessung (D), wobei letzterer natürlich hinsichtlich Unter-
bringbarkeit durch die verfügbare Fläche Grenzen gesetzt
sind. Wird ein Richtstrahler betrachtet, so beschreibt Gl.
(3.11) den erwähnten Zusammenhang, der in Bild 6.16 dargestellt ist. Zusätzlich findet man den entsprechenden Antennengewinn mit angegeben unter der Voraussetzung $\eta = 1$ und
gleiche Halbwertsbreiten in Azimut und Elevation.

Wird beispielsweise für eine Richtantenne mit einem zulässigen D von 2 m eine Halbwertsbreite von $\theta_H = 3,5°$ gefordert,
dann ergibt sich aus Bild 6.16 für die zu wählende Signalwellenlänge λ_s ein Wert von 10 cm, was einer Frequenz von etwa
3 GHz entspricht und für den erreichbaren Gewinn G = 3 368
oder im logarithmischen Maß 35,3 dB.

Bei einem Radar ist die Antennenhalbwertsbreite auch das Maß
für die Zielauflösung im Winkel. Man versteht darunter die

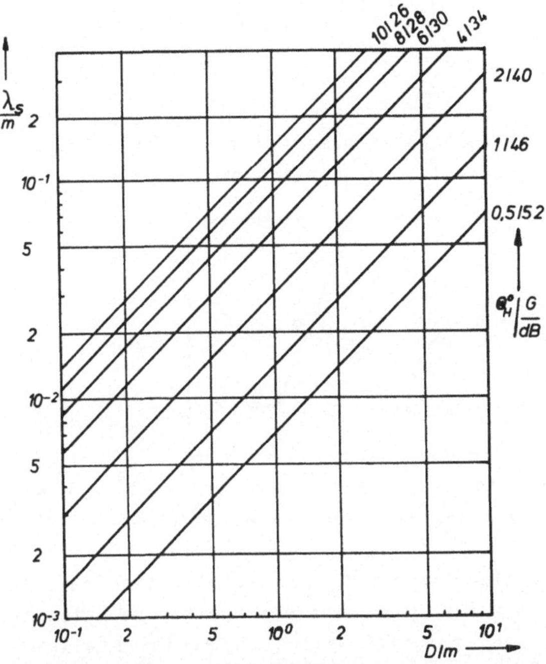

__Bild 6.16:__ Zusammenhang zwischen Wellenlänge, Antennenabmes-
sung und Halbwertsbreite bzw. Gewinn bei einem Richtstrahler

winkelmäßige Trennbarkeit von Zielen. Sind beispielsweise wie
in Bild 6.17 angedeutet zwei Ziele in gleicher Entfernung R
vom Radar mit einem gegenseitigen Abstand d vorhanden, dann
können sie noch getrennt wahrgenommen werden, wenn für die
Halbwertsbreite folgende Beziehung gilt:

$$\sin\frac{\theta_H}{2} \leq \frac{d}{2R} \tag{6.44}$$

oder, da im allgemeinen der Fall d/2R ≪ 1 interessiert:

$$\theta_H \approx 57 \, \frac{d}{R} \quad , \tag{6.45}$$

wenn θ_H in Winkelgraden gemessen wird. Sollen z.B. zwei Ziele
bei einem gegenseitigen Abstand von 200 m bis zu einer Ent-

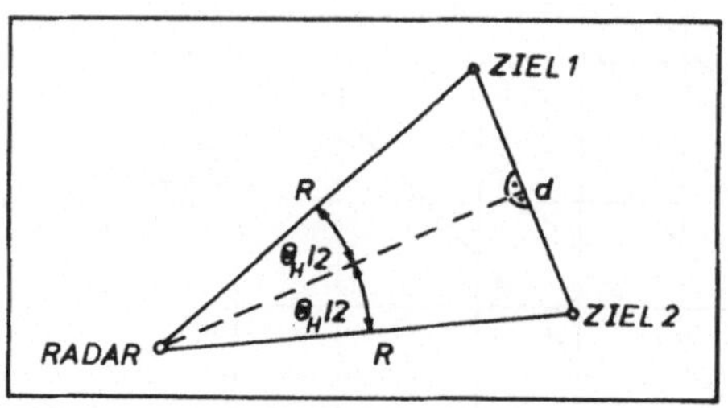

Bild 6.17: Zielauflö-
sung im Winkel

fernung von 10 km vom Radar noch getrennt zu erkennen sein,
muß als Antennenhalbwertsbreite $\theta_H \approx 1°$ gefordert werden.

Die __Impulsfolgefrequenz f_p__ hat wesentlichen Einfluß auf die
Datenrate und die eindeutige Reichweite. Bei einer Impulsfolgefrequenz von beispielsweise 100 Hz fällt alle 10 ms eine
Zielinformation, also eine Entfernungsaussage an. Um eine bestimmte Datenrate zu erhalten, muß man fordern, daß während
der Zeitdauer T_d, in der sich ein Ziel im Erfassungsbereich
der Antenne befindet, eine entsprechende Anzahl n von am Ziel
reflektierten Impulsen vom Radar empfangen werden. Man nennt
T_d die Zielverweilzeit. Die sogenannte Trefferzahl n folgt
aus der Beziehung:

$$T_d = n T_p = \frac{n}{f_p} \quad . \tag{6.46}$$

Für ein 3D-Suchradar ergibt sich ein Zusammenhang zwischen
der Abtastzeit T, dem Raumwinkel Ω , der in der Zeit T nach
Zielen abzusuchen ist sowie den Antennenhalbwertsbreiten α_H
und ε_H und der Zielverweilzeit T_d bei gleichmäßiger Abtastge-

schwindigkeit der Antenne:

$$\frac{T}{\Omega} = \frac{T_d}{\alpha_H \varepsilon_H} \qquad . \tag{6.47}$$

Durch Kombination der Gln. (6.46) und (6.47) läßt sich die Trefferzahl durch

$$n = T f_p \frac{\alpha_H \varepsilon_H}{\Omega} \tag{6.48}$$

ausdrücken. Bei einem 2D-Radar, also starke Bündelung der Antenne z.B. nur im Azimut, errechnet sich die Trefferzahl aus der bereits bekannten Beziehung (4.27). Wird darin die Trefferzahl gemäß Gl. (6.46) ersetzt, dann erhält man:

$$\alpha_H = 6 T_d \omega_a = T_d \dot{\theta}_a = 360 \frac{T_d}{T} \qquad , \tag{6.49}$$

da $\dot{\theta}_a = 360°/T$ ist. Der Zusammenhang zwischen Antennenhalbwertsbreite, Zielverweilzeit und Antennendrehzahl ω_a bzw. Abtastzeit nach Beziehung (6.49) ist in Bild 6.18 dargestellt.

Mit den Gln. (2.1), (3.10), (4.29), (4.31a) und (6.46) findet man eine weitere Form der Radargleichung:

$$R^4 = \frac{P_m G^2 \lambda^2 \sigma T_d}{(4\pi)^3 a_{ges} \tau_p k T_E B_e (S/N)_1} \qquad , \tag{6.50}$$

wobei in a_{ges} alle Verluste einschließlich der Integrationsverluste zusammengefaßt sind. Wird außerdem ein optimaler Empfänger (Zeit-Bandbreiteprodukt $B_e \tau_p \approx 1$) vorausgesetzt, dann bekommt man:

$$R^4 = \frac{P_m G^2 \lambda^2 \sigma T_d}{(4\pi)^3 a_{ges} k T_E (S/N)_1} \qquad . \tag{6.51}$$

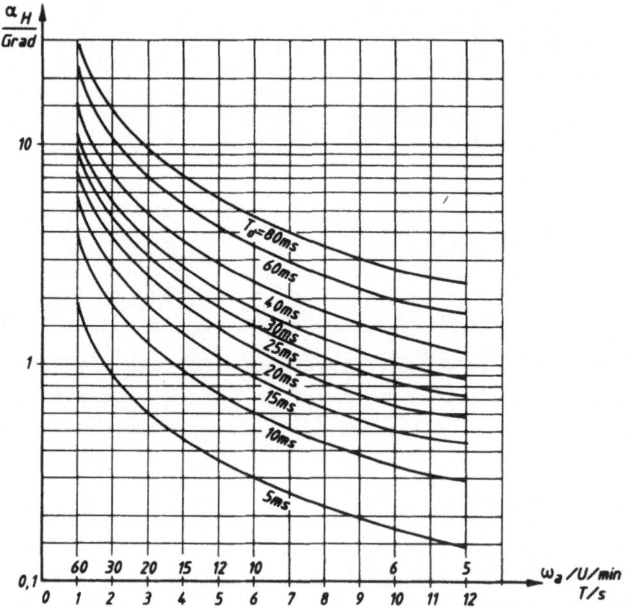

Bild 6.18: Antennenhalbwertsbreite als Funktion von Antennendrehzahl bzw. Abtastzeit und Zielverweilzeit

Der Einfluß der geforderten eindeutigen Reichweite R_{eind} auf
die Wahl der Impulsfolgefrequenz f_p erklärt sich aus der Bedingung für die Signallaufzeit Radar/Ziel/Radar:

$$\Delta t = T_p = \frac{1}{f_p} \quad . \tag{6.52}$$

Für eine eindeutig meßbare Reichweite von beispielsweise
150 km errechnet sich mit Gl. (6.43) eine zu wählende Impulsfolgefrequenz f_p von höchstens 1 kHz (T_p = 1 ms). Liefert nun
aber ein Ziel aus einer Entfernung von 180 km Echos, so fallen diese bei einer Laufzeit von Δt = 2R/c = 1,2 ms bereits

in die nächste Impulsperiode und sind damit von den Echos eines Zieles in 30 km Entfernung nicht mehr zu unterscheiden, d.h. Ziele jenseits der eindeutigen Radarreichweite können hinsichtlich ihrer Entfernung nicht mehr eindeutig vermessen werden. Die maximal mögliche Impulsfolgefrequenz ist also bei einer geforderten eindeutigen Reichweite R_{eind} auf

$$f_{pmax} = \frac{c}{2R_{eind}} \qquad (6.53)$$

festgelegt. In der Praxis ist jedoch eine von Gl. (6.53) abweichende Impulsfolgefrequenz zu verwenden. Man muß außer der reinen Signallaufzeit noch eine Art Totzeit (t_{tot}) berücksichtigen, um technisch bedingte Stellvorgänge (Umschalten von Empfangs- auf Sendebetrieb, Rücklaufzeit des Elektronenstrahls in Radarbildröhren) zu erfassen. Folgende Bedingung muß gelten, wenn man mit T_p' den zu realisierenden Impulsabstand bezeichnet:

$$\Delta t + t_{tot} = T_p' \quad . \qquad (6.54)$$

Man kann diese Totzeit durch den Ausnutzungsfaktor

$$K = \frac{\Delta t_{max}}{\Delta t_{max} + t_{tot}} = 1 - \frac{t_{tot}}{\Delta t_{max} + t_{tot}} \qquad (6.55)$$

berücksichtigen. Damit ergibt sich dann die maximal zulässige Impulsfolgefrequenz f_{pmax}' aus:

$$f_{pmax}' = \frac{c}{2R_{eind}} K = K \cdot f_{pmax} \quad . \qquad (6.56)$$

Bei einer eindeutigen Reichweite von 150 km und einer Totzeit von 100 μs errechnet man einen Ausnutzungsfaktor von etwa 0,9 und damit eine maximal zulässige Impulsfolgefrequenz von 900 Hz.

Die <u>Impulsdauer</u> τ_p beeinflußt wesentlich die mittlere Sendeleistung. Bekanntlich gilt zwischen Impulsspitzenleistung P_s und mittlerer Leistung P_m gemäß Gl. (2.1) der Zusammenhang $P_m = P_s \tau_p / T_p$. Im Hinblick auf niedrige Verlustleistung und geringe Kühlungsprobleme sollte kleine mittlere Sendeleistung angestrebt werden, was gleichbedeutend ist mit einem kleinen Tastverhältnis $\varkappa = \tau_p / T_p$.

Die Impulsdauer bestimmt auch die Entfernungsauflösung eines Impulsradars. Bei zwei in Ausbreitungsrichtung im Abstand ΔR hintereinander sich befindenden Zielen Z_1 und Z_2 (Bild 6.19) wird der ausgesandte Impuls zuerst an Z_1 und nach der Zeit $\Delta t = \Delta R / c$ auch an Z_2 reflektiert. Während der Zeit Δt hat das an Ziel Z_1 reflektierte Signal bereits die Strecke ΔR in Richtung auf das Radar zurückgelegt. Damit ergibt sich zwischen den Vorderflanken der von den Zielen Z_1 und Z_2 reflektierten Impulse ein entsprechender Wegunterschied von 2 ΔR. Die beiden Ziele Z_1 und Z_2 werden im Radarempfänger dann getrennt verarbeitet, also aufgelöst, wenn gilt:

$$2\Delta R - c\tau_p \gtrsim 0 \qquad . \tag{6.57}$$

Als Grenze für die Auflösung zweier Ziele in der Entfernung finden man daher:

$$\Delta R_{min} = \frac{c\tau_p}{2} \qquad . \tag{6.58}$$

Bei einer Impulsdauer von 1 µs z.B. beträgt der kleinste noch auflösbare Zielabstand 150 m.

Da bei Einantennensystemen der Empfänger mindestens während der Sendephase, also für die Zeit τ_p (Impulsdauer) gesperrt ist, können Ziele nur dann erfaßt werden, wenn sie sich in einer Entfernung von R $\gtrsim \Delta R_{min}$ vom Radar befinden. Die klein-

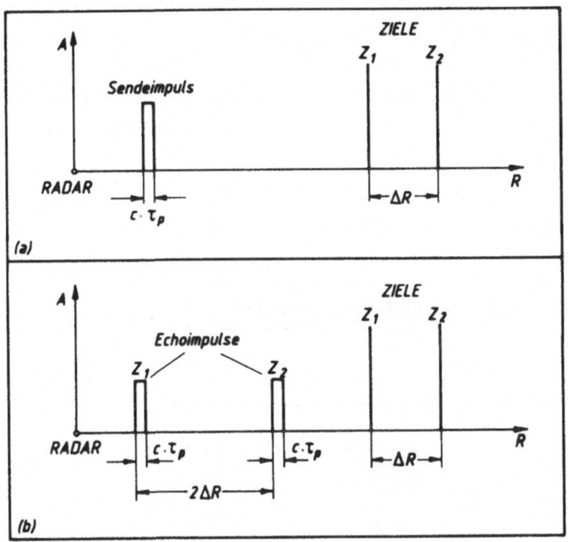

Bild 6.19: Zielauflösung in der Entfernung: (a) Sendefall,
(b) Empfangsfall

ste noch erfaßbare Zielentfernung R_{min} beträgt also ebenfalls $c\tau_p/2$.

6.4   MTI-Verfahren /3, 4, 11, 17, 22/

Mit einem Impulsradar wird zunächst einmal ohne Berücksichtigung ob Fest- oder Bewegtziel die Zielposition bestimmt. Ist jedoch eine derartige Unterscheidung zu treffen, dann sind zusätzliche Signaleigenschaften auszunutzen, wie

(1)   die Änderung der Echoleistung,
(2)   die Änderung der Echolaufzeit der Impulse oder
(3)   die Änderung der Phase des Echosignals gegenüber einem Referenzsignal (Sendesignal).

Von den aufgezählten Bewegungskriterien ist die Phasenänderung zwischen Sende- und Empfangssignal das ergiebigste. Eine
Realisierung erfordert die Kombination von Impuls- und Dauerstrichverfahren im sogenannten Puls-Doppler-Radar (PD). Bild
6.20 erläutert das Grundprinzip. Die CW-Radar-Prinzipschal-

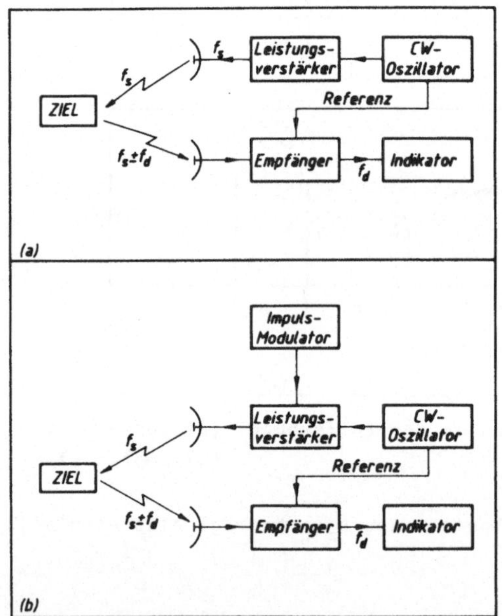

Bild 6.20: Prinzip-
schaltungen für
(a) CW-Radar und
(b) Puls-Doppler-
Radar

tung ist lediglich durch einen Impulsmodulator erweitert. Der
wesentliche Unterschied zum Impulsradar (Bild 6.15) besteht
darin, daß ein geringer Teil des CW-Oszillatorsignals zum
Empfänger abgezweigt wird und als Lokaloszillatorsignal
dient. Dieses Signal bedeutet aber mehr als nur einen Ersatz
für das Lokaloszillatorsignal, es stellt die kohärente Referenz dar, die zur Gewinnung der Dopplerverschiebung erforderlich ist. Kohärent heißt hier die Erhaltung der Phaseninformation des Sendesignals im Referenzsignal.

Das getastete Dauerstrichsignal $V_e(t)$ (Bild 6.21 (a)) am Emp-

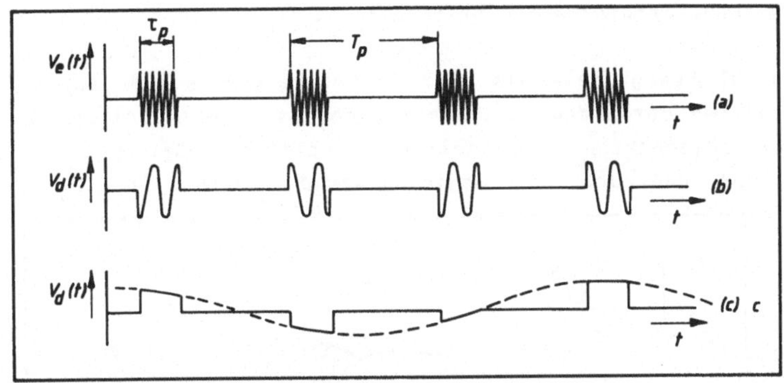

Bild 6.21: Getastete Dauerstrichsignale:
  (a) HF-Zielechoimpulse,
  (b) Videoimpulse bei Doppler $f_d > 1/\tau_p$,
  (c) Videoimpulse bei Doppler $f_d < 1/\tau_p$

fängereingang enthält im CW-Signalanteil die auszuwertende
Bewegungsinformation. Zwar erfährt auch die Tastfrequenz
durch die Zielbewegung eine Dopplerverschiebung, sie ist jedoch im allgemeinen gering und ohne Bedeutung. Man kann also
im Radarempfänger den Bewegungszustand eines Zieles durch das
Dopplersignal

$$V_d(t) = A_d \sin(\omega_d t + \emptyset) \tag{6.59}$$

beschreiben, das man durch Mischen von Sende- und Empfangssignal erhält. Bei einem stationären Ziel wird V_d nach Gl.
(6.59) einen konstanten Wert annehmen, während es bei einem
Bewegtziel eine zeitliche Abhängigkeit aufweist. Man muß
entsprechend Bild 6.21 zwei Fälle unterscheiden. Im Fall (b)
ist der Doppler $f_d > 1/\tau_p$, d.h. die Dopplerinformation kann
aus einem einzigen Impuls gewonnen werden. Für $f_d < 1/\tau_p$,
also im Fall (c), sind die Impulse mit der Dopplerfrequenz in
der Amplitude moduliert; mehrere Impulse sind zur Gewinnung

der Dopplerinformation erforderlich. (c) ist der Normalfall.

Sowohl Bewegtziele als auch Festziele können z.B. durch Betrachten der Videosignale auf einem Bildschirm bei Anwendung der sogenannten A-Darstellung (Amplitude über Entfernung) erkannt und auch unterschieden werden. Nach Bild 6.22 sind

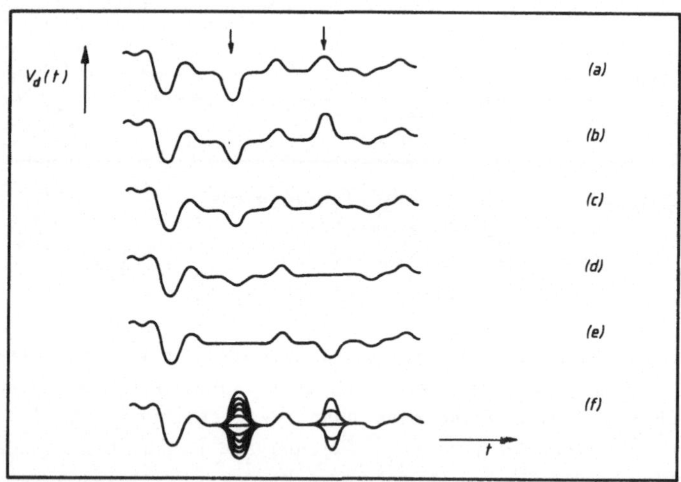

<u>Bild 6.22:</u> Verhalten von Bewegt- und Festzielsignalen auf einem Bildschirm bei A-Darstellung /3/

Festzielsignale amplitudenmäßig zeitlich konstant, Bewegtzielsignale dagegen veränderlich.

Dieses Amplitudenkriterium ist nicht mehr auswertbar, wenn die Zieldarstellung wie häufig auf eine andere Art erfolgt, z.B. nach dem PPI-Verfahren (R,α-Darstellung, Abschn. 7), oder Fest- und Bewegtziel sich gar in derselben Auflösungszelle befinden. Im letzteren Fall kommt erschwerend hinzu, daß typischerweise Festziele im Vergleich zu Bewegtzielen meist einen weitaus größeren Rückstrahlquerschnitt besitzen, sodaß bei Gegenwart von Festzielen durchaus mit einer "Tar-

nung" oder "Maskierung" von Bewegtzielen gerechnet werden
muß. Es gibt nun Verfahren, die es gestatten Festzielsignale
zu unterdrücken oder zumindest in ihrer Wirkung wesentlich
abzuschwächen. Eine geeignete Methode zeigt Bild 6.23; sie

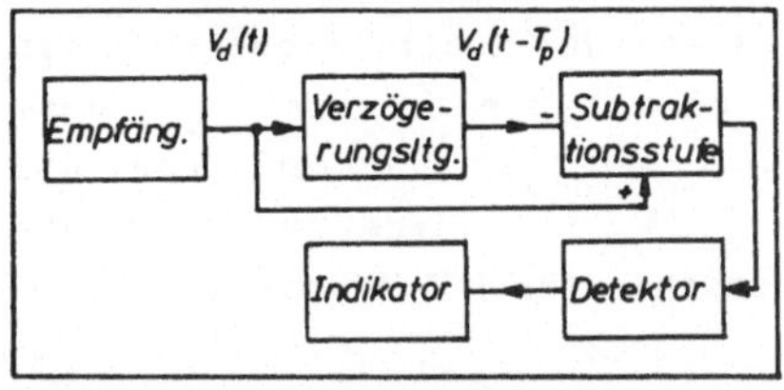

Bild 6.23: Prinzipschal-
tung zur Festzielunter-
drückung nach dem MTI-
Verfahren

beruht auf dem sogenannten MTI-Verfahren (Moving Target Indi-
cation). Der Radarempfänger enthält einen zweikanaligen Aufbau; außer einem Normalkanal existiert ein weiterer Kanal mit
einer Verzögerungsleitung, in welchem die Impulse eine Verzögerung um genau eine Impulswiederholperiode T_p erfahren. Die
Ausgänge beider Kanäle gehen auf eine Subtraktionsstufe.
Festzielsignale mit von Impuls zu Impuls konstanten Amplituden werden bei der Subtraktion gelöscht, während die Amplituden von Bewegzielechos von Impuls zu Impuls zeitlich schwanken und deshalb keine Löschung eintritt. Eine solche Schaltung wirkt wie ein Filter, welches Gleichspannungssignale von
Festzielen eliminiert und Wechselspannungssignale von Bewegtzielen passieren läßt.

An den Eingängen der Subtraktionsstufe stehen die zwei folgenden Signale, wenn wieder die CW-Signalanteile betrachtet
werden:

$$V_d(t) \quad = A_d \sin(\omega_d t + \emptyset) \qquad \text{und} \tag{6.60a}$$

$$V_d(t-T_p) = A_d \sin[\omega_d(t-T_p) + \emptyset] \quad . \tag{6.60b}$$

Am Ausgang erhält man mit Hilfe einer trigonometrischen Umformung:

$$\Delta V_d(t) = V_d(t) - V_d(t - T_p) = 2A_d \sin(\pi f_d T_p) \cos\left[\omega_d(t - \tfrac{T_p}{2}) + \emptyset\right]. \qquad (6.61)$$

Das so gewonnene Signal am Ausgang der Subtraktionsstufe ist eine cosinusförmige Zeitfunktion mit der Frequenz f_d (Doppler) und der Amplitude $2A_d\sin(\pi f_d T_d)$. Normiert man die Amplitude auf den Maximalwert $2A_d$, so findet man für das Übertragungsverhalten dieses sogenannten MTI-Filters:

$$A(f_d) = /\sin(\pi f_d T_p)/ \qquad . \qquad (6.62)$$

$A(f_d)$ ist eine Funktion von Dopplerfrequenz und Impulsperiodendauer und verhält sich wie in Bild 6.24 dargestellt. Man

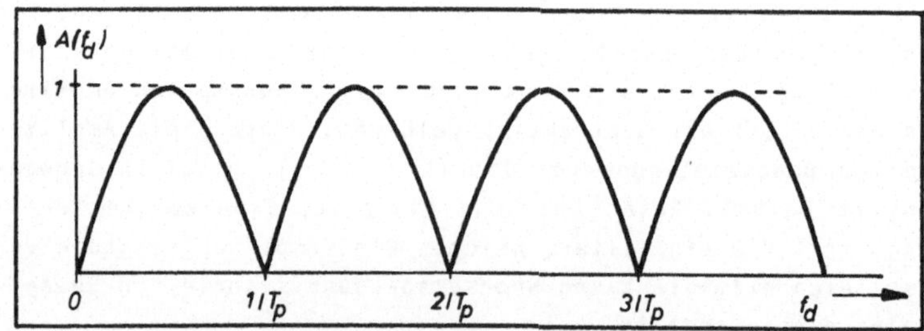

Bild 6.24: Übertragungsverhalten eines einfachen MTI-Filters

nennt $A(f_d)$ auch den Sichtbarkeitsfaktor. Er wird zu null, wenn immer das Argument des Sinus von Beziehung (6.62) die Werte $n\pi$ annimmt, also

$$f_d = \frac{2v_r}{\lambda_s} = \frac{n}{T_p} = n \cdot f_p \qquad \text{für} \quad n = 0,1,2,3,\ldots\ldots \qquad (6.63)$$

ist.

Mittels dieses MTI-Verfahrens eliminiert man ungewollterweise nicht nur Signale von Festzielen, sondern auch Zielsignale mit Dopplerfrequenzen, die gerade identisch mit der Impulsfolgefrequenz f_p oder einem ganzzahligen Vielfachen davon sind. Die Geschwindigkeiten solcher Ziele, die nicht zur Anzeige gelangen, heißen Blindgeschwindigkeiten. Sie sind gegeben durch:

$$v_n = \frac{n\lambda_s}{2T_p} = \frac{n\lambda_s f_p}{2} \quad , \tag{6.64}$$

mit n = 1,2,3 ... , wobei man v_n als die n-te Blindgeschwindigkeit bezeichnet.

Soll die erste Blindgeschwindigkeit größer als die maximal zu erwartende radiale Zielgeschwindigkeit sein, dann muß das Produkt $\lambda_s f_p$ groß gehalten werden. Das bedeutet, daß das MTI-Radar entweder bei großen Wellenlängen oder mit hohen Impulsfolgefrequenzen arbeiten muß oder aber mit beidem. Es gibt jedoch außer den Blindgeschwindigkeiten noch andere wesentliche Kriterien, welche ebenfalls die Wahl von Wellenlänge und Impulsfolgefrequenz beeinflussen. Niedrige Frequenzen haben den Nachteil, daß bei vorgegebener Antennengröße die Diagrammbreiten sich stark aufweiten, was sich negativ auf Winkelmeßgenauigkeit, Winkelauflösung und Gewinn auswirkt. Auch die Impulsfolgefrequenz kann nicht über große Wertebereiche variiert werden, da sie in erster Linie durch die eindeutig geforderte Radarreichweite festliegt. Es ist somit nicht einfach, Blindgeschwindigkeiten zu vermeiden. Da man für die meisten Anwendungsfälle keine Ideallösungen finden kann, müssen entweder Kompromisse eingegangen oder aber aufwendigere Verfahren gewählt werden. In Bild 6.25 ist der Zusammenhang zwischen der ersten Blindgeschwindigkeit (v_1) und der erzielbaren eindeutigen Radarreichweite mit der Frequenz als Parameter aufgetragen. Es gilt unter Berücksichtigung von Gl. (6.53) folgende Beziehung:

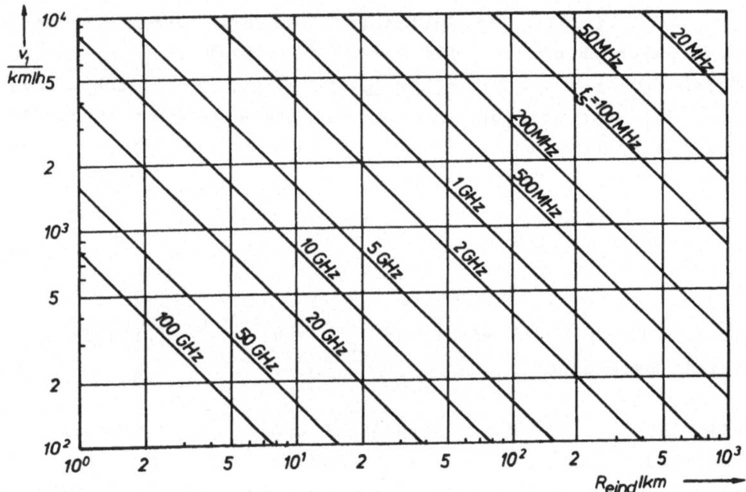

Bild 6.25: Erste Blindgeschwindigkeit als Funktion der eindeutigen Entfernung beim MTI-Verfahren mit der Frequenz als Parameter

$$v_1 = \frac{\lambda_s f_p}{2} = \frac{\lambda_s c}{4 R_{eind}} = \frac{c^2}{4 f_s R_{eind}} \quad . \tag{6.65}$$

Bei einer ersten Blindgeschwindigkeit von 1000 km/h und einer Frequenz von 1 GHz (L-Band) ist die eindeutige Reichweite ca. 75 km, die bei f_s = 10 GHz (X-Band) bis auf etwa 7,5 km zurückgeht.

Liegt in der Entfernung die wesentliche Information, dann wählt man in der Regel ein Verfahren, welches einen eindeutigen Entfernungsbereich garantiert, dafür jedoch Mehrdeutigkeiten in der Geschwindigkeit bringt. Natürlich bewirkt das Vorhandensein von Blindgeschwindigkeiten innerhalb des Zieldopplerbereichs wie auch der nichtkonstante Verlauf der Über-

tragungsfunktion des MTI-Filters im in Frage kommenden Dopplerbereich Einschränkungen in der Leistungsfähigkeit des Radars hinsichtlich Zielentdeckung. Fordert man jedoch primär
hohe MTI-Eigenschaft, dann muß eine mehrdeutige Reichweiten-
information in Kauf genommen werden. Blindgeschwindigkeiten
fallen dann außerhalb des Zieldopplerbereichs.

Ein Verfahren zur Eliminierung von Blindgeschwindigkeiten
verdeutlicht Bild 6.26. Es werden abwechselnd zwei unter-

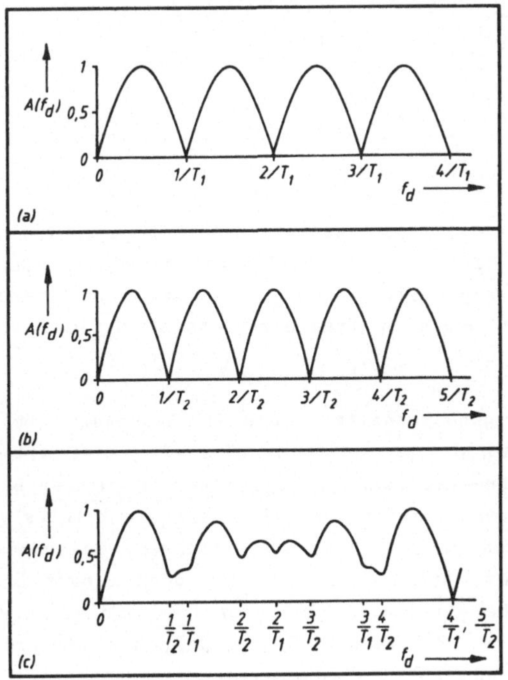

Bild 6.26: Eliminierung von Blindgeschwindigkeiten mit zwei
Impulsfolgen /3/ :
(a) Übertragungsverhalten eines MTI-Filters mit $f_{p1} = 1/T_1$,
(b) Übertragungsverhalten eines MTI-Filters mit $f_{p2} = 1/T_2$,
(c) resultierendes Übertragungsverhalten mit $T_1 / T_2 = 4/5$

schiedliche Tastfrequenzen benutzt, die im Beispiel von Bild
6.26 so gewählt sind, daß sie im Verhältnis $f_{p2}/f_{p1} = 4/5$
zueinander stehen. Wenn also die Blindgeschwindigkeiten für
$f_{p1} = 1/T_1$ bei $v_n = n\lambda_s/2T_1$ und für $f_{p2} = 1/T_2$ bei $v_m = m\lambda_s/2T_2$
auftreten, dann ergeben sich die Blindgeschwindigkeiten der
resultierenden Tastung aus

$$v_n = v_m \qquad \text{bzw.} \qquad (6.66a)$$

$$\frac{n\lambda_s}{2T_1} = \frac{m\lambda_s}{2T_2} \qquad \text{bzw.} \qquad (6.66b)$$

$$\frac{n}{m} = \frac{T_1}{T_2} \quad . \qquad (6.66c)$$

Für $T_1/T_2 = 4/5$ liegen nunmehr die Blindgeschwindigkeiten bei
$f_d = 4/T_1$ bzw. $5/T_2$ und Vielfachen davon. Das Übertragungsverhalten zeigt Bild 6.26 (c); es weist im interessierenden
Bereich in gewissen Frequenzabschnitten nicht unbedeutende
Einbrüche auf.

Das Übertragungsverhalten einer MTI-Anordnung mit einer Verzögerungsleitung hat im Festzielbereich eine oft zu geringe
Selektionsbreite. Denn Festziele werden in der Praxis nicht
durch Frequenzlinien dargestellt, sondern infolge verschiedener Ursachen (z.B. Senderinstabilitäten, Bewegungen des Bo-
denbewuchses, Seegang) durch mehr oder minder breite Spek-
tralbereiche (Bild 6.27 (a)). Abhilfe kann man durch die Anwendung einer Mehrfach-MTI-Anordnung, aus mehreren Verzögerungsleitungen und Subtraktionsgliedern aufgebaut, schaffen.
Am Beispiel einer Zweifach- oder Doppelanordnung (Bild 6.27
(c)) soll das Verhalten beschrieben werden.

Das Ausgangssignal einer Einfach-MTI-Anordnung (Bild 6.27
(b)) ist in normierter Form nach Gl. (6.61) durch

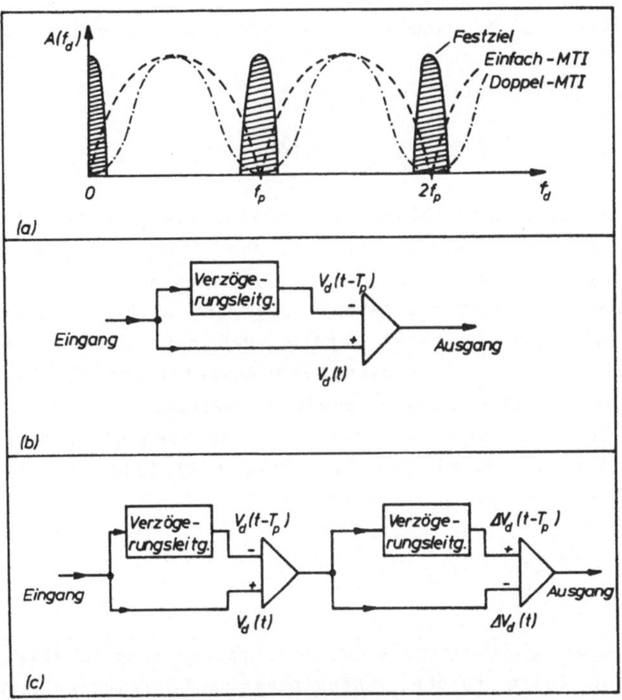

Bild 6.27: MTI-Filter : (a) Übertragungsverhalten,
(b) Einfach-MTI-Schaltbild,
(c) Doppel-MTI-Schaltbild

$$\Delta V_d(t) = \sin(\pi f_d T_p)\cos\left[2\pi f_d(t-\frac{T_p}{2}) + \emptyset\right] \qquad (6.67a)$$

darstellbar. Subtrahiert man $\Delta V_d(t)$ von dem um T_p zeitverzögerten Signal

$$\Delta V_d(t-T_p) = \sin(\pi f_d T_p)\cos\left[2\pi f_d(t-\frac{3T_p}{2}) + \emptyset\right] \quad , \qquad (6.67b)$$

so entsteht am Ausgang der Doppel-MTI-Anordnung das Signal

$$\Delta\Delta V_d(t) = \Delta V_d(t-T_p) - \Delta V_d(t)$$

$$= 2 \cdot \sin^2(\pi f_d T_p)\sin\left[2\pi f_d(t-T_p) + \emptyset\right] \quad . \tag{6.68}$$

Die Amplitude gehorcht nun einer $\sin^2$-Funktion anstatt einer einfachen sin-Funktion wie bei der Einfachanordnung (Bild 6.27 (a)). Bei der Verwendung von höheren Mehrfachanordnungen kann man die Festzielunterdrückung noch weiter steigern. Jedoch muß dabei beachtet werden, daß dann eine weitere Erschwerung in der Entdeckung von Bewegtzielen zu verkraften ist. Die Empfindlichkeit eines MTI-Radars erweist sich bekanntlich als keineswegs konstant über den gesamten eindeutigen Geschwindigkeitsbereich (Bild 6.27 (a)). Der Maximalwert liegt bei den Frequenzen

$$f_d = \frac{2n + 1}{2T_p} \quad \text{für} \quad n = 0,1,2,\ldots \quad . \tag{6.69}$$

Dagegen weist das normale Impulsverfahren ohne Festzielunterdrückung keine solche Abhängigkeit auf. Folglich ist beim MTI-Verfahren die Zielentdeckung unter erschwerteren Bedingungen zu realisieren als beim normalen Impulsverfahren.

Der mit MTI-Systemen gegenüber normalen Radaren erreichbare Grad an Festzielunterdrückung kann durch einen sogenannten MTI-Verbesserungsfaktor J ausgedrückt werden. Er ist definiert als das Verhältnis der Ziel-zu-Clutterleistungen von Ausgang und Eingang einer MTI-Anordnung:

$$\left(\frac{S}{C}\right)_A = J \cdot \left(\frac{S}{C}\right)_E \quad . \tag{6.70}$$

Die in der Praxis erreichbaren Verbesserungen mit MTI-Systemen liegen etwa zwischen 15 und 40 dB je nach Systemauslegung und Aufwand.

Einen typischen Aufbau eines MTI-Radars zeigt Bild 6.28. Das

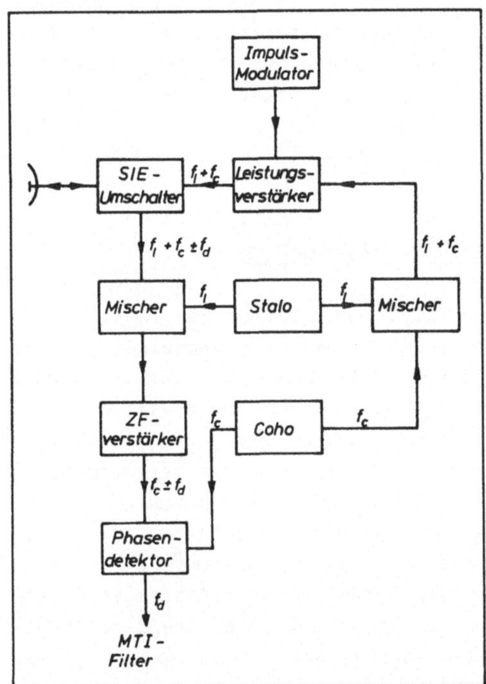

Bild 6.28: Block-
schaltbild eines MTI-
Radars mit Stalo und
Coho

Referenzsignal wird vom sogenannten "Coho" (coherent oscillator) erzeugt. Der Coho ist ein stabiler Oszillator, dessen
Frequenz im Empfänger als Zwischenfrequenz dient. Als Charak-
teristikum eines MTI-Radars gilt bekanntlich die Kohärenz in
der Phase zwischen Sende- und Referenzsignal. Um dies zu erreichen, wird das Sendesignal durch Hochmischen des Cohosi-
gnals mit dem Lokaloszillatorsignal generiert. Der Lokaloszillator (LO), der sogenannte "Stalo" (stable local oscillator), ist ebenfalls frequenzstabil ausgelegt. Obgleich die
Phase des Stalosignals die Phase des Sendesignals beeinflußt,

wird jede Phasenänderung des Stalos im Empfänger eliminiert, da der Stalo ja auch als Lokaloszillator wirkt. Durch Mischung des hochfrequenten Empfangssignals mit dem Stalosignal erhält man das übliche ZF-Signal. Das Referenzsignal des Cohos und das ZF-Echosignal werden zusammen in einem Phasendetektor verarbeitet. Am Ausgang steht das gewünschte Dopplersignal zur Verfügung. An den Phasendetektor schließt sich die Anordnung zur Festzeichenunterdrückung, das MTI-Filter, an.

6.5   PD-Verfahren mit Entfernungstoren /3/

Zur Festzielunterdrückung wird häufig auch ein PD-Verfahren mit Entfernungstoren und Schmalbandfiltern angewandt. Gerade dieses Prinzip bezeichnet man nicht selten als das Puls-Doppler-Verfahren. Charakteristisch dafür sind auch vielfach eine hohe Impulsfolgefrequenz, eindeutige Doppler- und mehrdeutige Entfernungsinformation. Eine weitere besonders hervorzuhebende Eigenschaft ist im Vergleich zum MTI-Verfahren eine noch bessere Festzielunterdrückung. Allerdings erfordert dies auch einen größeren technischen Aufwand. Mit diesen PD-Verfahren erreicht man bezogen auf das reine Impulsverfahren Verbesserungen im S/C-Verhältnis von 50 dB und mehr. Grund dafür ist die Realisierbarkeit von Schmalbandfiltern hoher Sperrdämpfung und gleichmäßiger Durchlaßdämpfung.

Bei einem Überwachungsradar hat man bei Anwendung dieses Verfahrens den zu erfassenden Entfernungsbereich in kleine Intervalle zu unterteilen, deren Breite sich nach der gewünschten Entfernungsauflösung und dem tolerierbaren Aufwand richtet. Diesen Entfernungsintervallen entsprechen radarseitig sogenannte Entfernungstore, die nahtlos aneinander anschließen, als Schalter arbeiten und einmal nacheinander für die Zeit τ während jeder Impulsfolgeperiode geöffnet werden. Die Öffnungszeit der Tore kann in der Größe der verwendeten

Impulsdauer liegen. Jedem Entfernungstor ist ein gleiches
Dopplerfilter nachgeschaltet. Danach folgen Detektor, Tiefpaß
und Schwelle. Ein prinzipieller Aufbau ist in Bild 6.29 dargestellt. Es entsteht ein n-kanaliger Aufbau. Jedem Kanal ist

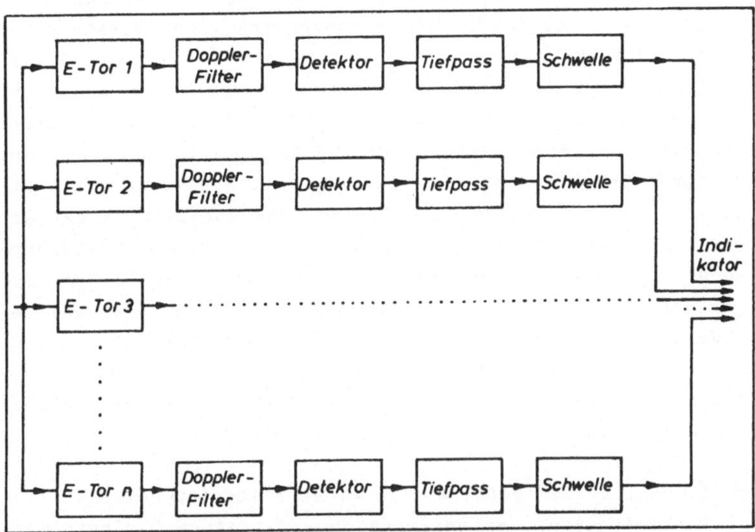

Bild 6.29: n-kanaliger Aufbau im Empfänger eines PD-Radars
mit Entfernungstoren und Dopplerfiltern

ein bestimmtes Entfernungsintervall $\Delta R = c\tau/2$ zugeordnet.
Hat beispielsweise τ einen Wert von 1 µs, dann beträgt ein
Entfernungsintervall 150 m. Bei einem gegebenen Entfernungsbereich eines Radars von 150 km erhält man somit eine erforderliche Kanalzahl von 1000.

Am Ausgang der Tore erscheinen von Festzielen gepulste Signale, die keine Dopplerverschiebung aufweisen und von Bewegtzielen solche, die dopplerverschoben sind. Die Schmalbandfilter haben Bandpaßcharakter und dienen zur Eliminierung der
Festzielsignale. Die Bandgrenzen dieser Dopplerfilter werden

einerseits durch die Charakteristik des Clutterspektrums und andererseits durch den geforderten Dopplerbereich bestimmt. In Bild 6.30 ist das Spektrum eines gepulsten CW-Signals sowohl für den Sende- als auch den Empfangsfall (Bewegtziel) und der eindeutige Dopplerbereich dargestellt. Das Empfangsspektrum zeigt gegenüber dem Sendespektrum eine Verschiebung um die Dopplerfrequenz. Bei anfliegendem Ziel (positiver Doppler) liegt die Empfangsfrequenz oberhalb der Sendefrequenz f_s und bei sich entfernendem Ziel (negativer Doppler) unterhalb. Um eine Frequenzüberlappung durch positiven und negativen Doppler über die jeweiligen Harmonischen der Tastfrequenz f_p zu verhindern und eine Eindeutigkeit in der Geschwindigkeitsinformation zu gewährleisten, muß der auszuwertende Dopplerbereich zu beiden Seiten von f_s auf $< f_p/2$ beschränkt bleiben. Sind jedoch ausschließlich an- oder abfliegende Ziele vorhanden, dann kann der Dopplerbereich auf eine Seite von f_s beschränkt und auf $< f_p$ erweitert werden. Das Empfangsspektrum von Festzielen entspricht in der Frequenzlage dem in Bild 6.30 dargestellten Sendespektrum.

Deckt man z.B. lediglich mit je einem Filter zu beiden Seiten der Mittenfrequenz den gesamten zu erfassenden Zielgeschwindigkeitsbereich ab, dann kann keine Zieltrennung nach der Geschwindigkeit durchgeführt werden. Besteht aber nicht nur die Forderung nach Festzielunterdrückung, sondern ist zusätzlich für Bewegtziele eine bestimmte Geschwindigkeitsauflösung verlangt, muß eine schaltungstechnische Änderung erfolgen. Man ersetzt das einzelne Dopplerfilter z.B. durch eine Dopplerfilterbank, deren Einzelfilter durch ihre Bandbreite die Geschwindigkeitsauflösung bewirken und deren Anzahl so zu bemessen ist, daß der gesamte Dopplerbereich lückenlos abgedeckt wird. Die damit erreichbare Geschwindigkeitsauflösung Δv_r ergibt sich mit der Einzelfilterbandbreite B aus der Beziehung (Δf_d = Dopplerfrequenzdifferenz):

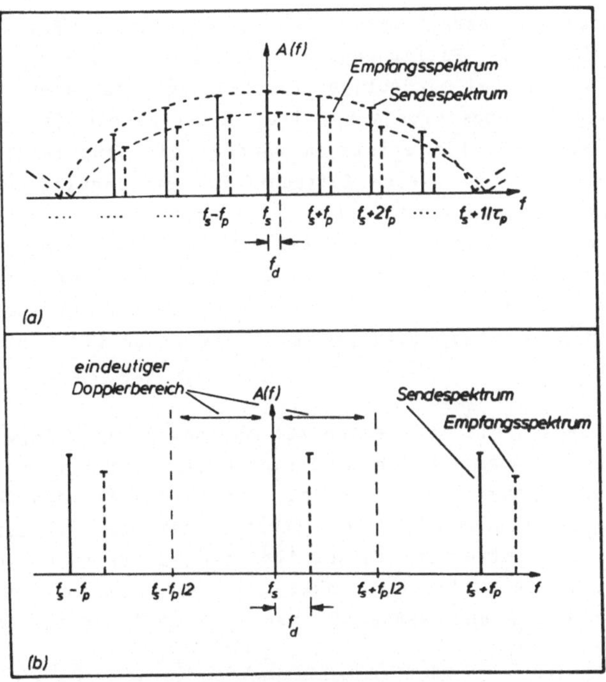

<u>Bild 6.30:</u> Spektrum eines gepulsten CW-Signals:
(a) Sende- und Empfangsfall (Bewegtziel),
(b) eindeutiger Dopplerbereich

$$\Delta v_r = \frac{\Delta f_d \lambda_s}{2} \cong \frac{B \lambda_s}{2} \ . \qquad (6.71)$$

Für beispielsweise λ_s = 10 cm (S-Band) und B = 200 Hz erhält
man ein Δv_r von 10 m/s. In der Praxis wird das breite Dopplerfilter auch als zusätzliches Clutterfilter verwendet, um
eine erhöhte Festzielunterdrückung zu erhalten.

Betrachtet man ein Verfolgungsradar, welches nur ein Ziel zu

vermessen hat, dann kommt man mit einem einzigen Entfernungs-
kanal aus. Das Entfernungstor ist dabei laufend dem Ziel
nachzuführen. Bei eindeutiger Geschwindigkeits- aber mehrdeu-
tiger Entfernungsinformation treten sogenannte Entfernungsblindzonen auf. Sie entstehen während ein Sendeimpuls abgegeben wird, da zu diesem Zeitpunkt der Empfangsweg unterbrochen ist. Um die eindeutig meßbare Entfernung zu erweitern,
kann man z.B. auch in diesem Fall mit zwei Impulsfolgen
unterschiedlicher Folgefrequenz arbeiten. Aus dem zeitlichen
Abstand zwischen der Koinzidenz von Sende- und Empfangsimpul-
sen der beiden Impulsfolgen wird die eindeutige Entfernung
gewonnen.

Die Eindeutigkeit muß jedoch bei Anwendung einer Impulsfolge
keineswegs immer in der Geschwindigkeitsinformation liegen.
Durch das Systemkonzept bedingt, können die Mehrdeutigkeiten
auch in der Geschwindigkeit auftreten oder aber auf Geschwindigkeit und Entfernung aufgeteilt sein. Es existiert ein sogenanntes Eindeutigkeitsprodukt aus eindeutig meßbarer Entfernung R_{eind} und eindeutig meßbarer Radialgeschwindigkeit
v_{eind}:

$$R_{eind} \cdot v_{eind} = \frac{c^2}{4f_s} = \frac{1}{4} \cdot c \lambda_s \quad , \tag{6.72}$$

welches aus den Gln. (6.11) und (6.53) und der Bedingung
$f_{dmax} \le f_p$ gewonnen werden kann. Gl. (6.72) beschreibt den
Fall von nur an- oder nur abfliegenden Zielen. Ist jedoch mit
an- und abfliegenden Zielen zu rechnen, gilt:

$$R_{eind} \cdot v_{eind} = \frac{c^2}{8f_s} = \frac{1}{8} \cdot c \lambda_s \quad , \tag{6.73}$$

da nun $f_{dmax} \le f_p/2$ sein muß.

6.6   Sekundärradar-Verfahren /3, 4, 34, 35/

Das Primärradarverfahren vermag eine sehr wichtige Information nicht zu liefern, nämlich eine Aussage über die Identität eines erfaßten Zieles. Eine solche Identifizierung ist
die Aufgabe des Sekundärradarverfahrens. Man versteht darunter ein Funkortungsverfahren, das im Gegensatz zur Primärradartechnik nicht mit dem passiven Echo eines Zieles arbeitet,
sondern bei dem sich das Ziel kooperativ, also aktiv verhält.
Im Ziel befindet sich dazu ein aktives Antwortgerät, der
sogenannte Transponder. Jede Aktivität der Bodenstation, des
sogenannten Interrogators, stellt eine Frage dar, die von dem
im Ziel befindlichen Transponder beantwortet wird. Obwohl das
Sekundärradarverfahren ebenfalls eine Zielortung nach Richtung und Entfernung zuläßt, kombiniert man im allgemeinen
Primär- und Sekundärradaranlagen, da das Sekundärradarverfahren ein kooperatives Verfahren ist und das Vorhandensein
eines Tranponders im Ziel voraussetzt. Ziele, die nicht mit
einem Transponder ausgerüstet sind, könnten ansonsten nicht
erfaßt werden.

Das Sekundärradarverfahren weist eine Reihe von Vorteilen
auf:

-    Die aufzubringenden Leistungen im Interrogator und im
     Transponder sind wesentlich geringer als beim Primärra-
     dar. Beim Sekundärradarverfahren hat man es mit einer
     Einwegwellenausbreitung zu tun und zwar sowohl in bezug
     auf den Interrogator als auch den Transponder. Die er-
     forderliche Sendeleistung ist der zweiten Potenz der
     Reichweite R proportional. Im Gegensatz dazu liegt beim
     Primärradarverfahren eine Zweiwegwellenausbreitung vor;
     die Sendeleistung folgt einem R^4-Gesetz.

-    Die vom Transponder ausgehenden Zielsignale zeigen im
     Gegensatz zu den Echosignalen beim Primärradarverfahren

kein fluktuierendes Verhalten.

- Für Abfrage- und Antwortsignal benutzt man unterschiedliche Trägerfrequenzen. Dadurch sind z.B. Echos von
  Festzielen unkritisch, da sie im Bodengerät filtertechnisch einfach von den Transpondersignalen getrennt
  werden können.

- Der Transponder ist Empfänger und Sender von kodierten
  Nachrichten. Neben der reinen Ortung findet noch ein In-
  formationsaustausch zwischen Boden- und Bordgerät statt.
  Vom Transponder gelieferte Informationen können die
  Zielidentität und die Zielhöhe sein.

Das Sekundärradar (SR) dient weltweit der Kontrolle des zivilen Luftverkehrs im Rahmen der Flugsicherung. Es ist international von der ICAO (International Civil Aviation Organisa-
tion) eingeführt. Gebräuchliche Bezeichnungen sind:

ATCRBS: Air Traffic Control Radar Beacon System   und
SSR: Secondary Surveillance Radar.

Im militärischen Bereich wird es unter der Bezeichnung

IFF: Identification Friend or Foe

zur Unterscheidung von Freund und Feind benutzt.

Typische Kenndaten eines Sekundärradars sind:

- Reichweite: 200 NM ($\approx$ 370 km),
- Abfragefrequenz: 1030 MHz ($\approx$ 29 cm),
- Antwortfrequenz: 1090 MHz ($\approx$ 27,5 cm),
- Abfragehäufigkeit: $\leq$ 450 Abfragen/s,
- Sendeleistung
  Interrogator: 1500 Watt,

```
  Transponder:                        500 Watt,
- Empfängerempfindlichkeit
  Interrogator:                       - 82 dBm,
  Transponder:                        - 75 dBm.
```

Ein Sekundärradar hat die Aufgabe, einen ausgedehnten, 3-dimensionalen Luftraum, der eine Vielzahl von Flugzielen enthalten kann, zu überwachen. Die im Interrogator erzeugte Abfrage wird an alle Ziele gerichtet. Es werden sechs verschiedene Abfragemodi benutzt (Bild 6.31). Sie sind in ihrer Anwendung auf den militärischen und zivilen Bereich verteilt. Der Modus C dient der Höhenabfrage. Jede Abfrage besteht aus 3 Impulsen. Die beiden Impulse P_1 und P_3, die sogenannten Abfrageimpulse, bewirken die eigentliche Abfrage, während der Regelimpuls P_2 zur Störunterdrückung herangezogen wird. Es ist auch gebräuchlich, abwechslungsweise zwei Abfragen mit unterschiedlichen Modi, eine sogenannte Moduswechselabfrage, zu benutzen. Dadurch erhält man z.B. bei einer Modusfolge ACAC ... laufend Informationen über die Identität und die Höhe eines Flugzieles.

Die Unterscheidung der Ziele beim Sekundärradarverfahren erfolgt durch das Antwortsignal. Dazu dient ein Impulstelegramm, das vom Transponder abgestrahlt wird und aus zwei Rahmenimpulsen F_1 und F_2 mit einem gegenseitigen Abstand von 20,3 µs besteht sowie auf festgelegten Plätzen eines dazwischen liegenden 1,45 µs-Zeitrasters bis zu zwölf Informationsimpulse enthalten kann. Durch entsprechende Besetzung der einzelnen Positionen durch Informationsimpulse lassen sich bis zu 2^{12} = 4096 Antwortkodes bilden. Die Informationsimpulse sind in vier Dreiergruppen eingeteilt und binär-oktal verschlüsselt. Der Kode ist eine vierstellige Zahl, in der die Ziffern 8 und 9 nicht vorkommen. Die Bedeutung dieser Zahl läßt sich nur zusammen mit dem zugehörigen Abfragemodus entschlüsseln. Der (mittlere) Platz X im Impulstelegramm bleibt stets unbelegt. Ein weiterer Impuls, der SPI (Sonder-

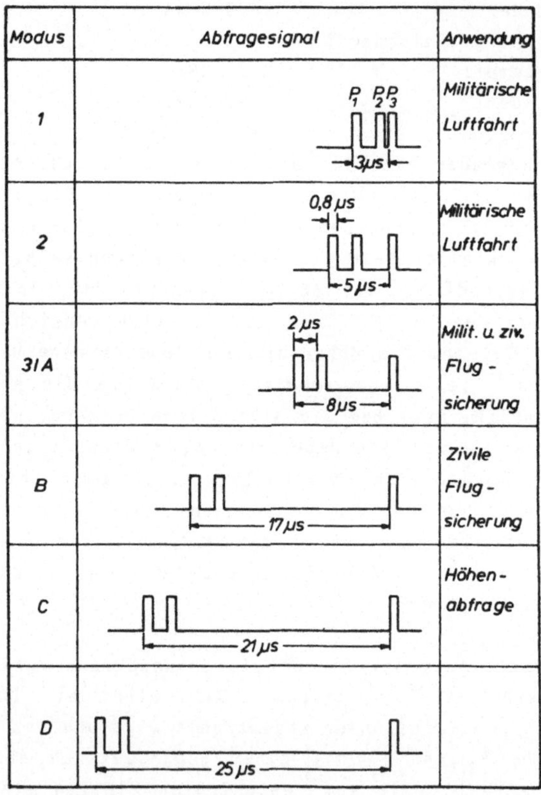

Bild 6.31: Abfragemodi beim Sekundärradar-Verfahren

impuls für _Identifizierung) in 4,35 µs Abstand zum Rahmenimpuls F_2, dient einer zusätzlichen Identifizierung. In Bild 6.32 ist die Verschlüsselung der Transponderantwort einschließlich eines Zahlenbeispiels dargestellt.

Wie bereits erwähnt, hat in der Sekundärradartechnik neben der Übertragung von Daten zur Zielidentifizierung auch die Übermittlung von Höheninformationen eine besondere Bedeutung.

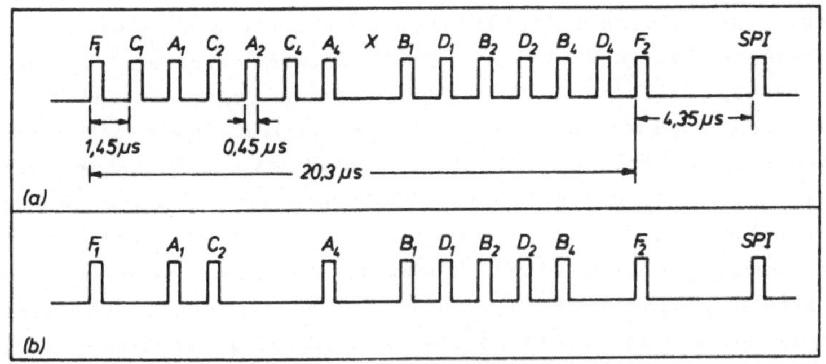

Bild 6.32: Verschlüsselung der Transponderantwort:

(a) Schema des Antwort-Impulstelegramms,

(b) Beispiel für das Kodewort 5723,
Zahlenwerte der Impulse:

$$\left.\begin{array}{l} A_n = n \cdot 1\ 000 \\ B_n = n \cdot \ \ \ 100 \\ C_n = n \cdot \ \ \ \ \ 10 \\ D_n = n \cdot \ \ \ \ \ \ \ 1 \end{array}\right\} \quad \text{mit } n = 1,2,4.$$

In der Flugsicherung, wo der Flugverkehr in Höhenschichten
von jeweils 1000 Fuß (≈ 300 m) Stärke abgewickelt wird, ist
die Flughöhe mit einer Genauigkeit von ca. 30 m zu erfassen.
Mit einem Radar Zielhöhen auf Entfernungen von 100 km und
mehr so genau messen zu wollen, ist aufwandsmäßig kaum ver-
tretbar. Dagegen können Höheninformationen an Bord von Flugzeugen mit dort installierten Höhenmessern (Radarhöhenmesser,
barometrischer Höhenmesser) sehr genau mit angemessenem Aufwand gewonnen werden.

Bei dem häufig vorzufindenden Anlagentyp, der aus einer Kombination von Primär- und Sekundärradar besteht, ist wesentlich, eine zielbezogene Zuordnung der verfügbaren Informationen zu erreichen. Dies kann geschehen, indem die Anlage
derart ausgelegt wird, daß die ein Ziel charakterisierenden

Daten auch gleichzeitig anfallen. Dazu ist eine gleiche winkelmäßige Ausrichtung der beiden Radare erforderlich: zwei getrennte Antennen und ein gemeinsamer Drehstand, oder ein Antennenreflektor und zwei Erregersysteme, oder getrennte, synchron betriebene Drehstände, wobei das eine Radar durch das andere nachgeführt wird. Weiterhin muß zwischen der Impulsfolgefrequenz des Primärradars und der Abfragehäufigkeit des Sekundärradars eine eindeutige Zuordnung gegeben sein. Außerdem sind die Abfrageimpulse gegenüber den Primärradarsendeimpulsen mit einem zeitlichen Vorlauf zu versehen, da im Transponder und auch im Interrogator Signalverarbeitungs-und Signalaufbereitungszeiten zu berücksichtigen sind; dies wird mit Hilfe eines vom Primärradar erzeugten Triggersignals realisiert.

Eine Korrelation der Zielinformationen kann auch bei völlig getrennt aufgestellten und betriebenen Anlagen mit nichtsynchronen Antennenbewegungen im Rahmen einer entsprechenden Datenverarbeitung erreicht werden.

Für die Auswertung und Darstellung der Sekundärradarinformation in der Bodenanlage gibt es eine Reihe praktikabler Methoden. Gebräuchlich sind u.a.:

(1) Passive Dekodierung:

- Kennzeichnung aller Ziele auf dem Radarbildschirm, die auf eine Abfrage überhaupt eine Antwort geben.

- Kennzeichnung desjenigen Zieles, welches mit dem richtigen Kode antwortet, also die erwartete Antwort gibt.

(2) Aktive Dekodierung:

Anzeige der Antwort eines auf dem Radarbildschirm ausgewählten Zieles. Dabei handelt es sich um die Beantwortung der Frage nach der Kennung oder Flughöhe des Zieles.

(3) <u>Automatische Dekodierung:</u>

Alle anfallenden Sekundärradarinformationen werden in einen Rechner eingespeist und entsprechend gefiltert, aufbereitet und gespeichert. Die damit verfügbaren Sekundärradardaten aller erfaßten Ziele sind dann jederzeit bei Bedarf zum Zwecke der Weiterverarbeitung oder zur Kombination mit Primärradardaten abrufbar.

Der weltweite Einsatz des Sekundärradarverfahrens mit den vielen Bodenstationen und der großen Anzahl von mit Transpondern ausgerüsteten Flugzielen verursacht gewisse Schwierigkeiten in der Zusammenarbeit der einzelnen Stationen und gegenseitige Störungen. Dazu trägt weiterhin die Forderung bei, daß jede Abfragestation mit jeder Antwortstation möglichst zu jeder Zeit korrespondieren können muß. Für den gesamten Sekundärradardatenverkehr bedeutet das die Verwendung von nur einer Abfrage- und nur einer Antwortfrequenz. Nachfolgend werden die wesentlichen auftretenden Störungen und entsprechende Abhilfemaßnahmen aufgezeigt.

(1) <u>Schlüsselverwirrung</u> (Garbling): Die Länge eines Antworttelegramms beträgt einschließlich SPI 24,65 μs, was bei der Signalausbreitung einer Entfernung von $\Delta R = c \cdot \Delta t/2 \approx 3,7$ km entspricht. Wenn sich nun zwei Flugziele Z_1 und Z_2 mit einem gegenseitigen radialen Abstand von weniger als 3,7 km gleichzeitig im Antennenerfassungsbereich der Abfragestation befinden, dann werden die Impulstelegramme der beiden Antworten ineinander verschachtelt. Dabei hat man zwei Fälle zu unterscheiden:

(a) <u>Nichtsynchrone Antwortüberlappung</u> (Bild 6.33 (a)): Die Zeitraster der Antworten fallen hierbei nicht aufeinander. Antworten dieser Art kann man entsprechend dem Auflösungsvermögen der Dekoder trennen und dann einzeln weiterverarbeiten.

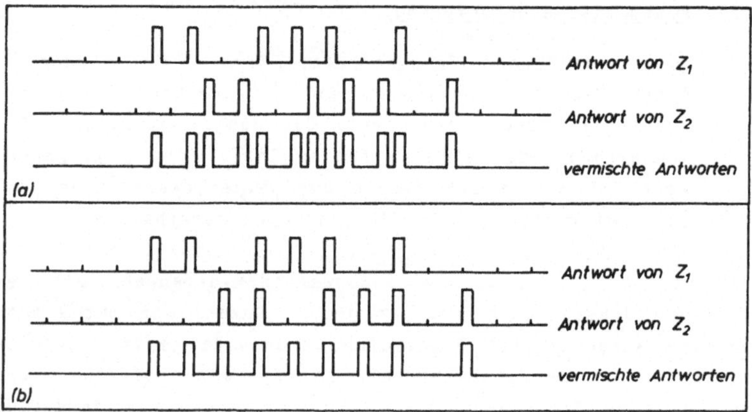

Bild 6.33: Schlüsselverwirrung (Garbling):
(a) Nichtsynchrone Antwortüberlappung,
(b) Synchrone Antwortüberlappung

(b)   Synchrone Antwortüberlappung (Bild 6.33 (b)): Die Zeitraster der Antworten fallen aufeinander. Es ist nicht mehr festzustellen, welcher Impuls zu welchem Antworttelegramm gehört. Eine Auswertung hat in diesem Fall zu unterbleiben. Um dies zu bewerkstelligen, wird im Empfangsteil des Interrogators der Zeitraum von ca. 21 µs sowohl vor als auch nach jedem Antworttelegramm nach Impulsen abgesucht sowie die Impulsabstände überprüft.

(2)   Nichtsynchrone Empfangsstörung (Fruit): Eine Abfragestation erhält von einem Flugziel nicht nur Antworten auf eigene Abfragen, sondern auch auf Abfragen anderer Bodenstationen. Man bekommt also nicht nur die gewünschte Antwort, sondern auch eine Menge von Antwortimpulsen,

die mit der eigentlichen Abfrage nichts zu tun haben. Zur Unterdrückung derartiger nichtsynchroner Antworten dient der sogenannte "Defruiter", ein Zeitfilter, welches nur solche Antwortsignale passieren läßt, die einen strengen Synchronismus mit dem systemeigenen Abfragetakt aufweisen.

(3) <u>Nebenkeulenstörungen</u>: Die Nebenkeulen von Richtantennen erweisen sich beim Sekundärradarverfahren als besonders störend, da im Gegensatz zum Primärradarverfahren die Nebenkeulendämpfung sich nur über die Einwegausbreitung auswirkt. So können vor allem bei Flugzielen im Nahbereich von Sekundärradaranlagen Abfragen und Antworten nicht nur über die Hauptkeule der Interrogatorantenne, sondern auch über deren Nebenkeulen laufen. Dann ist aber eine eindeutige Winkelzuordnung in Bezug auf die einzelne Information nicht mehr möglich. Als Maßnahme gegen solche Störungen erweisen sich zwei spezielle Verfahren als besonders wirksam:

(a) <u>Nebenkeulenunterdrückung auf dem Abfrageweg</u> (<u>I</u>nterrogation path <u>S</u>ide <u>L</u>obe <u>S</u>uppression, ISLS): Die beiden Abfrageimpuls P_1 und P_3 werden über einen Richtstrahler, der Regelimpuls über einen Rundstrahler ausgesandt. Der Transponder empfängt im Normalfall den Regelimpuls mit einer Feldstärke, die niedriger ist als diejenige der Abfrageimpulse, jedoch über den möglichen von Nebenkeulen des Interrogators herrührenden Feldstärken der Abfrageimpulse liegt. Die Nebenkeulenunterdrückung auf dem Abfrageweg geschieht nun dadurch, daß der Transponder nur auf Abfrageimpulse antwortet, deren Feldstärken um einen bestimmten Betrag diejenige des Regelimpulses übersteigen.

(b) <u>Nebenkeulenunterdrückung auf dem Antwortweg</u> (<u>R</u>eply path _S_ide _L_obe _S_uppression, RSLS): Maßnahmen zur Unterdrückung von Antworten, die von der Bodenstation über die Antennennebenkeulen aufgenommen werden, bestehen darin, daß man gleichzeitig sowohl über die Richtantenne als auch über die Rundstrahlantenne empfängt. Die beiden so erhaltenen Signale werden derart weiterverarbeitet, daß nur das über die Hauptkeule der Richtantenne eingestrahlte Signal zur Anzeige gelangt, welches dann stärker sein muß als das über die Rundstrahlantenne erhaltene.

Den Aufbau eines Sekundärradars zeigt im Prinzip Bild 6.34. Der Interrogator besteht aus den folgenden Komponenten:

(1) Koder: Erzeugung der Abfragesignale (Abfrageimpulspaar und Regelimpuls), Triggerung durch PR,
(2) Modulator, Sender (Frequenz 1,03 GHz),
(3) Sende/Empfangs-Weiche: Trennung von Sende-/Abfrage- und Empfangs-/Antwortweg aufgrund unterschiedlicher Frequenzen,
(4) Richtantenne: Abstrahlung des Abfragesignals und Empfang des Antwortsignals,
(5) SLS-Antenne, Rundstrahler: zur Unterdrückung von störenden Nebenkeulenabfragen und -antworten,
(6) HF-Schalter: Trennung von Abfrageimpulspaar und Regelimpuls,
(7) Empfänger (Frequenz 1,09 GHz): u.a. Unterdrückung von Nebenkeulenantworten und Transpondersignalen bei synchroner Antwortüberlappung,
(8) Defruiter: Unterdrückung nichtsynchroner Empfangsstörungen (Fruit),
(9) Dekoder, Indikator: Erkennung und Anzeige der Antworten.

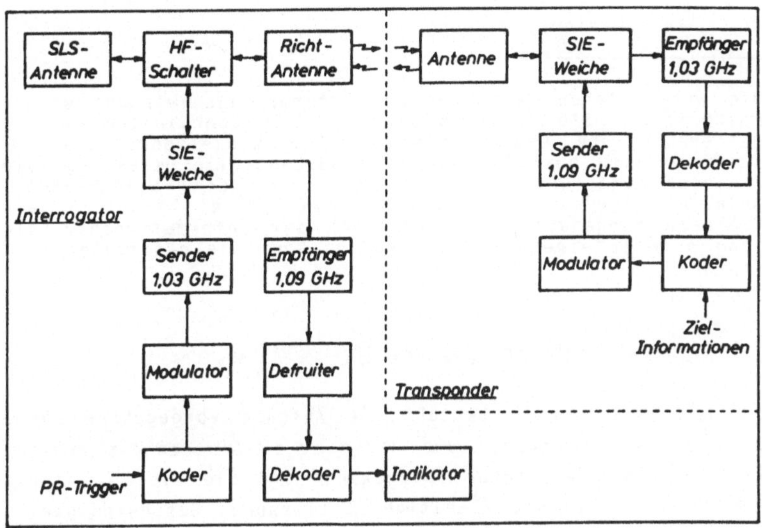

Bild 6.34: Blockschaltbild eines Sekundärradars

Der Transponder ist aufgebaut aus:

(1) Antenne, Rundstrahler: Empfang der Abfragen und Aussenden der Antworten,

(2) Sende/Empfangs-Weiche: Trennung von Sende-/Antwort- und Empfangs-/Abfrageweg,

(3) Empfänger (Frequenz 1,03 GHz): u.a. Unterdrückung von Nebenkeulenabfragen,

(4) Dekoder: Erkennung der Fragen,

(5) Koder: Erzeugung der Antwortsignale,

(6) Modulator, Sender (Frequenz 1,09 GHz).

7   Informationsgewinnung

Die wesentlichen Verfahren zur Informationsgewinnung werden beschrieben. Sie beziehen sich auf die Koordinaten Winkel, Entfernung und Geschwindigkeit. Die Winkelkoordinate betreffend wird besonders auf die sequentielle Umtastung, die konische Abtastung, das Amplituden- und das Phasenmonopulsprinzip eingegangen. Einen Schwerpunkt dabei bildet die erzielbare Meßgenauigkeit. Bezüglich der Informationsdarstellung erfolgt eine kurze Abhandlung über die gängigsten Verfahren.

7.1   Abtaststrategien /3, 22, 36/

In der Radartechnik besteht die Aufgabe vorgegebene Räume nach Zielen abzusuchen und darin deren Anwesenheit festzustellen. Nach erfolgter Entdeckung sind die Ziele in ihren Koordinaten (Azimut, Elevation, Entfernung, Geschwindigkeit) festzulegen. Zum winkelmäßigen Absuchen eines Raumes in Azimut und Elevation zwecks Zielerfassung gibt es eine Reihe von Abtaststrategien. Sie lassen sich in zwei Kategorien einteilen:

- Raumabtastung, d.h. im Azimut über 360°, in der Elevation eingeschränkt, z.B. von 0° bis 60° und
- Sektorabtastung, d.h. eingeschränkter Bereich in Azimut und Elevation.

Eine Auswahl gebräuchlicher Verfahren enthält Bild 7.1; dabei sind (a) und (b) Strategien zur Raumabtastung, die Verfahren (c) und (d) eignen sich für Sektorabtastung. Die Strahlschwenkung kann mechanisch aber auch elektronisch bei Verwendung von phasengesteuerten Antennen durchgeführt werden. Letzteres hat den großen Vorteil, daß die Diagrammschwenkung nahezu verzugslos erfolgen kann. Aus Aufwandsgründen findet man häufig kombinierte Verfahren, z.B. mechanische Verschwenkung im Azimut und elektronische in der Elevation. Zur räumlichen Abtastung, also in Azimut und Elevation, werden

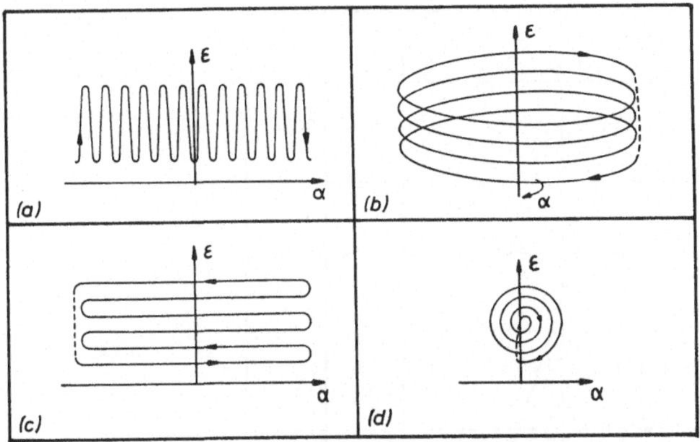

Bild 7.1: Abtaststrategien: (a), (b) für Raumabtastung,
(c), (d) für Sektorabtastung

bleistiftförmige Antennendiagramme benutzt. Bei ebenen Verfahren, also Abtastung in nur einer Winkelkoordinate, z.B. Azimut, verwendet man Antennendiagramme, welche im Azimut ebenfalls schmal sind, in der Elevation jedoch breit zur Abdeckung des ganzen geforderten Winkelbereichs.

Bei der Bestimmung der Winkelkoordinaten kann man davon Gebrauch machen, daß beim Überstreichen des Zieles durch die Antennenkeule das Zielechosignal durch deren Charakteristik in der Amplitude moduliert wird. Die Zielrichtung ist durch das Modulationsmaximum gegeben. Empfängerrauschen, externes Rauschen und Fluktuationen der Zielechos beeinflussen die Meßgenauigkeit. Der Meßfehler kann nach /22, 36/ unter Zugrundelegung einer glockenförmigen Antennencharakteristik, schneller Zielfluktuationen und einer Wahrscheinlichkeitsdichte für den Zielrückstahlquerschnitt entsprechend einer Rayleigh-Funktion durch den in Bild 7.2 dargestellten Zusammenhang beschrieben werden. Ohne Berücksichtigung von Zielechofluktuationen gelten bei Anwendung von gepulsten Signalen für den Meßfehler folgende Beziehungen:

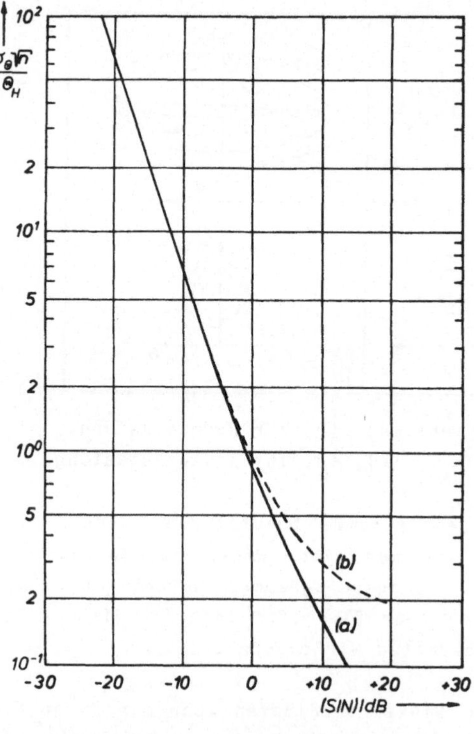

Bild 7.2: Normierter Winkelmeßfehler bei normaler Zielabtastung und
(a) nichtfluktuierendem und
(b) fluktuierendem Zielsignal

$$\sigma_\theta \approx \frac{0,58 \cdot \theta_H}{(S/N)\sqrt{n}} \qquad \text{für} \quad S/N \ll 1 \; , \tag{7.1a}$$

$$\sigma_\theta \approx \frac{0,49 \cdot \theta_H}{\sqrt{(S/N)n}} \qquad \text{für} \quad S/N \gg 1 \; ; \tag{7.1b}$$

dabei bedeutet:

n die Trefferzahl,

θ_H die Antennenhalbwertsbreite und

S/N   das Signal/Rauschverhältnis im Antennendiagramm-Maximum.

7.2   Winkelmessung durch sequentielle Umtastung /3/

Eine genaue Winkelmessung spielt in der Radartechnik vor allem bei der Zielverfolgung eine wesentliche Rolle. Hierbei müssen über eine gewisse Zeitspanne die Zielkoordinaten mit großer Genauigkeit verfügbar sein. Zur genauen Winkelmessung gibt es amplituden- und phasensensitive Verfahren. Bei Amplitudenverfahren beruht sie auf der Richtwirkung der Radarantennen. Die Charakteristiken sind dann im allgemeinen keulenförmig. Solche Antennen haben großen Gewinn, wegen der geringen Halbwertsbreite hohes Selektionsvermögen (Trennung von Zielen) und ermöglichen eine hohe Winkelmeßgenauigkeit. Winkelmeßverfahren dieser Art zeichnen sich dadurch aus, daß Spannungswerte, für Azimut und Elevation, entstehen, die Größe und Richtung der Zielablage bzgl. einer Referenz beschreiben. Die Zielablagen sind dabei verfahrensbedingt auf kleine Werte beschränkt.

Ein mögliches Verfahren ist die sogenannte "sequentielle Umtastung". Dabei erfolgt die Winkelmessung in einer Ebene durch laufendes Hin- und Herschalten eines Antennendiagramms zwischen zwei festgelegten Winkelpositionen um eine Referenzrichtung R. Die Bilder 7.3(a) und (b) zeigen den Vorgang der Diagrammumtastung in polarer bzw. kartesischer Darstellung. Ein nicht auf der Referenzachse ($\theta \neq 0$) liegendes Ziel Z verursacht ein Winkelsignal U(t) gemäß Bild 7.3(c). Die Differenz der den Diagrammpositionen 1 und 2 entsprechenden Winkelsignale ist ein Maß für die Ablage θ des Zieles Z von der Referenzachse R. Das Vorzeichen des Differenzsignals bestimmt die Richtung, in der von der Referenzachse aus gesehen das Ziel sich befindet. Sind die Winkelsignale in den beiden Schaltpositionen gleich, liegt das Ziel in Referenzrichtung ($\theta = 0$).

Soll die Winkelmessung nicht nur in einer Ebene, sondern räumlich erfolgen, werden zwei weitere Schaltpositionen er-

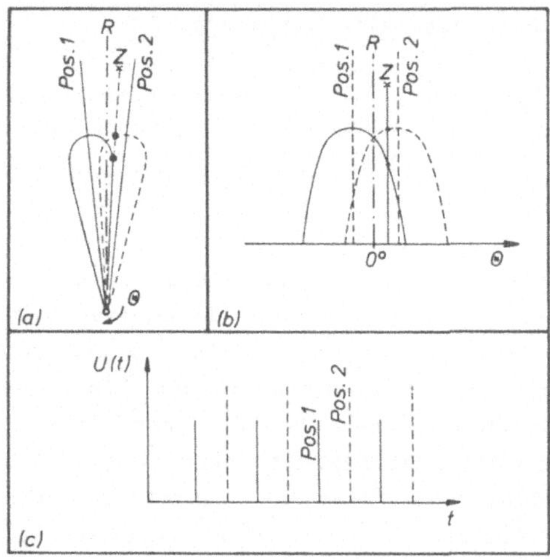

Bild 7.3: Sequentiel-
le Umtastung:
(a) polare Darstel-
lung,
(b) kartesische Dar-
stellung,
(c) Winkelsignal

forderlich. Es ist dann eine Diagrammumtastung in zwei zueinander senkrechten Ebenen durchzuführen.

Ein derartiges Verfahren kann beispielsweise mit vier Erregern realisiert werden, jeweils zwei für eine Meßebene, die
allesamt auf einen Reflektor arbeiten. Diese Erreger sind so
außerhalb des Brennpunktes anzuordnen, daß jeder einzelne mit
dem Reflektor zusammen das entsprechend zur Referenzachse geneigte Richtdiagramm liefert. Sie werden nacheinander z.B. so
geschaltet, daß abwechselnd Winkelinformationen in den beiden
Ebenen anfallen. Bei einer Einantennenanordnung kann Senden
und Empfangen in allen vier Positionen erfolgen. Verwendet
man noch einen weiteren fünften Erreger, der zentral angeordnet ist, so kann dieser allein zum Senden, die anderen vier
ausschließlich zum Empfangen benutzt werden. Man benötigt in
diesem Falle keine HF-Schalter zum Verarbeiten hoher Leistungen, da der fünfte Erreger nicht in den Schaltzyklus einbezogen ist; es sind nur geringe Empfangsleistungen zu schal-
ten.

Eine andere Realisierungsmöglichkeit bietet die Technik mit Hilfe der elektronischen Strahlschwenkung. Die Antenne besteht aus einer Vielzahl von flächenhaft angeordneten Einzelstrahlern, die mittels Phasenschieber individuell ansteuerbar sind. Dadurch kann das Antennendiagramm in dem gewünschten Rhythmus fast vorzugslos in die erforderlichen Winkelpositionen geschwenkt werden.

Verfahren dieser Art sind sehr störanfällig, da Amplitudenänderungen außer die Zielablage von der Referenzrichtung auch noch andere Ursachen haben können, wie z.B. Zielbewegungen und damit verbundene Schwankungen des Rückstrahlquerschnittes.

7.3 Winkelmessung durch konische Abtastung /3, 4, 15 ,22/

Eine logische Erweiterung des Umtastverfahrens ist die kontinuierliche Zielabtastung. Beim konischen Abtastverfahren ("Conical Scan") weist die Diagrammachse A eine Neigung um den Winkel θ_N gegen die Antennenachse B auf (siehe Bild 7.4); die geneigte Richtkeule rotiert um B. Liegt das Ziel Z nun genau in Richtung der Antennenachse, so bleibt die Amplitude des Zielechosignals von der Rotation unbeeinflußt. Besteht dagegen eine Zielablage θ von der Antennenachse, dann wird das Zielechosignal mit der Diagramm-Umlauffrequenz f_k ("Scan"-Frequenz) amplitudenmoduliert. Die Amplitude dieser sinusförmigen Modulation ist ein Maß für den Betrag und ihre Phasenlage, bezogen auf ein Referenzsignal, ein Maß für die Richtung der Ablage. Die Referenz gewinnt man aus einem synchron mit der Diagrammrotation arbeitenden Phasengenerator.

Für die Einhüllende des Winkelsignals (Bild 7.4(c)) kann folgende Zeitfunktion angesetzt werden:

$$U(t) = U_0\left[1 + k\theta\cdot\cos(\omega_k t - \emptyset)\right] \quad . \tag{7.2}$$

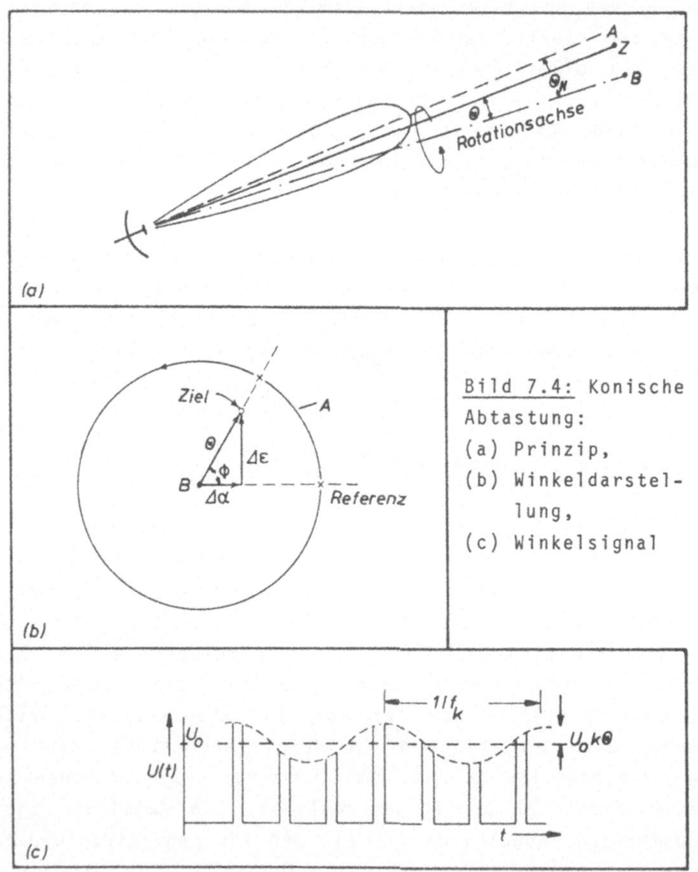

Bild 7.4: Konische Abtastung:
(a) Prinzip,
(b) Winkeldarstellung,
(c) Winkelsignal

Es sind nur geringe Zielablagen von der Rotationsachse B angenommen, sodaß im interessierenden Meßbereich über den Proportionalitätsfaktor k und U_o ein linearer Zusammenhang zwischen Modulationsamplitude und Zielablage vorliegt. Das Winkelsignal wird mittels einer AGC (Automatic Gain Control $\hat{=}$ automatische Verstärkungsregelung) auf einem mittleren Amplitudenwert U_o gehalten. Dabei ist die AGC so auszulegen, daß mit Ausnahme der Abtastmodulation möglichst alle anderen störenden Signalmodulationen eliminiert werden.

Die verfahrensmäßige Gewinnung der Winkelablagen in der Azimut- und Elevationsebene ($\Delta\alpha$ und $\Delta\varepsilon$ nach Bild 7.4(b)) ist durch Herausfiltern der "Scan"-Information

$$U_s(t) = U_0 k\theta \cdot \cos(\omega_k t - \emptyset) \qquad (7.3)$$

aus dem Winkelsignal nach Gl. (7.2) und Verarbeitung derselben in zwei Phasendiskriminatoren unter Benutzung der Referenzsignale

$$U_{r1}(t) = U_r \cos\omega_k t \qquad \text{und} \qquad (7.4a)$$

$$U_{r2}(t) = U_r \sin\omega_k t \ , \qquad (7.4b)$$

die, wie bereits erläutert, von einem mit der Diagrammrotation gekoppelten Generator geliefert werden, zu erreichen. Durch die in den beiden Phasendiskriminatoren ausgeführten Operationen

$$U_s(t) \cdot U_{r1}(t) = \tfrac{1}{2} U_0 U_r k\theta \left[\cos(2\omega_k t - \emptyset) + \cos\emptyset \right] \qquad \text{und} \qquad (7.5a)$$

$$U_s(t) \cdot U_{r2}(t) = \tfrac{1}{2} U_0 U_r k\theta \left[\sin(2\omega_k t - \emptyset) + \sin\emptyset \right] \qquad (7.5b)$$

und Eliminieren der Signalanteile mit der doppelten Rotationsfrequenz erhält man den Winkelablagen

$$\Delta\alpha = \theta \cdot \cos\emptyset \qquad \text{und} \qquad (7.6a)$$

$$\Delta\varepsilon = \theta \cdot \sin\emptyset \qquad (7.6b)$$

proportionale Signale.

Bei Anwendung eines normalen Reflektor-Antennensystems be-

steht eine mögliche Realisierung der konischen Abtastung
darin, daß der Primärstrahler etwas seitlich außerhalb des
Spiegelbrennpunktes angebracht wird. Dadurch erreicht man die
Neigung des Strahlungsdiagramms gegen die Spiegelachse, die
auch die Referenzrichtung vorgibt. Mit Hilfe einer speziellen
motorischen Vorrichtung wird nun dieser versetzte Erreger um
den Reflektorbrennpunkt herumgeführt, d.h. das geneigte
Strahlungsdiagramm rotiert um die Antennenachse und erzeugt
damit die konische Abtastung. Bei der konstruktiven Auslegung
des versetzten Erregers ist zwischen einem rotierenden Erreger mit drehender Polarisation und einem ausgelenkten Erreger
mit gleichbleibender Polarisation zu unterscheiden. Lösungen
mit rotierendem Erreger benötigen zwischen Sender/Empfänger
und Antenne eine Drehkupplung zur Signalübertragung, während
man bei der Anwendung eines ausgelenkten Erregers mit einer
einfacheren Gelenkkupplung auskommt. Bei einer Cassegrain-Anordnung ist eine konische Abtastung durch die Rotation des
etwas gegen die Normallage geneigten Sekundärreflektors um
die Sensorachse zu erreichen.

Um nun ein sich bewegendes Ziel laufend winkelmäßig vermessen
zu können, ist zur Aufrechterhaltung des Meßvorganges über
eine größere Zeitspanne die Antenne dem Ziel nachzuführen. In
diesem Falle spricht man von einer Zielverfolgung durch das
Radar. Wie ein solcher Vorgang zu realisieren ist, soll anhand von Bild 7.5 erläutert werden. Es enthält in Form eines
einfachen übersichtlichen Blockschaltbildes den Aufbau eines
Zielverfolgungsradars (ZVR) mit konischer Abtastung.

Bei einer mechanisch bewegten Antenne sind Drehkupplungen und
flexible Kabel die Bindeglieder zwischen derselben und fest-
stehendem Sender und Empfänger. (Elektronisch gesteuerte Antennen benötigen derartige Komponenten nicht.) Ein Duplexer
trennt Sendeweg (Sender/Antenne) und Empfangsweg (Antenne/
Empfänger). Die konische Abtastung besorgt der Abtastmotor,
mit dem der Referenzgenerator synchron gekoppelt ist. Letzte-

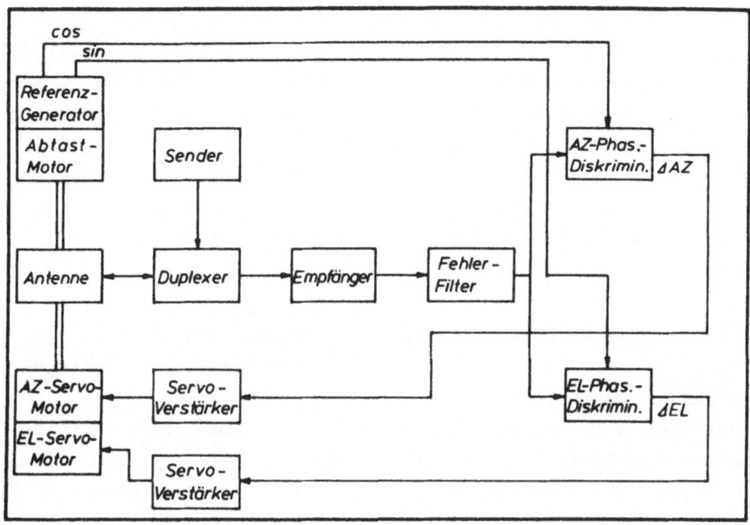

Bild 7.5: Blockschaltbild eines Zielverfolgungsradars mit konischer Abtastung zur Winkelmessung

rer liefert die beiden sinusförmigen, gegeneinander um 90° phasenverschobenen Referenzspannungen mit der Abtastfrequenz identischen Frequenzen. Eine entsprechend ausgelegte automatische Verstärkungsregelung (AGC) im Empfänger sorgt für einen konstanten Gleichspannungspegel und eine Reduktion der störenden Zielechofluktuationen, ohne die der Winkelablagemessung dienende Modulation zu vernichten. Es wird so einer Übersteuerung im Empfänger entgegengewirkt und ein Verlust der Abtastinformation (Winkelablagesignal) vermieden sowie eine konstante Winkelablageempfindlichkeit erzeugt. Ein im allgemeinen in der AGC eingesetztes Tiefpaßfilter ist so gestaltet, daß nur Signale mit Modulationsfrequenzen unterhalb der Abtastfrequenz verarbeitet werden und damit die Abtastinformation unbeeinflußt bleibt. Das sogenannte Fehlerfilter hat die Aufgabe, das Modulationssignal mit der Abtastfrequenz f_k von vorhandenen Störsignalen anderer Frequenz (z.B. Harmonische der Abtastfrequenz, Impulsfolgefrequenz und Harmonische derselben) zu trennen. In zwei Phasendiskriminatoren wird die herausgefilterte Abtastinformation mit den beiden Referenzsignalen verglichen und daraus die Ablagespannungen für Azimut und Elevation gewonnen. Die Diskriminatorausgangssignale werden verstärkt und dann als Steuerspannungen für die Servomotoren zur Zielnachführung der Antenne in Azimut und Elevation benutzt. Die Winkelstellung der Antenne erhält man mittels Winkelgeber.

Beim konischen Abtastverfahren steht die Zielablageinformation erst nach einem vollen Diagrammumlauf zur Verfügung. Während dieser Zeit kann sich aber bekanntermaßen die Echoamplitude u.U. erheblich ändern. Fällt die Frequenz solcher Amplitudenfluktuationen mit der Abtastfrequenz zusammen oder in deren unmittelbare Nähe, so daß sie filtertechnisch nicht mehr separierbar sind, wird die Nutzinformation über die Zielablage gestört. Untersuchungen über die spektrale Verteilung solcher Zielechofluktuationen ergaben, daß sie sich bis zu einigen 100 Hz erstrecken kann. Es sind also möglichst hohe Abtastfrequenzen anzustreben. Es existiert jedoch für praktisch nutzbare Abtastfrequenzen eine obere Grenze, die bedingt ist durch die Impulsfolgefrequenz bei Anwendung gepulster Signale sowie mechanische Einflüsse, es sei denn, die Diagrammrotation wird elektronisch bewerkstelligt. Gebräuchliche Abtastfrequenzen liegen zwischen 1/10 und 1/100 der Impulsfolgefrequenz. Die angesprochene Störanfälligkeit wirkt sich in Form eines Winkelmeßfehlers aus, der von statistischer Natur ist und sich in der Nähe der Abtastfrequenz durch (/4, 22/)

$$\sigma_{w,a} = \frac{\Theta_H}{k_k} \sqrt{A(f_k)^2 \cdot \beta} \tag{7.7}$$

für beide Winkelkanäle beschreiben läßt, mit

k_k der Fehlersteilheit, ein Maß für den Anstieg des Winkelablagesignals,

$A(f_k)$ der Rauschmodulationsdichte bei der Abtastfrequenz f_k in (% Rauschmodulation)/ $\sqrt{Hz}$ und

β der Servo-Bandbreite.

Einen wesentlichen Einfluß auf die Genauigkeit der Winkelmessung übt auch das im Radarempfänger vorhandene thermische Rauschen aus. Bezieht man den Meßvorgang auf eine Impulsfolge der Tastfrequenz f_p und der Impulsbreite τ_p und einen Radarempfänger mit der Bandbreite B, so ergibt sich für den Winkelmeßfehler in beiden Winkelkanälen folgende Beziehung (/22/):

$$\sigma_{w,T} = \frac{1,4 \cdot \theta_H}{k_k \sqrt{B\tau_p \frac{1}{L_S} \cdot (S/N) f_p / \beta}} \qquad \text{für} \qquad S/N > 4 \quad . \quad (7.8)$$

Er ist also außer von der Antennenhalbwertsbreite θ_H, der Fehlersteilheit k_k und dem Signal/Rauschverhältnis (S/N) zusätzlich vom Verhältnis Tastfrequenz/Servobandbreite (Integrationsgewinn durch das Servosystem) und vom Zeit-Bandbreite-Produkt $B\tau_p$ abhängig. Wählt man das (S/N) bezogen auf das Diagramm-Maximum der Antenne, muß zur Berücksichtigung der sogenannten Schnittpunktverluste im Meßbereich ein Verlustfaktor L_S angesetzt werden.

Die Fehlersteilheit k_k, die, wie beschrieben, den Winkelmeßfehler beeinflußt, ist wiederum selbst wesentlich vom Neigungswinkel θ_N des Strahlungsdiagramms der Antenne gegen die Rotationsachse abhängig. In /22/ findet man den unter der Annahme eines sinx/x-förmigen Antennendiagramms gewonnenen Zusammenhang zwischen der Fehlersteilheit k_k und dem auf die Halbwertsbreite θ_H normierten Neigungswinkel θ_N; den entsprechenden Funktionsverlauf gibt Bild 7.6 wieder. Bei der Festlegung von k_k ist besonders zu beachten, daß zwar mit zunehmendem Neigungswinkel auch die Fehlersteilheit ansteigt, sich jedoch gleichzeitig durch Verlagerung des Schnittpunktes des

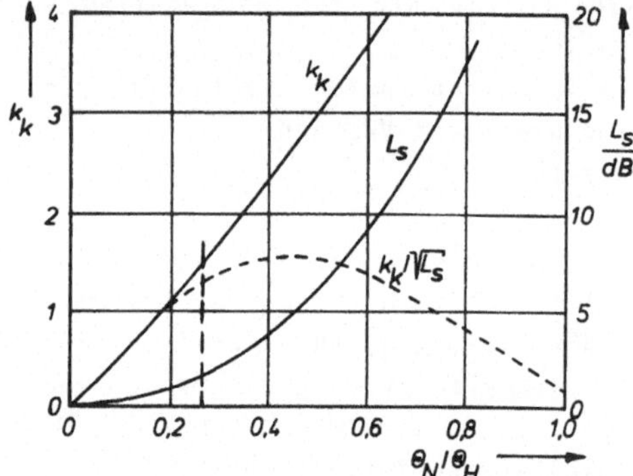

Bild 7.6: Fehlersteilheit und Schnittpunktverluste beim konischen Abtastverfahren als Funktion von Neigung und Halbwertsbreite des Antennendiagramms

Antennendiagramms mit der Rotationsachse für Ziele im Meßbereich ein anwachsender Verlust in der Empfangsleistung einstellt. Diese Schnittpunktverluste L_s (dB) können ebenfalls Bild 7.6 entnommen werden. Der Winkelmeßfehler gemäß Gl. (7.8) und damit die Winkelgenauigkeit in der Zielverfolgung hängt vom Verhältnis $k_k/\sqrt{L_s}$ ab. Die gestrichelte Kurve in Bild 7.6 zeigt einen optimalen Wert für den Neigungswinkel zur Minimierung des Winkelmeßfehlers. Dagegen wird der Entfernungsmeßfehler und damit die entfernungsmäßige Zielverfolgungsgenauigkeit (siehe Abschnitt 7.6) nur von L_s beeinflußt, d.h. durch ein Θ_N von Null optimiert. Wegen dieser Tatbestände wählt man im Normalfall z.B. entsprechend der gestrichelten vertikalen Linie in Bild 7.6 einen kleineren Wert für Θ_N als für optimales Winkelverfolgen erforderlich wäre, um einen Kompromiß in der Leistungsfähigkeit eines Radars zwischen Zielvermessung bzw. -verfolgung im Winkel und in der Entfernung zu finden. Für einen gängigen Wert von Θ_N nahe $\Theta_H/4$ ergibt sich eine Fehlersteilheit von $k_k = 1,5$ und im Meßbereich ein Verlust im Signal/Rauschverhältnis von etwa 2 dB.

7.4   Winkelmessung mit Amplituden-Monopuls /3, 4, 15, 22/

Sowohl das Umtastverfahren als auch die konische Abtastung benötigen bei Impulsbetrieb zur Erlangung einer Winkelinformation stets mehrere Impulse und sind damit gegen Amplitudenfluktuationen, die sich von Impuls zu Impuls bemerkbar machen können, sehr störanfällig. Solche Störungen haben jedoch keinen Einfluß auf Meßverfahren, die mit nur einem einzigen Impuls auskommen. Zur Realisierung eines solchen Amplituden-Monopuls-Verfahrens (AM) braucht man mehrere Strahlungsdiagramme. Die Zielablagewinkel können aus den über die einzelnen Diagramme empfangenen Echosignalen durch Amplitudenvergleich gewonnen werden.

Beim Amplitudenmonopulsverfahren erfolgt der Empfang des Zielechosignals pro Meßebene über 2 feststehende, gleiche, jedoch winkelmäßig geneigte und sich überlappende Richtdiagramme. Aus den so gewonnenen Signalen wird die Summe Σ und pro Meßebene die entsprechende Differenz Δ gebildet. Bild 7.7 zeigt das Prinzip, sowohl in polarer als auch in kartesischer Darstellung für den ebenen Fall. Während die Differenzdiagramme nur für den Empfangsfall von Bedeutung sind, ist es das Summendiagramm auch für die Sendephase. Mit den Differenzdiagrammen wird der Betrag der Zielwinkelablage erfaßt, das Summensignal dient zur Entfernungsmessung und als Referenz zur Bestimmung des Vorzeichens der Winkelablage. Ziele, die außerhalb des Diagrammschnittpunktes liegen, verursachen ein entsprechendes Winkelablagesignal (Bild 7.7(d)). Es liegt im positiven Bereich, wenn Summen- und Differenzsignal in Phase sind und im negativen Bereich, wenn beide Signale einen Phasenunterschied von 180° aufweisen.

Bei der Realisierung des Monopulsverfahrens mit Reflektorantennen erhält man die beiden Diagramme für eine Ebene z.B. durch zwei beidseitig des Brennpunktes angebrachte Erreger. Für räumliche Vermessung sind in der dazu orthogonalen Ebene

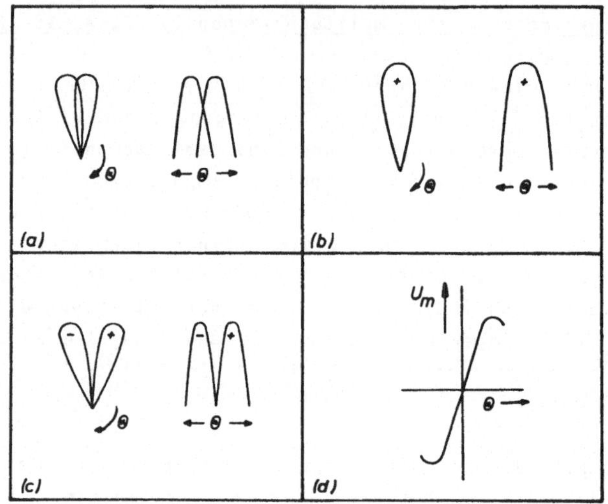

Bild 7.7: Prinzip des Amplitudenmonopuls:

    (a) Überlappende Einzeldiagramme,

    (b) Summendiagramm,

    (c) Differenzdiagramm,

    (d) Winkelablagesignal

zwei weitere Erreger, d.h. insgesamt dann vier Primärstrahler erforderlich. Verwendet man planare Strukturen mit einer Vielzahl von flächenhaft angeordneten Strahlern, dann können durch eine entsprechende Zusammenfassung und gezielte Phasenansteuerung derselben die geneigten Diagramme erzeugt werden.

Ebenso wie mit dem konischen Abtastverfahren ist auch mit Hilfe des Amplitudenmonopulsverfahrens eine Zielverfolgung im Winkel möglich. Bild 7.8 zeigt in einem einfachen Blockschaltbild den Aufbau eines entsprechenden Radars. Im Sendefall wird über eine S/E-Weiche (Duplexer) nach zweimaliger Halbierung in einem Komparator jeder der vier Erreger bei Verwendung einer Reflektorantenne gleichphasig mit einem Viertel der Sendeleistung gespeist. Die resultierende Summen-

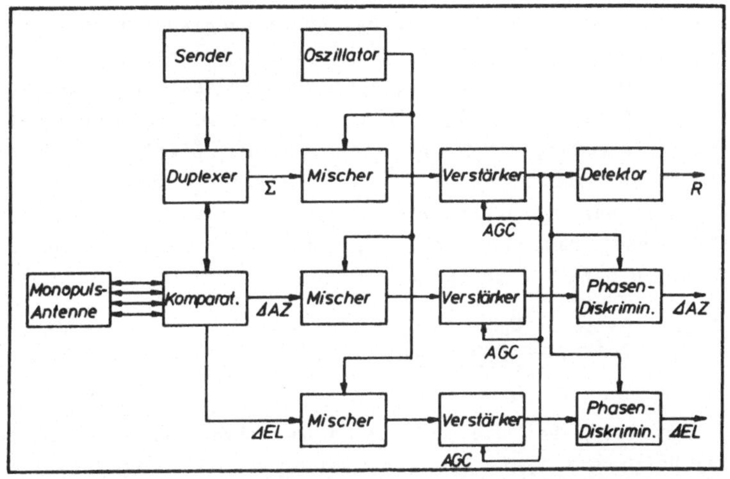

Bild 7.8: Blockschaltbild eines Zielverfolgungsradars mit Amplituden-Monopuls zur Winkelmessung

charakteristik bildet das Sendestrahlungsdiagramm. Die von den vier Erregern wieder aufgenommene Echoenergie gelangt zurück an den Komparator, der die entsprechenden Differenzsignale für Azimut und Elevation sowie das Summensignal erzeugt. Diese drei Signale (ΔAZ, ΔEL und Σ) werden in getrennten Mischstufen auf die ZF-Ebene umgesetzt und dann verstärkt. Mit Hilfe einer vom Summenkanal aus gesteuerten AGC erfolgt in allen drei Kanälen eine Normierung auf das Summensignal, sodaß man konstanten Summenkanalausgangspegel, für alle Signale gleiche Verstärkung und Unabhängigkeit von Änderungen der Echoamplitude erzielt. In zwei Phasendiskriminatoren werden sodann die den Betrag des Winkelsignals beschreibenden Differenzsignale mit dem zur Richtungsbestimmung benötigten Referenz- (Summen-)Signal phasenmäßig verglichen und bei Zielablagen entsprechende Spannungswerte erzeugt, die zur automatischen Nachsteuerung der Antenne dienen. Der Summenkanal liefert zugleich das Videosignal für die Entfernungsmessung.

Betrachtet man auch im Falle des Amplitudenmonopulsverfahrens die Quellen, welche den Winkelmeßvorgang beeinträchtigen können, so ergibt sich im Vergleich zum konischen Abtastverfahren als großer Vorteil, daß Amplitudenfluktuationen von geringer Bedeutung sind. Ein wesentlicher Einfluß durch das thermische Rauschen im Empfänger existiert jedoch nach wie vor. Wird der Meßvorgang wieder auf eine Impulsfolge bezogen, dann erhält man für den entsprechenden Winkelmeßfehler bei einem S/N merklich größer als 1 (/22/):

$$\sigma_{w,T} = \frac{\theta_H}{k_m \sqrt{B\tau_p (S/N) f_p/\beta}} \qquad . \tag{7.9}$$

k_m bedeutet dabei die auf das AM-Verfahren bezogene Fehlersteilheit; ein typischer Wert ist $k_m = 1{,}57$. Das Verhältnis f_p/β beinhaltet wieder die integrierende Wirkung des Servokreises.

Durch Vergleich der Beziehungen (7.8) und (7.9) ergibt sich für das Amplitudenmonopulsverfahren im Hinblick auf thermisches Rauschen ein geringerer Winkelmeßfehler als für die konische Abtastung. Dafür verantwortlich sind drei spezielle Eigenschaften des Amplitudenmonopuls, nämlich die erzielbare Fehlersteilheit ist etwas größer, es treten keine Schnittpunktverluste auf und die Winkelinformation verteilt sich spektral betrachtet nicht auf zwei Seitenlinien.

Diesen Vorteilen des AM einschließlich der Unempfindlichkeit gegen Amplitudenfluktuationen steht jedoch im Vergleich zur konischen Abtastung der technische Mehraufwand durch die erforderliche 3-Kanaligkeit im Empfänger gegenüber, der aber in vielen Anwendungsfällen gerechtfertigt ist.

7.5   Winkelmessung mit Phasen-Monopuls /3/

Die besprochenen Winkelmeßverfahren basieren alle auf der
Auswertung von Amplitudendifferenzen oder Amplitudenänderungen. Eine Zielrichtung kann jedoch auch aus einem Phasen-
vergleich gewonnen werden. Bild 7.9 (a) zeigt das Prinzip für
den Fall einer Meßebene. Zwei im Abstand a angeordnete Antennen nehmen die Zielechosignale auf. Der Phasenunterschied $\Delta\emptyset$
der beiden Antennensignale ist ein Maß für die Zielrichtung
Θ. Sie ist auf die Normale des Antennensystems bezogen. Bei
identischer Phase für beide Signale liegt das Ziel in Normalenrichtung. Die Antennen sind parallel ausgerichtet und
brauchen nicht notwendigerweise Richtwirkung zu haben. Man
nennt dieses Prinzip "Phasenmonopulsverfahren" (PM). Es entspricht dem Interferometerprinzip, das zur Winkelmessung in

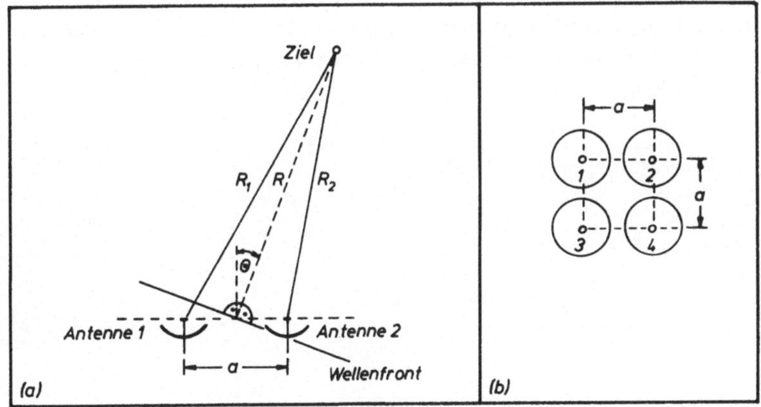

Bild 7.9: Phasenmonopulsverfahren:
        (a) Prinzip, ebener Fall,
        (b) Antennenanordnung im räumlichen Fall

der Radioastronomie benutzt wird. In der Radartechnik verwendet man jedoch im Gegensatz zur Astronomie aktive Interfero-
meter. Für die räumliche Winkelmessung benötigt man die glei-

che Antennenanordnung wie im besprochenen ebenen Fall zusätzlich für die Orthogonalebene (Bild 7.9 (b)). Dabei kann eine Antenne für beide Meßebenen benutzt werden, sodaß insgesamt drei Einzelstrahler ausreichend sind.

Geht man von der Darstellung in Bild 7.9 (a) aus, dann ergeben sich für $R \gg a$ (R = Entfernung Ziel/Mittelpunkt des Antennensystems) folgende Beziehungen:

$$R_1 \approx R + \frac{a}{2} \cdot \sin\theta \qquad\qquad (7.10)$$

für die Entfernung Antenne 1/Ziel und

$$R_2 \approx R - \frac{a}{2} \cdot \sin\theta \qquad\qquad (7.11)$$

für die Entfernung Antenne 2/Ziel. Zwischen der Phasendifferenz $\Delta\emptyset$ der beiden Antennensignale und dem Entferungsunterschied $\Delta R = R_1 - R_2$ der beiden Antennen zum Ziel besteht der Zusammenhang:

$$\Delta\emptyset = \frac{2\pi}{\lambda} \Delta R = \frac{2\pi}{\lambda} \cdot a \cdot \sin\theta \quad . \qquad\qquad (7.12)$$

Daraus erhält man:

$$\theta = \arcsin\left(\frac{\Delta\emptyset}{2\pi} \cdot \frac{\lambda}{a}\right) \qquad\qquad (7.13)$$

und weiter, wenn die auf die Normale der Antennenanordnung bezogenen Zielablagewinkel klein sind, sodaß $\sin\theta \approx \theta$ gesetzt werden kann:

$$\theta \approx \frac{\Delta\emptyset}{2\pi} \cdot \frac{\lambda}{a} \quad . \qquad\qquad (7.14)$$

Da die Phase mit 2π periodisch ist, ergibt sich für die Winkelmessung nur im Bereich $\Delta\emptyset = \pm\,\pi$ Eindeutigkeit. Damit bekommt man als Grenze für den eindeutig meßbaren Zielablagewinkel nach Gl. (7.13):

$$\Theta_{eind} = \pm\,arcsin\left(\frac{\lambda}{2a}\right) \quad. \tag{7.15}$$

Um einen großen Winkelbereich eindeutig erfassen zu können, muß der Antennenabstand entsprechend klein gewählt werden und zwar um so kleiner, je kürzer die Wellenlänge ist. Da man jedoch bei der Realisierung kleiner Antennenabstände aus räumlichen Gründen häufig Einschränkungen unterliegt, bleibt der eindeutige Winkelmeßbereich dann auch entsprechend begrenzt.

Auch das PM kann zur winkelmäßigen Zielverfolgung benutzt werden. Bild 7.10 zeigt in Form eines Blockschaltbildes den

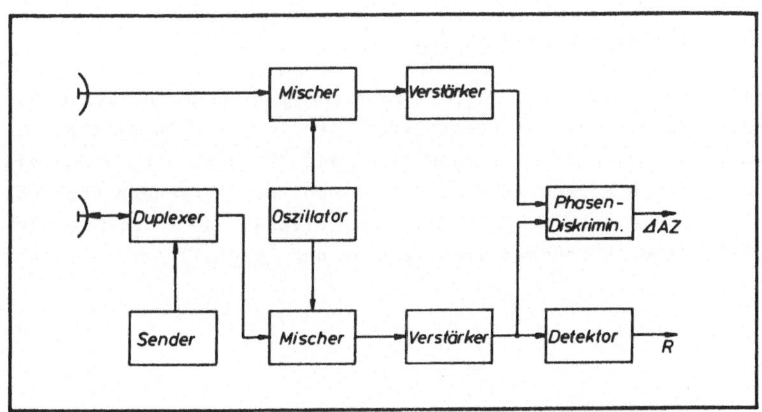

<u>Bild 7.10:</u> Blockschaltbild eines Zielverfolgungsradars mit Phasenmonopuls zur Winkelmessung, ebene Anordnung

prinzipiellen Aufbau eines entsprechenden Radars für eine Meßebene. Von den beiden Antennen ist eine über einen Duplexer sowohl mit dem Sender als auch mit dem Empfänger verbunden, während die andere nur auf den Empfänger arbeitet. Es folgt in beiden Empfangskanälen mit Hilfe eines Lokaloszillators eine Frequenzumsetzung. Die Ausgangssignale der beiden folgenden Verstärker werden in einem Diskriminator phasenmäßig verglichen, dessen Ausgangssignal proportional zur Phasendifferenz der beiden Eingangssignale ist. Dieses Differenzsignal stellt das Winkelablagesignal dar und dient als Eingangsgröße für eine Nachführschleife zur Positionierung der Antenne auf das Ziel. Einer der beiden Empfangskanäle wird auch zur Gewinnung der Entfernungsinformation herangezogen. Für eine Zielverfolgung in zwei orthogonalen Ebenen sind noch eine weitere Antenne und ein zusätzlicher Empfangskanal erforderlich. Um sich den Duplexer zu sparen, kann man auch eine zusätzliche Antenne ausschließlich zum Senden verwenden (Bild 7.9 (b)).

7.6   Entfernungsmessung /3, 22/

Die zur Ermittlung der Zielentfernung R meist benutzte Signalform besteht aus rechteckförmigen Impulsen konstanten Abstandes. Es wird die Impulslaufzeit Δt gemessen, d.h. die Zeit, die ein Impuls benötigt, um nach dem Aussenden über das Ziel wieder zurück zum Radar zu gelangen. Der bekannte Zusammenhang zwischen Zielentfernung und Impulslaufzeit lautet:

$$R = \frac{1}{2} \cdot c \Delta t \quad . \tag{6.43}$$

Auch die Entfernungsmessung wird stark durch das thermische Rauschen im Empfänger beeinträchtigt. Geht man bei einer Empfängerbandbreite B für den Meßvorgang von Impulsen mit einer Dauer τ_p wenigstens gleich 1/B aus, dann ist nach /3, 22/ für den entsprechenden Zeitmeßfehler folgende Beziehung anzusetzen:

$$\sigma_{t,T} = \frac{1}{2B\sqrt{n(S/N)}} \qquad , \qquad (7.16)$$

wenn die Integration über n Impulse mitberücksichtigt wird, die Rauschbeiträge von Impuls zu Impuls unabhängig voneinander sind und das S/N merklich größer als 1 ist. Vom Zeitmeßfehler gelangt man schließlich zum Entfernungsmeßfehler über den Zusammenhang:

$$\sigma_{R,T} = \frac{1}{2} \cdot c\sigma_{t,T} \qquad . \qquad (7.17)$$

Einen wesentlichen Einfluß hat also außer dem Signal/Rauschverhältnis auch die Empfängerbandbreite auf den Entfernungsmeßfehler. Vergrößert man B, stellen sich steilere Impulsflanken ein. Die erreichbare Verbesserung ist jedoch dadurch eingeschränkt, daß mit größer werdender Bandbreite auch gleichzeitig das Signal/Rauschverhältnis abnimmt.

Bei Zielverfolgungsradaren wird in den meisten Fällen nicht nur die Antenne dem Ziel nachgeführt, sondern es erfolgt auch aus Selektions- und Empfindlichkeitsgründen hinsichtlich der Entfernung ein entsprechender Vorgang. Zur automatischen Entfernungsnachführung bedient man sich z.B. der sogenannten Doppel-Tor-Technik ("split range gate"). Bild 7.11 zeigt das Prinzip. Ein Doppeltor (bzw. zwei Halbtore) besteht aus zwei gleich langen, unmittelbar aneinander anschließenden Zeittoren. Wird das Doppeltor so über das Zielecho gesetzt, daß die Doppeltormitte exakt mit der Echomitte zusammenfällt, dann ist der in jedes der beiden Halbtore fallende Anteil des Echoimpulses gleich groß. Durch Integration über die Teilsignale und anschließende Differenzbildung erhält man ein Nullsignal. Bei Ablage von der Impulsmitte entsteht je nach Richtung derselben eine positive oder negative Fehlerspannung, die benutzt werden kann, um das Zeittor exakt bezüglich des Zielechos zu positionieren. Dieser Vorgang wird über einen

194

Regler mit Hilfe eines spannungsgeregelten Impulsoszillators
(VCPO = Voltage Controlled Puls-Oscillator) und einer Verzö-
gerungsleitung mit der Zeitverzögerung τ_T (Halbtorbreite) im
Nachführkreis des 2. Halbtores bewerkstelligt. Der Fehlersi-

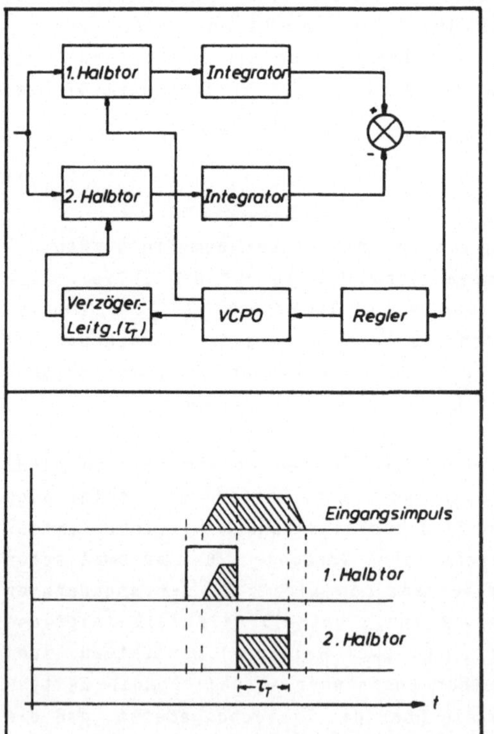

Bild 7.11: Prinzip-
darstellung einer
Entfernungsnachfüh-
rung:
(a) Aufbau, Block-
schaltbild,
(b) Torfunktion

gnalverlauf hat in Abhängigkeit von der Ablage der Zeittor-
mitte von der Echoimpulsmitte die Form einer Diskriminatorkennlinie. Die gesamte Torbreite (2 Halbtore) wird beim Verfolgen in etwa gleich der Impulsdauer gewählt; beim Zielsuchen ist sie z.T. wesentlich größer.

Außer der beschriebenen Methode zur Entfernungsnachführung

existieren auch Verfahren, die auf die Impulsflanken ausgerichtet sind.

7.7   Geschwindigkeitsmessung /22/

Zusätzlich zu den drei Zielkoordinaten Entfernung, Azimut und Elevation besteht mit Radar die Möglichkeit, auch die radiale Zielgeschwindigkeit zu bestimmen. Die Geschwindigkeitsmessung wird dabei meist auf eine Frequenzmessung zurückgeführt. Zwischen der Dopplerfrequenz f_d, dem durch die Zielbewegung sich einstellenden Unterschied zwischen Empfangs- und Sendefrequenz und der Radial- oder Annäherungsgeschwindigkeit des Zieles v_r gilt die bekannte Beziehung:

$$f_d = \frac{2v_r}{\lambda_s} \quad , \tag{6.11}$$

wenn λ_s die Wellenlänge des Sendesignals ist.

Eine Frequenzmessung kann durch einen Zählvorgang durchgeführt werden. Dabei mißt ein sogenannter Frequenzzähler die Anzahl der Schwingungen oder Halbschwingungen in einem bestimmten Zeitabschnitt. Die gebräuchlichste Methode jedoch benutzt filtertechnische Mittel. Ein Frequenzdiskriminator, der im Prinzip aus zwei frequenzversetzten, sich überlappenden, meist schmalen Bandfiltern besteht, liefert nach Subtraktion der an den beiden Filterausgängen anstehenden Signale eine Fehlerspannung, die der bekannten Diskriminatorkennlinie folgt und ein Maß für die Frequenzablage von der Diskriminatormittenfrequenz darstellt. Mit solchen Diskriminatoranordnungen ist in Bezug auf thermisches Rauschen bei Integration über n Impulse mit Meßfehlern zu rechnen, wie sie der Beziehung (/22/)

$$\sigma_{f,T} \approx \frac{1}{2{,}6\tau \ \sqrt{n(S/N)}} \tag{7.18}$$

zu entnehmen sind. Dabei ist τ die Impulsbreite oder die Meßzeit, die auch eine Anzahl von Impulsen umfassen kann, wenn
zwischen denselben Kohärenz besteht. Durch lange Meßzeiten
ist eine erhebliche Genauigkeit zu erreichen, die Frequenz-
spektren bilden sich mehr und mehr in Form von diskreten Linien aus.

Den Geschwindigkeitsfehler erhält man aus dem Frequenzfehler
mittels

$$\sigma_{v,T} = \frac{\lambda_S}{2}\,\sigma_{f,T}\quad.\tag{7.19}$$

Auch die Geschwindigkeit kann zum Zweck der Messung sowie aus
Selektions- und Empfindlichkeitsgründen in den Vorgang der
Zielverfolgung mit einbezogen sein. Eine Zielverfolgung in
der Geschwindigkeit findet man im allgemeinen bei Dopplerra-
daren (CW, PD); es wird dazu die sich ergebende Dopplerände-
rung benutzt. Bild 7.12 zeigt im Prinzip einen entsprechenden

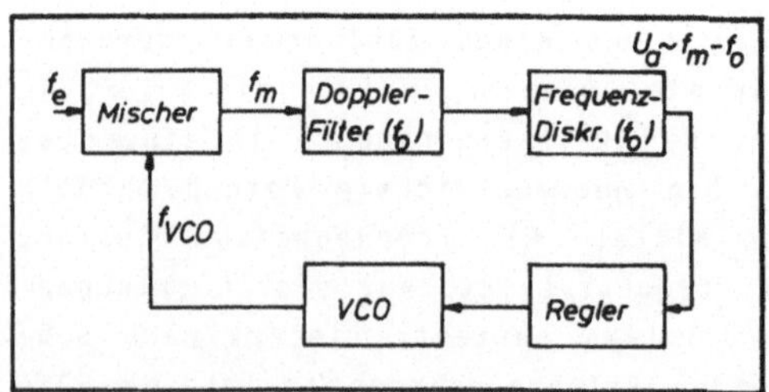

Bild 7.12: Prinzip-
aufbau eines Ge-
schwindigkeitsnach-
führkreises

Geschwindigkeitsnachführkreis. Er wirkt sich aus wie ein
nachlaufendes Geschwindigkeitstor. Auf einen Mischer folgt
ein Schmalbandfilter, an dessen Ausgang ein auf die Filter-
mittenfrequenz abgestimmter Diskriminator liegt. Weicht die
Signalfrequenz am Filtereingang von dieser Mittenfrequenz ab,
so liefert der Diskriminator über einen Regler eine Korrek-
turspannung an einen spannungsgesteuerten Oszillator (VCO =
Voltage Controlled Oscillator) und bewirkt somit an ihm eine
entsprechende Frequenzänderung. Durch diesen Vorgang wird

frequenzmäßig das Zielsignal im Erfassungsbereich des Dopp-
lerfilters gehalten und eine Zielverfolgung in der Geschwindigkeit realisiert.

7.8 Darstellungsverfahren /4, 22, 33/

Die Darstellung von Radarinformationen geschieht mit Vorzug
auf dem Bildschirm von Kathodenstrahlröhren. Der Elektronen-
strahl läßt sich schnell und mit großer Genauigkeit über den
Schirm auslenken. Ziele können mit Hilfe der Echosignale
durch Helltastung als Leuchtpunkte sichtbar gemacht werden.
Die Möglichkeit der Informationsdarstellung direkt auf dem
Schirm der Sichtröhre ergibt gegenüber derjenigen mittels
Projektion wesentlich bessere Bilder, außerdem vereinfacht
sich der Geräteaufbau durch den Wegfall komplizierter Pro-
jektionsoptiken. Für größere Bilddarstellungen setzt man jedoch Projektionsverfahren ein, da den Schirmen der Kathodenstrahlröhren von der Größe her Grenzen gesetzt sind.

Neben den Kathodenstrahlröhren werden auch Flachdisplays verwendet. Sie beruhen z.B. auf der Nutzung von Plasmen, welche
bei partieller Anregung Luminiszenz zeigen. Auch Leuchtdio-
den, sogenannte LED's (Light Emitted Diode) und Flüssigkeits-
kristalle können genutzt werden. Man findet Ein- und Mehrfar-
bendisplays.

Für die Bildschirmdarstellung können die empfangenen Zielechos entweder in roher oder in verarbeiteter synthetischer
Form herangezogen werden. Unter einem Rohvideo versteht man
ein Signal, das ohne nennenswerte weitere Verarbeitung direkt
vom Empfänger zum Anzeigegerät gelangt. Je nach Distanz des
Radars zum Ziel und Größe desselben ist die Intensität der
Videosignale unterschiedlich stark. Ein synthetisches Video
dagegen ist ein Signal, das vor der Anzeige in einem speziellen Signalprozessor verarbeitet und aufbereitet wird. Es

entsteht ein "reines" Radarbild ohne Störungen. Intensität und Dauer des Empfangssignals sind dabei ohne Bedeutung. Der Leuchtpunkt ist durch eine Gruppe von Symbolen, Buchstaben und Ziffern ersetzt. Damit kann man sich je nach Wahl dieser Zeichen noch zusätzliche Informationen verschaffen wie z.B. Auskunft über Flugzeugtyp, Flugnummer und Flughöhe. Bei solchen Sichtgeräten erfolgt die Auslenkung des Elektronenstrahls nicht mehr zeilenweise, sondern von einem Rechner gesteuert von Ziel zu Ziel. Dadurch ist es möglich, ein Sichtgerät besser auszunutzen und ohne Nachleuchtschirm mit hoher Wiederholfrequenz helle, flimmerfreie Bilder zu schreiben. Die Anwendung von Mehrfarbenröhren bringt eine weitere Steigerung des Informationsinhalts von Radarbildern.

Es gibt eine Reihe von unterschiedlichen Darstellungsarten. Einige wesentliche sind in Bild 7.13 zusammengestellt. Man unterteilt in ein-, zwei- und dreidimensionale Darstellung. Einfache, eindimensionale Anzeigearten sind Oszillogramme mit linearer und kreisförmiger Zeitskala, die A- und die J-Darstellung. Der Anfang der Zeitskala ist durch den Sendeimpuls festgelegt. Das Zielechosignal lenkt den Leuchtpunkt senkrecht zur Zeitskala aus. Der Abstand der Auslenkung vom Skalenanfang ist ein Maß für die Entfernung Radar/Ziel. Man erhält aus dem Radarbild keine Information über den Zielwinkel (Azimut, Elevation).

Ein zweidimensionales Radarbild entsteht z.B. bei der sogenannten B-Darstellung. In einem kartesischen Koordinatensystem ist die Zielentfernung über dem Azimutwinkel aufgetragen. Das Echosignal tastet an der entsprechenden Stelle den Bildschirm hell. Diese Art der Anzeige wird vor allem zur Erfassung begrenzter Zielräume mit großer Auflösung benutzt.

Eine häufig verwendete zweidimensionale Darstellungsart trägt die Bezeichnung PPI (Plan Position Indicator), auch Rundsicht- oder Panoramadarstellung genannt. Die schwach aufge-

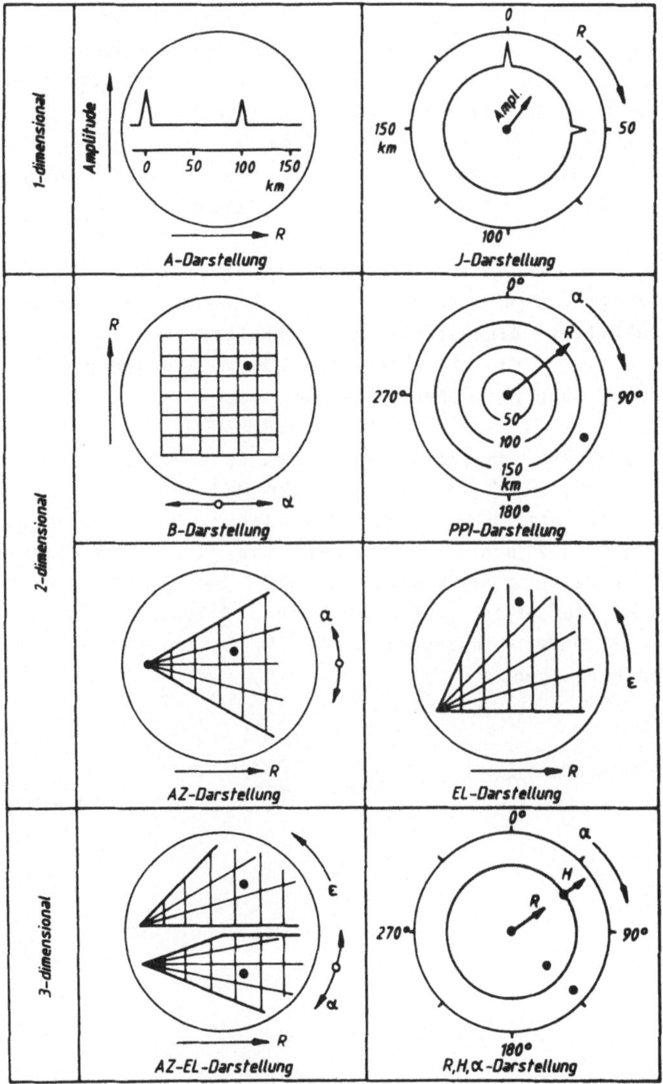

Bild 7.13: Darstellungsarten für Radarinformationen

hellte Zeitachse rotiert um den Mittelpunkt des Bildschirms synchron mit dem horizontalen Umlauf des Antennendiagramms. Man erhält ein Bild in Polarkoordinaten. Die Ziele werden wieder durch Helltastung des Schreibstrahls markiert. Linien konstanten Abstandes um den Radarstandort erscheinen als Kreise. Solche Distanzringe können elektronisch eingeblendet werden. Auf einer Peilskala ist das Azimut abzulesen.

Bei der AZ- und der EL-Darstellung handelt es sich um Sektoranzeigen. Sie werden eingesetzt, wenn vom Radar nur ein ausgewählter, eingeschränkter Winkelbereich zu überdecken ist, so z.B. die AZ-Darstellung bei Landeradaren und die EL-Darstellung bei Höhenmeßradaren.

Zur Wiedergabe von dreidimensionalen Radarbildern benutzt man entweder Mehrfachdarstellungen oder man schreibt die dritte Koordinate mit Zahlen oder Buchstaben ins Schirmbild ein (beim PPI die Höheninformation). Die AZ-EL-Darstellung ist beispielsweise eine Kombination aus zwei Darstellungsarten. Man kann auf diese Weise auf einem Bildschirm den Flugweg eines landenden Flugzeuges sowohl in Azimut als auch in Elevation verfolgen.

8   Radarstörer

Ein Radar muß im allgemeinen in einer entsprechenden Störum-
gebung arbeiten. Die auftretenden Störungen können ungewollt
aber auch beabsichtigt sein. Es gibt aktive und passive Störer. Die wesentlichen Störarten und ihre Auswirkungen auf den
Radarbetrieb werden besprochen.

8.1   Aktive Störer /17, 37/

Die Störung eines Radars kann auf aktive Weise geschehen. Bei
einem aktiven Störer ist Voraussetzung, daß er selbst elektromagnetische Energie erzeugt und auf etwa derselben Frequenz wie das Radar arbeitet. Die Störung kann ungewollt sein
wie auf dem zivilen Sektor, verursacht beispielsweise durch
benachbarte Anlagen. Sie kann aber auch gewollt sein wie
meist im militärischen Bereich, um absichtlich die Informationsgewinnung zu verhindern oder zumindest zu erschweren.

Gegen ungewollte Störungen besteht die Möglichkeit, da im
allgemeinen Art, Richtung und Zeit feststellbar sind, Abhilfe
zu schaffen. Beispielsweise derart, daß man auf eine andere
Frequenz ausweicht, den gestörten Winkelbereich ausblendet
oder den Radarbetrieb zeitweise unterbricht. Gewollte Störungen dagegen sind nach Art und Richtung meist nicht festzulegen und treten überraschend auf, immer dann, wenn der
Radarbetrieb entscheidend eingeschränkt werden soll. Auch
sind Schutzmaßnahmen der besprochenen Art in diesem Fall
nicht unbedingt als geeignet anzusehen, da sie gerade die
u.U. beabsichtigte Einschränkung des Radarbetriebes bedeuten
können.

Man kann ein Radar in der Informationsgewinnung durch Schein-
ziele täuschen. Ein Störer erzeugt in diesem Fall typische
Zielechosignale, z.B. kurze Impulse, die dem Radarempfänger
zugespielt werden. Die Impulsfolgefrequenz solcher Störsigna-

le ist entweder nichtsynchron mit derjenigen des Radarsignals oder aber synchron, d.h. sie wird von letzterer abgeleitet (Repeater Jammer). Nichtsynchrone Scheinzielsignale können durch besondere schaltungstechnische Maßnahmen, die auf Feststellung des Asynchronismus zwischen Störung und Radarsignal beruhen, eliminiert oder in ihrer Wirkung doch zumindest stark eingeschränkt werden. Synchrone Scheinzielsignale sind von Nutzzielsignalen dagegen praktisch nicht zu unterscheiden. Bei dieser Art von Störungen, ob synchron oder nicht, kann man im Vergleich zum Radar mit geringen Leistungen arbeiten, da die erzeugten Scheinzielsignale im Radarempfänger nur die Größe der Nutzzielsignale zu haben brauchen und für die Störer von der Wellenausbreitung her in Bezug auf die erforderliche Sendeleistung lediglich das R^2-Gesetz gilt.

Durch die Einstrahlung zusätzlicher Rauschenergie kann der im Radarempfänger vorhandene Signal/Rauschabstand verschlechtert werden. Eine u.U. erhebliche Einschränkung in der Zielentdeckung ist die Folge. Starke Störungen dieser Art können vorhandene Zielsignale völlig verdecken (maskieren). Zur Erzeugung solcher Störungen benutzt man Rauschsender, die entweder schmalbandig ("Spot Jammer") ober breitbandig ("Barrage Jammer") im entsprechenden Radarfrequenzbereich arbeiten. Auch über einen gewissen Frequenzbereich wobbelnde Rauschstörer ("Swept Jammer") sind denkbar. Man unterscheidet zwischen im Ziel selbst angeordneten Rauschstörern, also solchen, die eine sogenannte Selbstmaskierung ("Self Screening") betreiben und vom Ziel abgesetzten Störern, die der Fremdmaskierung ("Mutual Screening") dienen.

Im Falle daß ein Radarziel einen Rauschsender mit sich führt, kann das eigene Echosignal durch die selbst erzeugte Störung überlagert werden; die Zielreichweite ist dadurch u.U. stark eingeschränkt. Erst ab einer gewissen Mindestentfernung R_{sm} (sm : Selbstmaskierung) tritt das Zielecho wieder aus dem Störsignal hervor. Wichtig ist, daß man bei der Berechnung von R_{sm} für Nutz- und Störsignal den gleichen Antennengewinn zu nehmen hat. In die Radargleichung ist zusätzlich zur Empfängerrauschleistung (kT_E) die aufgenommene Störleistung

$$P_{r,st} = \frac{P_{st} G_{st} G_{r,st} \lambda^2}{(4\pi)^2 a_{st} R_{st}^2} \tag{8.1}$$

einzusetzen. Dabei bedeutet:

$P_{r,st}$ vom Radar empfangene Störleistung in W/Hz,

P_{st} mittlere Sendeleistung des Störers in W/Hz,

G_{st} Gewinn der Störerantenne in Richtung des Radars,

$G_{r,st}$ Gewinn der Radarantenne in Richtung des Störers,

a_{st} Verluste bezüglich des Störsignals,

R_{st} Entfernung Radar/Störer.

Ist $P_{r,st} \gg kT_E$, kann man letztere vernachlässigen. Zu dieser Störleistung $P_{r,st}$ muß nun die Nutzsignalleistung in einem solchen Verhältnis stehen, sodaß die gewünschte Entdeckungswahrscheinlichkeit garantiert wird, ohne eine zulässige Falschalarmwahrscheinlichkeit zu übersteigen. Mit Gl. (8.1) und der Radargleichung

$$R^4 = \frac{P_m G^2 \lambda^2 T_d \sigma}{(4\pi)^3 P_{r,st} (S/N) a_{ges}} \tag{8.2}$$

erhält man für die Zielreichweite R_{sm} bei Selbstmaskierung mit $G_{r,st} = G$ und $R_{st} = R = R_{sm}$:

$$R_{sm}^2 = \frac{1}{4\pi} \cdot \frac{1}{(S/N)} \cdot \frac{a_{st}}{a_{ges}} \cdot \frac{P_m T_d}{P_{st}} \cdot \frac{G}{G_{st}} \sigma \quad . \tag{8.3}$$

Es ist:

P_m die mittlere Sendeleistung des Radars,

G der Gewinn der Radarantenne,

σ der Rückstrahlquerschnitt des Zieles,

T_d die Zielverweilzeit und

a_{ges} die Verluste bezüglich des Nutzsignals.

Um auch bei Gegenwart von derartigen Störern noch auf genügend Zielreichweite zu kommen, ist für hohen Antennengewinn und ein großes Produkt aus mittlerer Leistung des Radarsenders und Zielverweilzeit zu sorgen. Alle anderen Größen in Gl. (8.3) sind praktisch kaum zu beeinflussen. Da die Zielverweilzeit nach größeren Werten hin meist stark begrenzt ist, bleibt im wesentlichen, um ein möglichst großes Zeit-Leistungsprodukt zu bekommen, die mittlere Sendeleistung hoch anzusetzen.

Bei Fremdmaskierung versucht ein vom Ziel abgesetzter Störer das von dem in der Radarkeule befindlichen Ziel reflektierte Echo leistungsmäßig zu überdecken. In diesem Fall kann die Störenergie entweder über die Hauptkeule des Antennendiagramms oder über dessen Nebenkeulen in den Radarempfänger gelangen. Das Verhältnis von Zielecho- zu Störpegel im Empfänger ist dabei abhängig von Abstand und Azimut des Störers bzgl. des Radars sowie seiner Relativlage zum Ziel. Die sich bei Fremdmaskierung ergebende Zielreichweite R_{fm} erhält man wieder mit den Gl. (8.1) und (8.2):

$$R_{fm}^4 = \frac{1}{4\pi} \cdot \frac{1}{(S/N)} \cdot \frac{a_{st}}{a_{ges}} \cdot \frac{P_m}{P_{st}} \cdot \frac{G}{G_{st}} \, \Delta G \sigma T_d R_{st}^2 \quad . \tag{8.4}$$

ΔG ist das Verhältnis von Radarantennengewinn in Zielrichtung zu demjenigen in Störerrichtung. Auch hierbei kann wieder durch Steigerung der mittleren Radarsendeleistung die Zielreichweite entsprechend vergrößert werden. Aus demselben Grund ist anzustreben G und ΔG möglichst groß zu machen, d.h. eine hohe Nebenzipfeldämpfung in Störerrichtung und eine starke Strahlungsbündelung zu realisieren.

8.2   Passive Störer /22, 37/

Radare können auch durch passive Störer wie Düppel ("Chaff") und Zielköder ("Decoy"), die im wesentlichen durch ihr Reflexionsvermögen wirken, in ihrer Leistungsfähigkeit beeinträchtigt werden. Düppel sind dipolförmige aus metallischen Streifen gearbeitete Reflektoren. Sie werden in der Regel in großer Anzahl eingesetzt. Zielköder, im allgemeinen kleine Objekte, die in ihrem Verhalten Echtziele imitieren sollen, sind infolgedessen meist nur schwer von diesen zu unterscheiden.

Bei Düppeln, die vornehmlich in Form von Wolken anzutreffen sind, kann man wie für Regenwolken der spezifischen Reflektivität entsprechend eine sogenannte Verdüppelungskonstante σ_d^o in m² pro m³ Volumen definieren, die mit der Düppelanzahl n pro m³ und der Wellenlänge λ wie folgt zusammenhängt /22/:

$$\sigma_d^o \approx 0,18 \, \lambda^2 n \quad . \tag{8.5}$$

Der wirksame Rückstrahlquerschnitt σ_d einer Düppelwolke ist dann gleich dem Produkt aus der Verdüppelungskonstanten und dem von der Wolke ausgefüllten zu betrachtenden Volumen.

Durch Düppel kann man Ziele vortäuschen und auch verdecken, wenn sie sich vom Radar aus gesehen hinter der Düppelwolke befinden. Liegen Ziel und Düppel in derselben Auflösungszelle, dann ist mit eingeschränkter Zielreichweite zu rechnen. Sie ergibt sich völlig analog wie im Fall des Wolkenclutters (Abschnitt 5.4).

Um den Einfluß von Düppelstörungen auf den Radarbetrieb zu reduzieren, kann, sofern man es mit Bewegtzielen zu tun hat, der Geschwindigkeitsunterschied zwischen den Zielen und den Düppeln ausgenutzt werden.

9   Radaranwendungen

Typische Radaranwendungen liegen auf den Gebieten der Luftraumüberwachung und Luftzielverfolgung. Der Systemaufbau und die Funktionsweise sowie einige spezielle technische und physikalische Details (Signalverluste, Fehlereinflüsse) solcher Systeme werden behandelt. Ein Überblick über die Anwendung des Radars in den wesentlichen Bereichen, wie Flugsicherung, Wehrtechnik, Schiffahrt, Verkehr und Wetterdienst rundet diesen Themenkreis ab.

9.1   Radare zur Luftraumüberwachung

9.1.1 Genereller Aufbau

Radarsysteme zur Luftraumüberwachung finden v.a. Anwendung in den Bereichen der Flugsicherung und der Wehrtechnik. Dabei ist laufend ein vorgegebener Raum nach Zielen abzusuchen und darin deren Anwesenheit festzustellen. Nach erfolgter Entdekkung sind die Ziele in ihren Koordinaten festzulegen. Als solche gelten im allgemeinen Azimut, Elevation, Entfernung, Geschwindigkeit und Höhe. Zum winkelmäßigen Absuchen eines Raumes zwecks Zielerfassung und zur Messung der Zielkoordinaten dienen Verfahren, wie sie in Abschnitt 7 besprochen worden sind. Der generelle Aufbau derartiger Anlagen sowie deren Funktionsweise wird anhand der Bilder 9.1 und 9.2 ausführlicher abgehandelt. Man macht dabei von einer Zweiteilung in eine Sensor- und eine Auswerteeinheit Gebrauch.

Die in Bild 9.1 in Blockform dargestellte Sensoreinheit ist in eine Reihe von Komponenten aufgeteilt, die folgende Aufgaben zu erfüllen haben:

(1)   Antenneneinheit PR/SR:

       Sie übernimmt die Raumabtastung im Winkel. Die Zieler-

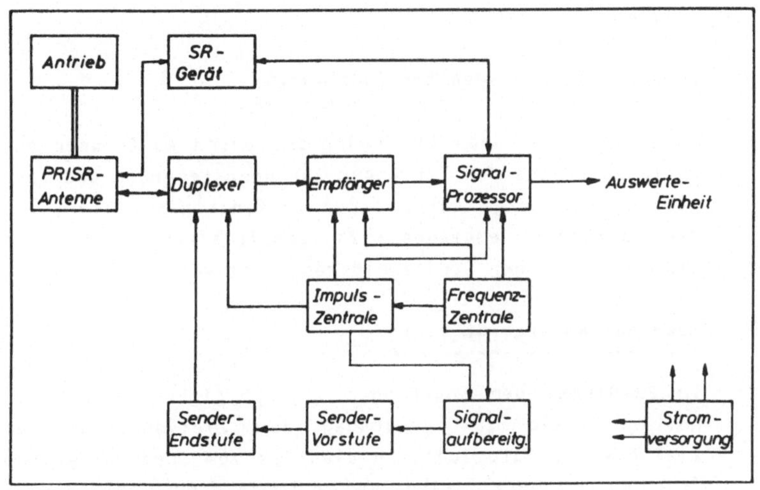

Bild 9.1: PR/SR-Sensor-Einheit

kennung durch Primärradar (PR) sowie die Gewinnung der
Höheninformation und die Zielidentifizierung durch Sekundärradar (SR) geschieht meist über getrennte Antennensysteme, die eine mechanische Einheit bilden. Die
Raumabtastung kann 2- oder 3-dimensional ausgeführt
sein. Erfolgt die Antennenbewegung mechanisch, dann sind
zur Übertragung der HF-Sendeleistung vom stationären
Sender zur bewegten Antenne und zur Übertragung der
HF-Empfangsleistung von der bewegten Antenne zum stationären Empfänger Drehkupplungen und/oder flexible Kabel einzusetzen.

(2)   Antennenantrieb:

Er sorgt für die Antennenbewegung bei mechanischer Raumabtastung. Dabei kann man den Antrieb so auslegen, daß
verschiedene Abtastprogramme gefahren werden können, um
eine Anpassung an die jeweilige Zielsituation zu gewähr-

leisten.

(3) Sende/Empfangsumschalter (Duplexer):

Er schützt während der Sendephase durch Auftrennen des
Empfangszweiges den Empfänger vor Übersteuerung und Zerstörung und sorgt während der Empfangsphase dafür, daß
die verfügbare empfangene Zielecholeistung nicht durch
Einkoppeln in den Sendezweig reduziert wird.

(4) Sekundär-Radargerät (SR):

Im SR-Gerät, dem sogenannten Interrogator, werden die
Abfragesignale zur Gewinnung der Zielidentität und
Zielhöhe erzeugt. Zugleich dient es zum Empfang der vom
Transponder generierten und ausgesandten Zielinforma-
tionen.

(5) Sender:

Große Leistungen werden häufig in mehreren Stufen gewonnen. Dabei dient die Vorstufe im wesentlichen der HF-Si-
gnalerzeugung, während die Verstärkung auf die notwendige Leistung in den Folgestufen geschieht.

(6) Impulszentrale:

In ihr entstehen sämtliche Impulsfolgen nach Impulsabstand und Impulsform, so z.B. für die Tastung des Senders, die Steuerung des Duplexers und die Schaltung der
Entfernungstore.

(7) Frequenzzentrale:

Sie erzeugt alle Frequenzen, die im Sender und Empfänger
benötigt werden, z.B. zum Zwecke der Frequenzumsetzung,

Synchronisation, Takterzeugung und Modulation.

(8)   Signalaufbereitung:

In dieser Systemkomponente wird das zur Senderansteue-
rung erforderliche Signal generiert, so z.B. bei Anwendung der Impulskompression zur Phasenkodierung oder Frequenzmodulation des Trägers. Ferner bewirkt sie die Fre-
quenzwahl bei frequenzagilen Systemen sowie die Tastfre-
quenzumschaltung für verschiedene Entfernungsbereiche,
zur Vermeidung von Blindzonen und Auflösung von Mehrdeutigkeiten.

(9)   Radarempfänger:

Er besorgt im wesentlichen die HF-Vorverstärkung, u.U.
mit rauscharmen Verstärkern zur Erzielung hoher Empfindlichkeit sowie die Frequenzumsetzung in die ZF.

(10)   Signalprozessor:

In ihm wird die weitere Signalumsetzung auch in den Videobereich und die erforderliche Signalverstärkung und
-selektion vorgenommen. Außerdem hat er die Aufgabe zur
Erfassung von Bewegtzielen entsprechend dem angewandten
Verfahren mittels filtertechnischer Mittel (Kammfilter,
Clutterfilter, Filterbank) für die notwendige Festzeichenunterdrückung zu sorgen. Bei Anwendung des MTI-Verfahrens kann der Prozessor beispielsweise so ausgelegt
werden, daß je nach Bedarf ein Einfach- oder Doppel-
löschverfahren wählbar ist. Die Auslegung des Signalpro-
zessors ist auch zweikanalig möglich, nämlich in einen
Normal- und einen MTI-Kanal. Man schafft somit auch die
Möglichkeit einer Festzielerfassung. Bei Benutzung der
Impulskompression wird die dazu erforderliche Signalverarbeitung ebenfalls im Signalprozessor durchgeführt. Er

übernimmt auch die Entfernungsselektion (Realisierung
von Entfernungskanälen).

(11) Stromversorgung:

     Sämtliche Spannungen, in der Form, mit der Stärke und
     Genauigkeit, wie sie für den Betrieb des gesamten Radar-
     systems erforderlich sind, werden durch diese Komponente
     bereitgestellt.

<u>Die Auswerteeinheit</u> zeigt Bild 9.2 in die wesentlichen Kompo-

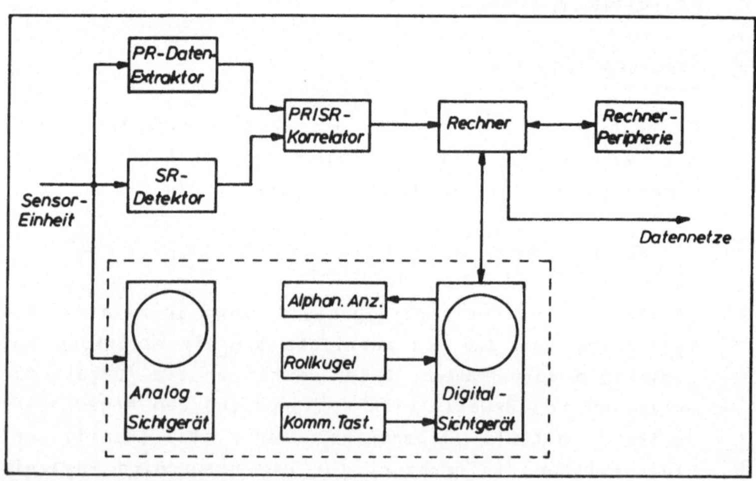

<u>Bild 9.2:</u> PR/SR-Auswerte-Einheit

nenten aufgeteilt, denen folgende Aufgaben zugeordnet sind:

(12) PR-Datenextraktor:

     Er führt die Zielerkennung und die Generierung der
     PR-Zielmeldungen durch.

(13) SR-Detektor:

In ihm erfolgt unabhängig vom PR-Kanal die Zielerkennung
und die Bildung der SR-Zielmeldungen.

(14) RP/SR-Korrelator:

In dieser Komponente werden die Zielmeldungen aus dem
PR-Extraktor und dem SR-Detektor miteinander korreliert.
Die Aufbereitung der korrelierten Zielmeldungen, die
z.B. Zielposition einschließlich Zielhöhe und Zielerkennung enthalten, als Eingangswerte für den Systemrech-
ner, ist ebenfalls Aufgabe des Korrelators.

(15) Rechner, Rechnerperipherie:

Ein Digitalrechner übernimmt die Aufgaben der Koordina-
tentransformation (polar in kartesisch), der Filterung
und Ordnung der Zielmeldungen, der Datenaufbereitung und
der Datenausgabe an entsprechende Datennetze. Durch eine
Datenfilterung wird einer Sättigung des Systems entgegengewirkt. Die Rechnerperipherie enthält alle Ein/Aus-
gabe-Geräte, die zum Betreiben eines Rechners erforderlich sind, z.B. Schreibmaschine, Zeilendrucker, Lochkar-
tenleser und Plotter.

(16) Arbeitsplatz:

Er umfaßt z.B. Sichtgeräte (analog und digital), alpha-
numerisches Display, Kommandotastatur und Rollkugel. Auf
dem Analogsichtgerät kommt das Zielvideo zur Anzeige; es
kann zu dessen Überwachung aber auch der Redundanz dienen. Das Digitalsichtgerät für die synthetische Darstellung der Zieldaten ist aus Informationsgründen häufig ein Mehrfarbengerät. Auf dem alphanumerischen Display können zusätzliche, besonders wichtige Daten und

Informationen angezeigt werden. Über die Kommandotastatur kann der Radaroperateur bestimmte Befehle hinsichtlich Datenverarbeitung und Datendarstellung anwählen sowie spezielle Rechnerprogramme zum Einsatz bringen. Mit der Rollkugel ist von Hand ein bestimmtes Ziel markierbar, dem man besondere Beachtung zu schenken hat. Eine entsprechende Auslegung von Rechner und Arbeitsplatz ermöglicht es, dem Radarsystem eine gewisse Flexibilität und damit Anpassungsfähigkeit an sich verändernde Situationen zu geben.

9.1.2 Spezielle verfahrenstechnische Maßnahmen /3/

In Radaren kann man eine Reihe von speziellen verfahrenstechnischen Maßnahmen realisiert vorfinden, die bislang nicht behandelt oder lediglich angedeutet wurden. Einige davon werden nachfolgend aufgegriffen und ausführlicher beschrieben.

(1)   Automatische Frequenzregelung, AFC:

Will man einen Radarempfänger auf konstante Frequenz auslegen, so besteht die Möglichkeit, um störenden Frequenzschwankungen des Senders entgegenzuwirken, von einer automatischen Frequenzregelung AFC (Automatic Frequency Control) Gebrauch zu machen. Sie arbeitet nach dem Differenzfrequenzverfahren. Bild 9.3 zeigt in Blockform den prinzipiellen Aufbau. Ein Teil des Sendesignals wird ausgekoppelt und mit dem Signal des Lokaloszillators einem Mischer zugeführt. Nach Verstärkung prüft man in einem sich daran anschließenden Frequenzdiskriminator, ob Sender und Empfänger frequenzmäßig korrekt aufeinander abgestimmt sind, d.h. ober der Mischvorgang die exakte Frequenz, im Beispiel von Bild 9.3 die Zwischenfrequenz, liefert. Ist dies nicht der Fall, erzeugt der Frequenzdiskriminator ein Fehlersignal, welches der Fre-

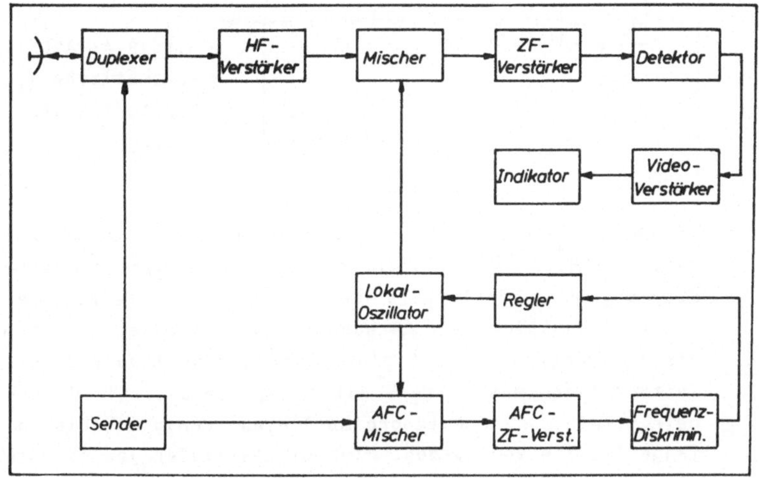

Bild 9.3: AFC/Automatische Frequenzregelung

quenzabweichung von der korrekten ZF entspricht. Mit dem
Fehlersignal wird automatisch der Lokaloszillator in
seiner Frequenz solange nachgeregelt, bis sich am Ausgang des Frequenzdiskriminators kein Fehlersignal mehr
zeigt, d.h. die Mischfrequenz mit der gewünschten ZF
übereinstimmt.

(2)   Automatische Verstärkungsregelung, AGC:

Durch starke Signale, vor allem auch Störsignale, kann
der Fall der Übersteuerung des Empfängers eintreten.
Dieser Vorgang ist durch Anwendung einer AGC (Automatic
Gain Control) zu verhindern, eine Handnachführung würde
zu langsam erfolgen. Bild 9.4 verdeutlicht das Prinzip.
Das Verstärkerausgangssignal wird gleichgerichtet und
dann einem Filter mit entsprechender Zeitkonstante zugeführt. Sie muß insofern dem Nutzsignal angepaßt sein,

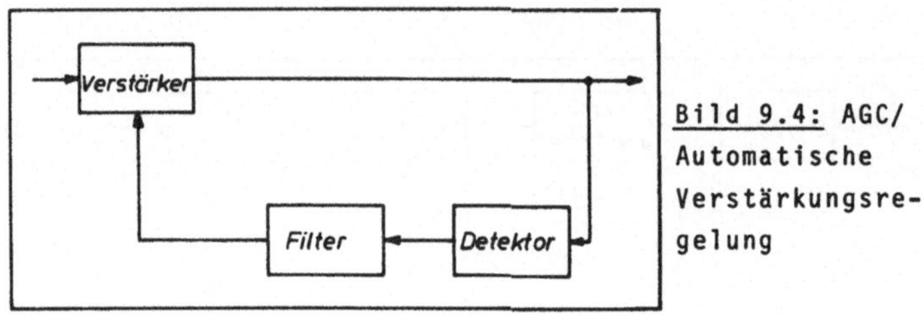

Bild 9.4: AGC/ Automatische Verstärkungsregelung

um beispielsweise auszuwertende Modulationen zu erhalten. Mit Hilfe des Filterausgangssignals wird die Verstärkung des Verstärkers dann automatisch derart gesteuert, daß sich sein Ausgangssignal auf einem entsprechenden Pegel hält. Bei einem Impulsradar kann z.B. die Zeitkonstante des Filters auf einige Impulsbreiten ausgelegt sein, um so Nutzechoimpulse nur wenig zu dämpfen, lange Impulse von ausgedehnten Clutterzielen jedoch umso stärker.

Um im Empfänger starke Echopegeländerungen durch extreme Fern- und Nahziele zu verhindern, ist die erforderliche Verstärkungsanpassung häufig nach einer bestimmten Zeitfunktion programmiert (STC = $\underline{S}$ensitivity $\underline{T}$ime $\underline{C}$ontrol). Dadurch wird eine Übersteuerung durch starke Nahzielechosignale verhindert (Verstärkung gering) und die Verarbeitung schwacher Zielechos aus großen Entfernungen verbessert (Verstärkung hoch).

(3)   Impulsbreitendiskriminierung:

Beim Vorhandensein von Störimpulsen mit unterschiedlicher Breite im Vergleich zu den Nutzimpulsen kann man zur Störsignaleliminierung das in Bild 9.5 skizzierte Verfahren der Impulsbreitendiskriminierung anwenden. Der Eingangsimpuls wird differenziert und auf 2 Kanäle geleitet. Im einen Kanal erfolgt eine Zeitverzögerung um τ_p, entsprechend der Breite der Nutzimpulse, im anderen

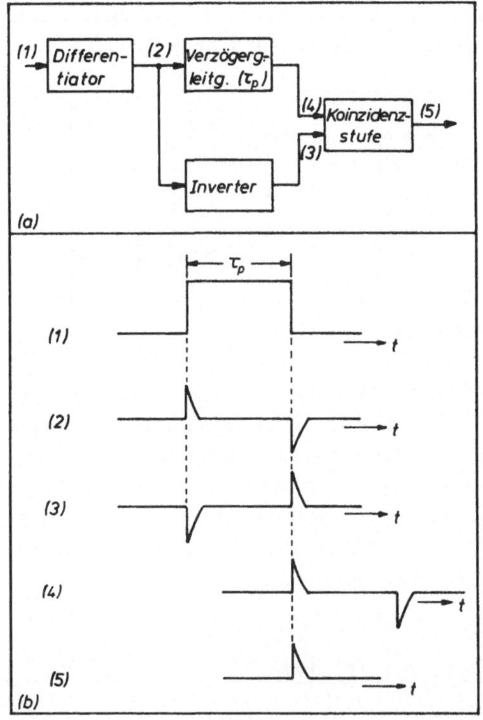

Bild 9.5: Impulsbreitendiskriminierung:
(a) Blockschaltbild,
(b) funktioneller Ablauf

Kanal eine Impulsinvertierung. Hat der Eingangsimpuls die Breite τ_p, koinzidiert die Rückflanke des differenzierten und invertierten Impulses mit der Vorderflanke des differenzierten und um τ_p zeitverzögerten Impulses. Die Koinzidenzstufe passieren nur Signale, deren Impulsbreiten der Zeitverzögerung τ_p entsprechen.

(4) Impulsabstandsdiskriminierung:

Störungen mit unterschiedlichen Impulsabständen im Vergleich zum Nutzsignal können mit Hilfe einer Impulsabstandsdiskriminierung eliminiert oder in ihrer Wirkung

doch wenigstens stark eingeschränkt werden. Dazu kann
man entsprechend Bild 9.6 Integratoren benutzen, die in

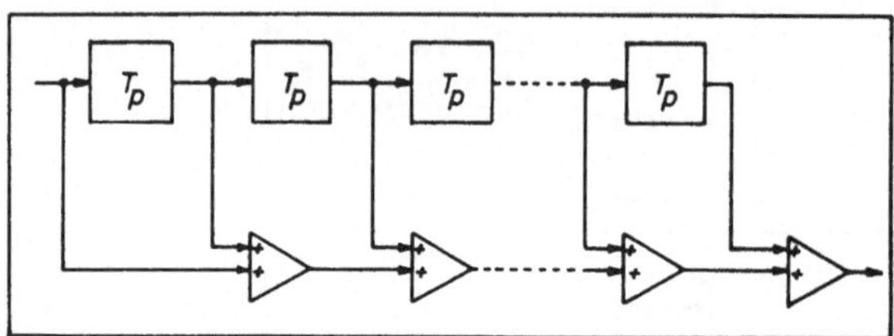

Bild 9.6: Impulsintegration

Stufen mit Verzögerungsleitungen und Summiergliedern arbeiten. Dabei werden n Impulse addiert. Die Signalver-
zögerung ist in allen Stufen gleich und entspricht dem
Impulsabstand T_p des Nutzsignals. Ein Impulsabstands-
diskriminator der vorliegenden Art hat maximales Ausgangssignal für Impulsfolgen, deren Impulsabstand der
eingestellten Zeitverzögerung T_p entspricht.

9.1.3   Signalverluste /3, 15, 17/

Bei der Signalausbreitung und -verarbeitung ist verständli-
cherweise mit Verlusten zu rechnen, die nicht unerheblichen
Einfluß auf die erzielbare Reichweite ausüben können. Eine
Reihe von Verlustbeiträgen ist bereits bekannt, wie z.B.:

-    Antennenwirkungsgrad und Flächenausnutzung von Antennen,
-    Diagrammschnittpunktverlust bei der Winkelmessung mit
     dem sequentiellen und konischen Abtastverfahren,
-    Empfindlichkeitsverlust bei der Anwendung von MTI-Tech-
     niken,
-    Wirkungsgrad bei der Impulsintegration im Empfänger und
-    atmosphärische Dämpfung.

Einige weitere wesentliche werden nachfolgend genannt:

(1)   Antennenabtastverluste:

Den Antennengewinn setzt man normalerweise als Konstant-
wert in die Radargleichung ein und betrachtet die Ziele
in Richtung des maximalen Gewinns. In Wirklichkeit jedoch überstreicht die Antennenkeule das Ziel beim Suchvorgang, wobei eine Signalmodulation durch das Antennendiagramm erfolgt. Dadurch bedingte Verluste können
durchaus 2 dB und mehr betragen.

(2)   Geräteinterne Dämpfungsverluste:

Es sind alle diejenigen Dämpfungsverluste angesprochen,
die geräteintern auf dem Sende- und Empfangsweg entstehen. Wesentlich an diesen Verlusten beteiligt sind:
Hohlleiter, Übergänge, Krümmer, Filter, Polarisations-
einrichtungen, Richtkoppler, Zirkulatoren, Drehkoppler
und Radom. Verluste bis 5 dB sind normal, bei komplexen
Systemen können sie noch höher liegen.

(3)   Verluste in der Signalverarbeitung:

Darunter sind einmal Verluste zu verstehen, die zustan-
dekommen durch nichtoptimale Auslegung des Empfängers
auf das Radarsignal, den Einsatz von Begrenzern und logarithmischen Verstärkern (typisch 1,5 bis 3 dB). Zum
anderen treten Verluste bei der Anwendung von Entfernungstoren und Dopplerfiltern auf, wenn die Signale bei
Zielbewegungen die Tor- und Filtermitte verlassen oder
vom einen Tor bzw. Filter (Filterbank) zum anderen über-
wechseln (1,5 bis 3,5 dB). Ein dritter Bereich sind die
sogenannten Faltungsverluste. Bei einem 2D-Rundsuchradar
mit einer breiten Antennencharakteristik in der Elevationsebene beispielsweise werden auf das einzelne Ent-

fernungsintervall bezogen die Echoleistung des in bestimmter Höhe sich befindenden Zieles und die Rauschleistung aus allen Höhenschichten aufeinandergefaltet.

(4)   Verluste durch Betrieb:

Senderöhren haben im Betrieb nicht alle gleiche Qualität
und unterliegen während ihres Einsatzes einem Alterungs-
prozess, der sich negativ auf ihre Leistungsfähigkeit
auswirken kann. Weitere betriebsbedingte Verluste entstehen dadurch, daß ein Radar unter operationellen Bedingungen, also im normalen Einsatz, von weniger ge-
schulten und erfahrenen Kräften betrieben und gewartet
wird. Der Zustand des Gerätes ist nicht mehr vergleichbar mit demjenigen beim Hersteller, wo ingenieurmäßig
ausgebildetes Personal und erfahrene Techniker verfügbar
sind (3 dB).

9.2   Radare zur Luftzielverfolgung

9.2.1 Genereller Aufbau und Funktionsweise

Radarsysteme zur Luftzielverfolgung (ZVR), auch "Tracking-Ra-
dare" genannt, dienen dazu, bewegte Objekte im Luftraum zu
verfolgen und laufend deren Koordinaten zu messen. Sie arbeiten vornehmlich in den höheren Radarbändern (X-, K_u- und
K_a-Band). Die Antennendiagramme haben im allgemeinen hohe
Richtwirkung und sind rotationssymmetrisch ausgebildet.

Herkömmliche Radare dieser Art können in der Regel nur ein
Ziel kontinuierlich verfolgen. Mit Parabolantenne und mechanischer Zielnachführung ist ein Zielwechsel meist nicht so
schnell durchzuführen, als daß eine quasi gleichzeitige Verfolgung mehrerer Ziele mit der erforderlichen Genauigkeit

möglich wäre. Dazu müßte dann eine der Anzahl der zu verfol-
genden Ziele entsprechende Anzahl von Verfolgungsradaren eingesetzt werden. Mit der modernen "Phased Array-Technik" jedoch sind auch Konzepte realisierbar, die eine gleichzeitige
Verfolgung mehrerer Ziele erlauben. Die Antennenrichtcharak-
teristik kann dabei elektronisch ausreichend schnell ver-
stellt werden. Man kann aber auch mehrere voneinander unabhängig schwenkbare Antennendiagramme erzeugen, wenn die Antenne entsprechend ausgelegt ist.

Eine Zielverfolgung geschieht im allgemeinen automatisch und
kann im Winkel (Azimut und Elevation), in der Entfernung und
auch in der Geschwindigkeit durchgeführt werden. Verfolgungs-
radare findet man in der Meteorologie, z.B. zur Verfolgung
von Ballonsonden und in der Luft- und Raumfahrt zu Vermes-
sungszwecken, beispielsweise zur Bahnbestimmung von For-
schungsraketen, Meßflugzeugen und Satelliten. Im militärischen Bereich dienen sie in der Flugabwehr als Feuerleitrada-
re dem Waffeneinsatz und der Waffensteuerung.

Ein ZVR arbeitet in einer einfacheren Auslegung nach dem
klassischen Impulsverfahren. In Fällen, wo zur Ortung und
Verfolgung von tieffliegenden Zielen hohe Festzeichenunterdrückung gefordert werden muß, gelangen Doppler-Verfahren zur
Anwendung. Das ZVR liefert außer den drei Koordinaten Schräg-
entfernung, Azimut und Elevation auch deren zeitliche Ablei-
tungen, d.h. Radialgeschwindigkeit und Winkelgeschwindigkeiten. Das Azimut wird auf Nordrichtung, die Elevation auf die
Horizontalebene bezogen. Während man beim normalen Impulsradar die Radialgeschwindigkeit durch zeitliche Differentiation
der Entfernung gewinnt, kann diese bei Doppler-Radargeräten
mit viel größerer Genauigkeit aus der Dopplerverschiebung
abgeleitet werden.

Ein Puls-Doppler(PD)-Radar vereint die Vorteile von Dauer-
strich- und Impulsverfahren:

- Geschwindigkeitsmessung und -selektion,
- Entfernungsmessung und -selektion und
- Festzeichenunterdrückung.

Den prinzipiellen Aufbau eines nach dem Amplitudenmonopuls-verfahren arbeitenden PD-ZVR mit den Nachführkreisen für Entfernung, Geschwindigkeit und Winkel (Azimut und Elevation) zeigt Bild 9.7. Um den Zielfolgebetrieb aufnehmen zu können, muß das ZVR zunächst zumindest grob auf das Ziel eingewiesen

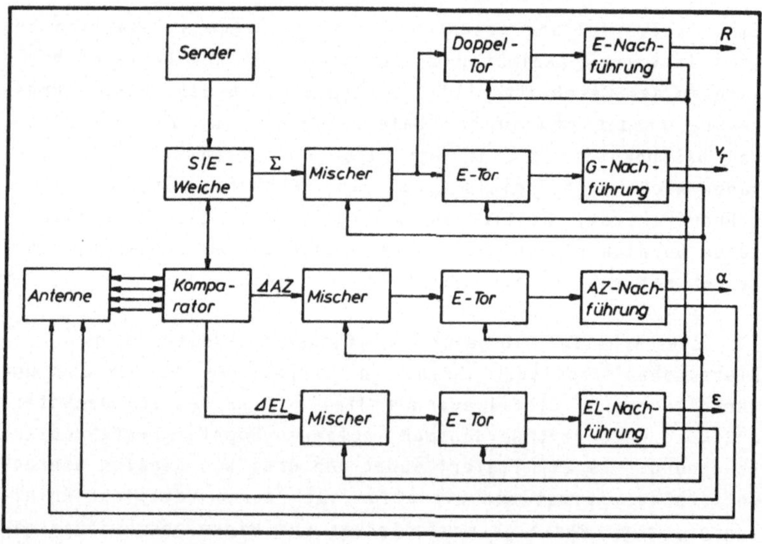

Bild 9.7: Prinzipieller Aufbau eines AM-PD-ZVR/Blockschalt-bild

werden, da es im Normalfall selbst nur einen stark einge-schränkten Suchbereich hat. Die Grobeinweisung vor allem im Winkel aber auch in der Entfernung übernimmt im allgemeinen ein Überwachungsradar. Die Feineinweisung führt das ZVR selbst durch. Wenn durch die Grobeinweisung das Ziel noch nicht in den Erfassungsbereich der ZVR-Antenne gelangt ist, wird ein begrenzter Winkelsektor (siehe Abschnitt 7.1) abgetastet und ein Entfernungstor über den noch infragekommenden Entfernungsbereich geführt. Die Feststellung der radialen Zielgeschwindigkeit erfolgt mit Hilfe einer Filterbank, die man normalerweise im Geschwindigkeitsnachführkreis angeordnet findet. Ist das Ziel erfaßt, d.h. hat ein Ausgangssignal der Filterbank einen Schwellenwert überschritten, wird der Suchvorgang in Winkel und Entfernung gestoppt, die für den Zielfolgevorgang erforderlichen Einstellwerte (Mischfrequenz, Torschaltsignal) festgelegt und die Zielverfolgung in allen Koordinaten initiiert, d.h. sämtliche Nachführkreise geschlossen (Abschnitt 7).

Nach Bild 9.7 ist ein AM-PD-ZVR auf der Empfängerseite mehrkanalig aufgebaut. Der Summenkanal (Σ) unterteilt sich wiederum in zwei Zweige, einen für die Entfernungsnachführung und -messung und einen zur Geschwindigkeitsverfolgung und -messung. Zwei weitere Kanäle, die sogenannten Differenzkanäle ΔAZ und ΔEL, dienen der Winkelnachführung (Azimut und Elevation). Die Entfernungstore in sämtlichen Kanälen werden vom Entfernungsnachführkreis gesteuert. Für die Erzeugung der richtigen Mischfrequenz, auch wiederum für alle Kanäle, ist der Geschwindigkeitsnachführkreis zuständig.

Im Interesse hoher Meßgenauigkeit und guter Auflösung sind starke Antennenbündelung, Entfernungstore geringer Breite und schmale Dopplerfilter von Vorteil. Bei der Wahl der Antennenbündelung ist jedoch ein Kompromiß zwischen Gewinn, Auflösungsvermögen und Winkelmeßgenauigkeit einerseits und den Forderungen an den Suchbetrieb andererseits zu schließen. Starke Bündelung, d.h. geringe Diagrammbreite, bedingt einen hohen Zeitbedarf beim Suchen, da die einzelnen Abtastbahnen eng aneinander liegen müssen und das Absuchen mit Rücksicht auf die Trefferzahl nicht beliebig schnell vor sich gehen kann. Auch die Dopplerfilter können wegen der begrenzten Zielverweilzeit nicht beliebig schmal ausgelegt werden. Die

Länge der Entfernungstore läßt sich meist verändern. Während
für das automatische Verfolgen eine Torbreite etwa gleich der
Impulslänge üblich ist, wird für die Einweisung das Zeittor
verbreitert.

Bei PD-Verfahren hat man in der Konzeptauslegung besonders
auf die Vermeidung von Blindstellen und Mehrdeutigkeiten in
Entfernung und Geschwindigkeit zu achten. Außerdem sei noch
erwähnt, daß es für spezielle Anwendungen, wo es die Verfol-
gungsgenauigkeit erlaubt, auch Radarkonzepte gibt, bei denen
in einem System die Aufgaben der Zielerfassung und -verfol-
gung vereinigt sind. Bei derartigen Radaren wird zwecks Zielverfolgung der Suchvorgang immer wieder in häufig aufeinan-
derfolgenden Abständen unterbrochen.

9.2.2 Fehlereinflüsse /3, 4, 15, 22/

Zielverfolgung und -vermessung in Winkel (Azimut, Elevation),
Entfernung und Geschwindigkeit unterliegen einer Reihe von
Fehlereinflüssen, die durch Zielverhalten, Ausbreitungsvor-
gänge und Gerätetechnik bedingt sind. In Bezug auf die Winkelkoordinate sind als wesentlich zu nennen:

(1) Amplitudenrauschen:

     Ein komplexes Ziel, wie beispielsweise ein Flugzeug, ist
     bekanntlich durch eine Anzahl von voneinander unabhängi-
     gen Teilreflektoren darstellbar, die unterschiedliche
     Entfernung zum Radar haben können. Das Zielechosignal
     ergibt sich durch Vektoraddition der Einzelbeiträge von
     den Teilreflektoren. Damit entsteht am Ort des Radar-
     empfängers ein Interferenzfeld, welches sich infolge von
     Zielbewegungen im Hinblick auf Amplitude und Verlauf der
     Phasenfronten laufend ändert. Der Grund dafür liegt in
     den mit den genannten Zielbewegungen in unmittelbarem

Zusammenhang stehenden Änderungen der Abstände der einzelnen Teilreflektoren vom Ort des Radars und damit der Phasenbeziehungen der einzelnen Signale untereinander. Im Hinblick auf die Amplitude spricht man von Amplitudenrauschen, obwohl auch periodische Komponenten vorhanden sein können. Das Spektrum setzt sich aus einem nieder- und einem hochfrequenten Anteil zusammen. Ersterer stammt im wesentlichen von den normalen Zielbewegungen sowie den regellosen kleinen Lageänderungen des Zieles um sämtliche drei Achsen. Die hohen Frequenzen (bis einige 100 Hz) sind auf Vibrationen und bewegte Teile des Zieles zurückzuführen, zu letzteren man auch rotierende Elemente, wie Propeller und Turbinen zu zählen hat. Solche rotierenden Teile erzeugen periodische Modulationssignale. Auf die konische Abtastung wirkt sich das Amplitudenrauschen vor allem dann störend aus, wenn es Anteile besitzt, die frequenzmäßig mit der Abtastfrequenz zusammenfallen oder aber in deren unmittelbarer Nähe liegen. Den entstehenden Winkelmeßfehler beschreibt Gl. (7.7); er zeigt sich unabhängig von der Zielentfernung. Das Amplitudenmonopulsverfahren ist von dieser Art von Störung wenig betroffen.

(2)   Winkelrauschen:

Die durch Zielbewegungen verursachten Änderungen der Neigung der Phasenfronten des Interferenzfeldes am Radarort sind verbunden mit entsprechenden Schwankungen der Normalenrichtung dieser Phasenfronten und damit auch der scheinbaren Zielrichtung. Dieses sich so einstellende Winkelrauschen, auch häufig als "Glint" bezeichnet, ist ein Schwanken des scheinbaren Zielorts um den eigentlichen Radarschwerpunkt des Zieles, der sich als Langzeitmittelwert der scheinbaren Zielorte ergibt. Diese Schwankungen der scheinbaren Zielrichtung sind nicht auf den durch die Zielabmessungen gegebenen Winkelbereich beschränkt, sondern können sich durchaus auch darüberhinaus erstrecken; die Normale der Phasenfront zeigt dann neben das Ziel. Für den aufgrund des Winkelrauschens sich einstellenden Winkelmeßfehler existiert für komplexe Zielformen, wie Flugzeuge, eine Näherung /15/:

$$\sigma_W = \frac{L}{4R} \quad , \tag{9.1}$$

mit

L   der Zielausdehnung und
R   der Entfernung Radar/Ziel.

Nach Gl. (9.1) stellt sich ein mit größerwerdender Zielentfernung abnehmender Fehlerwert ein. Eine Möglichkeit zur Reduzierung des Glinteinflusses besteht in einer angemessenen Verringerung der Servo-Bandbreite.

(3)   Thermisches Empfängerrauschen:

Der durch thermisches Rauschen im Empfänger bedingte Winkelmeßfehler wurde bereits in den Abschnitten 7.3 und 7.4 besprochen und wird durch die Gln. (7.8) und (7.9) in seinem Verhalten beschrieben. Er zeigt eine Abhängigkeit vom Winkelmeßverfahren und vor allem vom Quadrat der Zielentfernung. Diese Entfernungsabhängigkeit kommt dadurch zustande, daß sich der Winkelmeßfehler als umgekehrt proportional zur Wurzel aus dem Signal/Rauschverhältnis ergibt und letzteres nach der Radargleichung als wiederum proportional zum Kehrwert der vierten Potenz der Zielentfernung.

(4)   Servorauschen:

Servosysteme dienen bei Aufgaben der Zielverfolgung der

Antennennachführung aufgrund von gemessenen Winkelablagen vom Ziel. Lose, Reibung und Verwindungen in Getrieben und Wellen sind Ursachen für das sogenannte Servorauschen. Es weist keine Abhängigkeit von Zieleigenschaft und -entfernung auf.

(5) Zielnachführung:

In Zielnachführsystemen ist auch mit dynamischen Schleppfehlern zu rechnen, die von den Eigenschaften der Ziele und des Nachführsystems selbst abhängen. Solche Fehler lassen sich mit folgender Beziehung erfassen /4, 15/:

$$\Delta\theta_s(t) = \frac{\dot{\theta}_z}{K_v} + \frac{\ddot{\theta}_z}{K_b} \ (rad) \qquad .\qquad\qquad (9.2)$$

Dabei ist:

$\dot{\theta}_z$ die Winkelgeschwindigkeit und
$\ddot{\theta}_z$ die Winkelbeschleunigung des Ziels bzgl. des Radars,
K_v die Geschwindigkeitsfehlerkonstante und
K_b die Beschleunigungsfehlerkonstante des Antennennachführsystems.

Diesem systematischen Schleppfehler nach Gl. (9.2) sind in der Praxis zusätzliche Schwankungen statistischer Art überlagert.

In großer Entfernung ist die Winkelgeschwindigkeit der Ziele relativ zum Radar klein, sodaß im Interesse eines geringen durch das thermische Empfängerrauschen verursachten Fehlers die Servobandbreite weitgehend verringert werden kann, ohne große dynamische Schleppfehler befürchten zu müssen. Hat man es dagegen mit geringen

Zielentfernungen zu tun, ist zur Vermeidung von störenden Schleppfehlern bei den dann auftretenden höheren Winkelgeschwindigkeiten eine Vergrößerung der Servobandbreite erforderlich. Da die mit abnehmender Entfernung ansteigende Zielecholeistung das Signal/Rauschverhältnis verbessert, nimmt der Fehler dann durch thermisches Empfängerrauschen im allgemeinen auch nicht zu. Die infolge Glint verursachten Winkelmeßfehler vergrößern sich jedoch dadurch.

(6)   Mehrweg-Ausbreitung:

Wie bereits in Abschnitt 5.5 ausgeführt, wird durch Mehrwegausbreitung des Radarsignals - außer direkt vom Ziel zum Radar zusätzlich über den Erdboden reflektiert - bei der Zielverfolgung unter geringen Elevationswinkeln die Elevationsmessung verfälscht. Es entsteht aufgrund der Inhomogenitäten und der Struktur der reflektierenden Fläche (Boden, Wasser) sowie der Zielbewegungen ein dem Glint ähnliches Winkelrauschen.

Als Möglichkeiten dem störenden Einfluß der Mehrwegausbreitung entgegenzuwirken, erweisen sich beispielsweise die Realisierung schmaler Antennendiagramme oder auch eine Elevationsüberhöhung der Antenne.

(7)   Atmosphärische Brechung:

Die durch atmosphärische Brechung bewirkte Krümmung der Radarstrahlen - siehe Abschnitt 5.2 - ist eine weitere Ursache für einen Fehlerbeitrag bei der Messung des Elevationswinkels.

Beispielhaft zeigt Bild 9.8 in normierter Form die durch Amplituden-, Winkel-, Empfänger- und Servorauschen verursachten einzelnen Winkelfehler in Abhängigkeit von der Entfernung Ra-

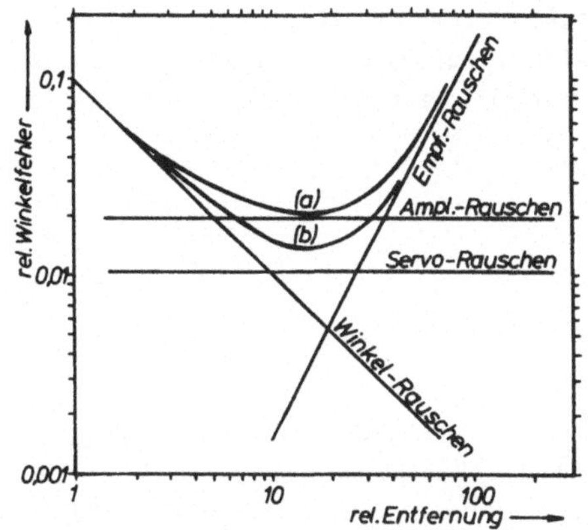

Bild 9.8: Winkelfehler bzgl. verschiedener Ursachen sowie Summenfehler bei Messung mittels
(a) konischer Abtastung und
(b) Amplitudenmonopuls in Abhängigkeit von der Entfernung /3/

dar/Ziel sowie die Gesamtfehler bei der Winkelmessung mit konischer Abtastung und Amplitudenmonopuls. Während bzgl. Winkel- und thermischem Empfängerrauschen eine gegenläufige Entfernungsabhängigkeit auftritt, ist der Fehler durch Amplituden- und Servorauschen entfernungsunabhängig. Bei geringen Entfernungen überwiegt der Glinteinfluß. Diesbezüglich besteht zwischen beiden Winkelmeßverfahren kaum ein Unterschied im Winkelfehler. Da das Amplitudenrauschen beim AM-Verfahren von geringer Bedeutung ist, geht der Gesamtfehler bei demselben ab einer bestimmten Entfernung gegenüber demjenigen bei konischer Abtastung zurück. Das AM-Verfahren verspricht also bei größeren Entfernungen Vorteile, vor allem solange das Amplitudenrauschen das Servorauschen überwiegt. Dieser Tatbestand wird noch dadurch verstärkt, daß entgegen der Darstellung in Bild 9.8 der durch thermisches Rauschen bedingte Winkelmeßfehler bei Amplitudenmonopuls geringer ist als bei konischer Abtastung. Die dem Monopulsverfahren zuerkannten Vorteile rechtfertigen in vielen Anwendungsfällen den damit verbundenen größeren apparativen durch die Mehrkanaligkeit gegebenen Aufwand.

Die Fehler hinsichtlich Zielvermessung und -verfolgung in

Entfernung und Geschwindigkeit beruhen z.T. auf denselben Ursachen wie im Falle der Winkelkoordinate besprochen. Für mehr Einzelheiten sei jedoch auf die einschlägige Literatur verwiesen.

9.3 Überblick /3, 32, 38, 39/

Flugsicherung

Die Aufgabe der Flugsicherung ist eine sichere und wirtschaftliche Lenkung des Flugverkehrs zu gewährleisten. Dabei fällt in ihren Zuständigkeitsbereich nicht nur der Verkehr in den entsprechenden Luftstraßen, sondern auch derjenige in Flughafennähe und auf den Flugplätzen selbst. International festgelegte Verfahren sorgen für eine Vereinheitlichung in der Flugverkehrslenkung. Der starke Flugverkehr in Ballungsräumen und die hohen Geschwindigkeiten heutiger Flugzeuge bedeuten, daß in relativ kleinen Zeitintervallen große zu verarbeitende Datenmengen anfallen. An die Fluglotsen werden dadurch äußerst hohe Anforderungen gestellt, die häufig deren Leistungsgrenze übersteigen. Eine Lösung dieses Problems liegt im Einsatz von elektronischen Datenverarbeitungsanlagen in den Flugsicherungszentralen; v.a. Routineaufgaben in der Informationsverarbeitung können zweckmäßigerweise mit Hilfe von Rechnern erledigt werden. Im Rahmen dieser Aufgaben kommt dem Radar eine bedeutende Rolle zu.

Das Überwachungsradar hat im Bereich der Flugsicherung die Aufgabe, einen festgelegten Luftraum zu überwachen und laufend die Daten der darin vorhandenen Ziele zu generieren. Dabei ist meist ein Primärradar (PR) mit einem Sekundärradar (SR) gekoppelt. Das PR erzeugt Zieldaten hauptsächlich bezüglich Winkel und Entfernung, während das SR zusätzlich Informationen über Identität und Höhe liefert. Dabei korrespondiert die Bodenanlage des SR, der Interrogator, mit der

Bordanlage, dem Transponder, im Flugzeug. Radare zur Luftraumüberwachung haben Reichweiten, die über 300 km betragen können.

Das _Präzisionsanflugradar_ (PAR) wird längs von Landebahnen aufgestellt. Es liefert Gleitweginformationen, die mit Sollvorgaben verglichen zu erforderlichen Flugkorrekturen führen, die der Fluglotse über Sprechfunk an das entsprechende Flugzeug weitergibt. Anlagen dieser Art arbeiten mit 2 Sensoren, über den einen werden Zielinformationen über Azimut und Distanz und über den anderen die Elevation bzw. Höhe gewonnen. Auf speziellen Indikatoren erfolgt die Anzeige dieser Daten zusammen mit den Soll-Gleitwegen. Die Reichweite solcher Anlagen liegt typischerweise um 20 km. Das PAR findet hauptsächlich noch Anwendung im militärischen Bereich; auf dem zivilen Sektor ist es kaum mehr anzutreffen. Dort wird die Landung vornehmlich mit Hilfe des Instrumenten-Landesystems (ILS) vorgenommen.

Das _Flughafenradar_ dient der Erfassung von Objekten auf dem Flughafengelände selbst. Es ist hauptsächlich auf großen Flughäfen mit langen Rollwegen und bei schlechter Sicht von erheblichem Nutzen, um somit vom Kontrollturm aus stets die erforderliche Übersicht zu besitzen. Solche Radare arbeiten mit sehr kurzen Impulsen, sie haben also ein hohes Auflösungsvermögen und gestatten damit auch kürzeste Entfernungen zu messen.

Der Flugsicherung sind jedoch nicht nur Bodenanlagen, sondern ebenso Bordanlagen für die unterschiedlichsten Aufgaben zuzuordnen, wobei der _Transponder_ in Flugzeugen als Gegenstation zum Interrogator, dem Bodengerät des SR, ein solches Bordgerät ist.

Der _Radarhöhenmesser_ im Flugzeug mißt die Flughöhe über Grund durch Anwendung des FM-CW- oder Impulsverfahrens. Die Höhen-

information wird mit Hilfe des Transponders zur Bodenstation
übertragen und dient dem Fluglotsen zur Führung des Flugzeuges auf den entsprechenden Flugstraßen und Gleitwegen zwecks
sicherer Landung, aber auch dem Piloten als Landehilfe.

In der <u>Flugnavigation</u> macht man vom Dopplerprinzip Gebrauch.
Es werden kontinuierlich Informationen über die Geschwindigkeit v_g über Grund und den Driftwinkel δ (siehe Bild 9.9) generiert, um so jederzeit unabhängig von irgendwelchen Hilfen

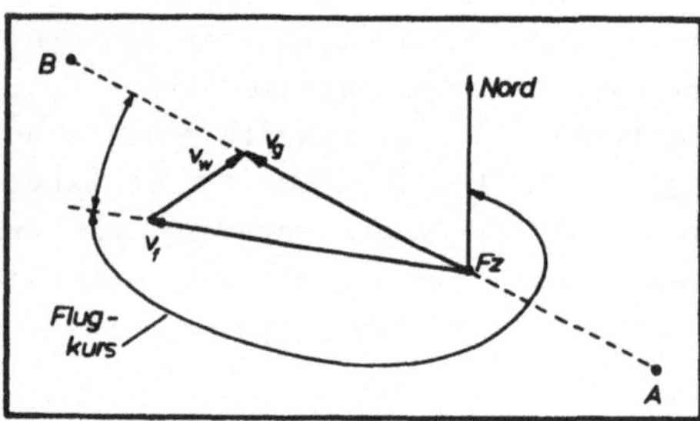

Bild 9.9: Doppler-
navigation/Fluggeo-
metrie

vom Boden her Standort (durch Integration über die Geschwindigkeit) und Kurs von Bord des Flugzeuges aus bestimmen zu
können, was vor allem über Meeren und unbesiedelten Gebieten
aus Sicherheitsgründen von besonderer Bedeutung ist und dem
Piloten erlaubt, vorgeschriebene Flugwege (A ⟶ B) einzuhalten. Der Driftwinkel stellt den Winkel zwischen v_g und v_f,
der Horizontalkomponente der Flugzeugeigengeschwindigkeit
dar. Er kommt durch Windeinwirkung zustande. Die Windge-
schwindigkeit ist durch v_w ausgedrückt. Das zugrundeliegende
Meßprinzip beruht darauf, daß, wenn man zunächst von einer
Drift absieht und horizontale Fluglage annimmt, zur Bestimmung der Geschwindigkeit v_g ein CW-Signal unter einem Winkel α gegen die Flugzeuglängsachse in Vorwärts- oder Rückwärtsrichtung (Bild 9.10) zum Boden hin abgestrahlt wird. Aus
der Dopplerfrequenz der Bodenechos ergibt sich dann v_g. Um v_g
auch bei nichthorizontaler Fluglage (Winkel γ: Neigung der
Flugzeuglängsachse gegen die Horizontale) zu erhalten, kann

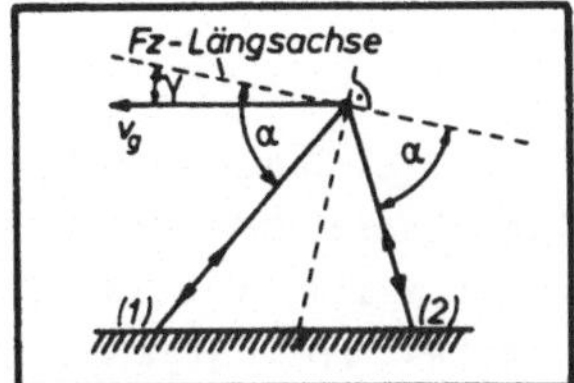

Bild 9.10: Dopplernavigation/
Strahlungsgeometrie

man entweder die Antenne in der Horizontalebene stabilisieren
oder das in Bild 9.10 angedeutete Janusprinzip verwenden,
welches darin besteht, daß sowohl in Vorwärts- als auch in
Rückwärtsrichtung unter gleichen Winkeln gegen die Flugzeuglängsachse abgestrahlt wird. Man erhält so zwei unterschiedliche Dopplerfrequenzen, mit deren Hilfe sich aus dem bekannten Zusammenhang zwischen Dopplerfrequenz und Geschwindigkeit
sowohl der Anstellwinkel γ als auch die Geschwindigkeit über
Grund gewinnen läßt. Zur Bestimmung des Driftwinkels δ müssen
aufwendigere Verfahren herangezogen werden. Einzelheiten sind
der einschlägigen Literatur zu entnehmen /3, 38/.

Das <u>Wetterradar</u> liefert dem Piloten Informationen über das
Wettergeschehen in Flugrichtung. Man nutzt dabei aus, daß die
Amplituden der Echosignale von der Niederschlagsstärke abhängen. Das in der Flugzeugnase installierte Gerät überstreicht mit seiner Antenne das vor dem Flugzeug in der Horizontalebene liegende Gebiet. Es können aufgrund von Wetter-
informationen Schlechtwettergebiete erkannt und umflogen oder
beim Durchfliegen von solchen Kernzonen gemieden werden. Aus-
serdem stellt das Wetterradar eine Navigationshilfe dar, mit
der man bei nach unten geneigter Antenne Küstenlinien, Fluß-
läufe, Inseln u.a. mehr erkennen kann. Diese Anwendungsart
trägt die Bezeichnung Geo-Navigation. Wetterradare arbeiten
bevorzugt im C- und X-Band und haben Reichweiten von 300 km
und mehr.

Schiffahrt

Ein wesentlicher Anwendungsbereich für die Radartechnik in
der Schiffahrt ist auch die Navigation. Dabei geht es um die
Orientierung, insbesondere bei Nacht und Nebel, und das Ziel
Unfälle zu vermeiden. Das Radar hat dabei die Aufgaben der
Erfassung und Lokalisierung von Schiffen, Seezeichen und
Landgebieten. Vereinfachend für die Radarortung in der
Schiffahrt ist, daß sich Schiffe nur langsam und in einer
Ebene bewegen, da U-Boote hier nicht relevant sind.

Radaranlagen auf Schiffen, vornehmlich im Rahmen der Hochsee-
schiffahrt, arbeiten häufig von stabilisierten Plattformen
aus, um die Zieldaten unabhängig von Eigenbewegungen, die auf
den Seegang zurückzuführen sind, zu erzeugen. Um eine sogenannte "True Motion"-Schirmbild-Darstellung zu erhalten, darf
das eigene Schiff nicht als ruhender Bezugspunkt betrachtet
werden. Die Erkennung der eigenen Bewegung erfolgt mit Hilfe
von Kreiselkompaß und Geschwindigkeitsmesser. Damit lassen
sich bewegte Ziele, auch das eigene Schiff, als solche erkennen, Bojen und andere Festziele aber als stationär. Durch
Einblenden von Marken auf dem Bildschirm zur Darstellung der
Zielbewegungen schafft man dem Beobachter ein Hilfsmittel zur
Beurteilung der Situation und damit eine Möglichkeit, eine
bestehende Kollisionsgefahr vorauszusehen und rechtzeitig zu
bereinigen.

Mit Hilfe von Radarsystemen kann von Küstenanlagen aus der
Schiffsverkehr in Häfen, auf Flüssen und in Grenzgewässern
überwacht und gesteuert werden. Dies ist u.a. bei komplexen
Verkehrsnetzen von besonderer Wichtigkeit. Die Überwachung
kann mit Einzelanlagen erfolgen oder auch durch Radarketten,
wenn es sich um längere zu überdeckende Seewege handelt. Bei
Radarketten wird die Informationsauswertung in Zentralen betrieben, welche die Daten beispielsweise über Richtfunk ange-
liefert bekommen. Um entsprechende Verkehrssteuerung durch-

führen zu können, steht der Operateur in der Zentrale mit den
einzelnen Schiffen in Verbindung, z.B. über Sprechfunk.

Militärischer Bereich

Die auf dem militärischen Sektor für Radare anfallenden Aufgaben sind denen der Flugsicherung und Schiffahrt teilweise
sehr ähnlich, besonders auch was die Navigation anbelangt.

Radaranlagen zur Luftraumüberwachung dienen der Zielentdek-
kung, Ziellokalisierung (Winkel, Entfernung, Geschwindigkeit)
und Freund-Feind-Kennung. Die gewonnenen Informationen werden
in entsprechenden Zentralen unter Einsatz von Rechnern ausgewertet, aufbereitet und gezielt verteilt. Nach durchgeführter
Bedrohungsabschätzung erfolgt die Einleitung der notwendigen
Maßnahmen, z.B. der Einsatz von Flugzeugen, anderen Waffen,
elektronischen oder sonstigen Störmitteln. Auf dem militärischen Sektor sind die gegnerischen Ziele bestrebt sich der
Radarortung zu entziehen oder sie durch Störmaßnahmen zu verhindern oder zumindest zu erschweren. Flugziele können der
Entdeckung entgehen durch Nutzen radartoter Räume, wie z.B.
durch den Tiefflug. Da höher fliegende Flugzeuge sehr schnell
sein können und Tiefflieger infolge von Geländemaskierungen
häufig überraschend auftauchen, sind oft nur kurze Vorwarn-
zeiten gegeben, d.h. die Reaktionszeiten solcher Systeme bis
zur Zielentdeckung und -lokalisierung müssen ebenfalls kurz
sein. Das Auffinden von tieffliegenden Flugzeugen stellt aus-
serdem hohe Anforderungen an die Festzielunterdrückung der
entsprechenden Radare.

Nach der Waffenauswahl wird die Zielzuweisung an die entsprechenden Feuerleitanlagen vorgenommen. Ein wesentlicher
Bestandteil solcher Anlagen sind wieder Radare, die die Aufgabe haben, die zugewiesenen Ziele kontinuierlich zu verfolgen und genau zu vermessen. In einem Rechner werden die ge-

wonnenen Informationen ausgewertet und die erforderlichen Waffeneinsatzdaten erstellt.

Radarsysteme der besprochenen Art können sowohl an Land, auf Schiffen aber auch in eingeschränkter Form in Flugzeugen zum Einsatz kommen.

Das _Gefechtsfeldradar_ dient der Erfassung bewegter Objekte, wie Fahrzeuge aber auch Personen, auf beachtliche Distanz und mit hoher Genauigkeit. Radare moderner Bauart verwenden das kohärente Pulsdopplerprinzip.

Eine weitere Anwendung für Radare liegt in der Vermessung von Geschütz- und Raketenstellungen. Die Geschoß- oder Raketenbahn wird in der Anfangsphase in einzelnen Punkten vermessen und daraus mit Hilfe von Kenntnissen über die Ballistik auf die Waffenstellung zurückgerechnet.

Zur Bodenaufklärung werden an Bord von Flugzeugen sogenannte _Voraussicht-Radare_ (Forward Looking Radar) eingesetzt. Es erfolgt dabei eine sektoriell begrenzte Abtastung des vor dem Flugzeug liegenden Geländes. Die gewonnenen Daten erlauben außer einer Geländedarstellung auch die Generierung von Höhenkonturen (contour mapping) sowie damit verbunden eine Bodenhinderniswarnung (terrain avoidance) als Navigationshilfe in Bodennähe. Durch die Höhenkonturerfassung wird auch eine automatische Höhenanpassung des Flugprofils ermöglicht und damit ein operationeller Einsatz in Form von Tiefstflügen ohne Gefahr einer Bodenberührung durchführbar (terrain following).

Eine andere Art der Geländeabtastung geschieht durch das _Seitensicht-Radar_ (SLAR: _S_ide _L_ooking _A_irborne _R_adar). Das Antennensystem ist dabei nicht mehr in der Flugzeugnase untergebracht, sondern am Rumpf angeordnet. Es unterliegt also in den Abmessungen nicht mehr so starken Einschränkungen und gestattet somit die Realisierung einer hohen Winkelauflösung. Das SLAR leuchtet die Erdoberfläche seitlich, also quer zum Flugzeug nach beiden Seiten aus und dies nicht durch Diagrammschwenkung, sondern mit zwei feststehenden, langgestreckten Antennen, deren Diagramme das Gelände durch die Flugbewegung streifenförmig überstreichen. Nun kann man die extrem langen Antennen durch die Anwendung einer synthetischen Antennenapertur umgehen. Dabei werden diese ausladenden Antennen unter Ausnutzung der Relativbewegung zwischen Radar und Ziel durch einen Datenverarbeitungsprozeß simuliert. Auf diese Art erhält man schon mit kurzen Antennen schmale Diagramme und damit hohe Winkelauflösung /39/.

Kleinradare findet man auch in Flugkörpern und ballistischen Geschossen. Als Zielsuchkopf dienen sie in einem Flugkörper der Informationsgewinnung, um so mit Hilfe bestimmter Gesetze eine Lenkung zum Ziel hin zu verwirklichen; als Zünder haben sie die Aufgabe, zu einem möglichst günstigen Zeitpunkt Signale zur Initiierung von Gefechtsköpfen zu erzeugen.

Verkehr

Das komplexe Verkehrsgeschehen auf der Straße kann mit Hilfe von Radarsensoren kontrolliert, gesichert, gesteuert, optimiert und automatisiert werden.

Bei der Polizei ist das <u>Verkehrsradar</u> im Einsatz. Es dient zur Geschwindigkeitskontrolle, arbeitet nach dem CW-Verfahren und liefert Geschwindigkeit und Bewegungsrichtung des Fahrzeugs.

Nach demselben Prinzip kann man das Radar auch in <u>Staumeldern</u> zur Anzeige eines drohenden Zusammenbruchs des Verkehrs benutzen. Als Kriterium dient eine Geschwindigkeitsschwelle, die unterschritten werden muß. Meßgröße ist die Durchschnittsgeschwindigkeit der passierenden Fahrzeuge.

Zur Erfassung der Straßenauslastung, z.B. zum Zwecke der Planung oder Verkehrsregulierung, sind Aussagen über die Verkehrsdichte D (Anzahl Fahrzeuge pro km) erforderlich. Die Verkehrsdichte D ist über die Beziehung D = M/v mit der Verkehrsmenge M (Fahrzeuge pro h) und der Verkehrsgeschwindigkeit v verknüpft. Beide Daten sind mit einem Verkehrsradar zu gewinnen. Wird das Passieren des Radarstrahls durch ein Fahrzeug registriert, kann man durch Aufsummieren der so anfallenden Informationen in einem bestimmten Zeitabschnitt auf die Verkehrsmenge schließen.

Für statistische Erhebungen, aber auch für verkehrsabhängige Ampelsteuerungen ist das Radar als Zählgerät zu verwenden.

In <u>Verkehrsanalysatoren</u> hat das Radar die Aufgaben, Fahrzeuggeschwindigkeit, Fahrzeuganzahl in einem festgelegten Zeitabschnitt und Fahrzeugtyp aufgrund der Dauer, während der sich ein Fahrzeug im Radarstrahl aufhält, zu bestimmen.

Das <u>Abstandswarnradar</u> in Kraftfahrzeugen dient zur Kollisionsverhinderung. Es mißt den Abstand zum Vorausfahrenden sowie die aktuelle Annäherungsgeschwindigkeit. Damit können für den Fahrzeuglenker Informationen generiert werden, die es ihm ermöglichen, einen erforderlichen Sicherheitsabstand einzuhalten. Hierzu eignen sich besonders mm-Wellen-Radare. Sie sind im Kühlerbereich der Fahrzeuge angeordnet.

Auch im <u>Schienenverkehr</u> hat das Radar eine Reihe von Anwendungen. Als Dopplerradar dient es zur berührungslosen, radunabhängigen Messung von Geschwindigkeit, Weg und Beschleunigung mit großer Genauigkeit. Es ist unmittelbar über dem Gleiskörper am Schienenfahrzeug angebracht. Die Signalabstrahlung erfolgt unter einem bestimmten Aspektwinkel gegen die Horizontale nach vorne unten.

Ferner ist mit Hilfe von Radarsensoren ein automatisierter Rangierbetrieb einschließlich Gleisbremssteuerung und Gleisfüllstandserfassung denkbar. Im Falle der Gleisbremssteuerung wird das Radar im Gleiskörper installiert, von wo aus es die sich nähernden Waggons vermißt und so eine geschwindigkeitsabhängige Bremsung ermöglicht. Die Gleisfüllstandsmessung gibt Informationen über die noch verfügbare freie Gleislänge, die man durch eine Entfernungsmessung oder Integration über die gemessene Geschwindigkeit bestimmt.

Dem <u>Hubschrauber</u> kommt als modernes Transportmittel immer größere Bedeutung zu. Mit zunehmender Anzahl von Einsätzen häufen sich auch die durch Kollision mit Hindernissen wie Hochspannungsleitungen, Abspanndrähten und Bergbahnseilen hervorgerufenen Unfälle. Radartechnisch können solche Hindernisse erkannt werden, wenn man sich, um hohe Auflösung zu erreichen, in den mm-Wellenbereich begibt.

Sonstige Bereiche

Das Radar steht auch im Dienste der <u>Meteorologie</u>. Es kann zur Erfassung von atmosphärischen Wassergebieten (Wolken, Regen, Gewitter, Hagel, Schnee) und Kältefronten, aber auch von Sand- und Wirbelstürmen auf große Entfernungen (weit über 100 km) eingesetzt werden. Dabei ist von Nutzen, daß die atmosphärischen Meßobjekte in gewissen Eigenschaften, wie Reflexions- und Transparenzverhalten, unter Umständen stark unterschiedliche Frequenzabhängigkeit zeigen.

Weiterhin wird das Radar zur Verfolgung und Vermessung von Wetterballons benutzt, um Informationen über Windrichtung und -geschwindigkeit zu erhalten. Tragen diese Ballons aktive Wettersonden, dann läßt sich auch das Prinzip des Sekundärradarverfahrens anwenden. Von der Sonde können auf diese Weise typische, von ihr selbst gemessene Wetterdaten, wie die

Luftfeuchtigkeit, der Druck und die Temperatur, zu Wetterstationen übertragen werden.

Auf dem <u>industriellen Sektor</u> lassen sich mit radartechnischen Mitteln Aufgaben der Produktionsautomatisierung und Verfahrensablaufsteuerung sowie der berührungslosen Fernmessung von Bewegungsabläufen wie beispielsweise an Fließbändern und Walzstraßen realisieren. Auch die Bestimmung der Füllstandshöhen von Hochöfen in der Schwerindustrie ist durchführbar.

Die zuletzt geschilderten Anwendungen sind eigentlich erst durch die radartechnische Erschließung des mm-Wellenbereichs möglich geworden.

Literaturverzeichnis

/1/ Trenkle, F.: Die deutschen Funkmeßverfahren bis 1945,
    Motorbuch Verlag Stuttgart, 1979.
/2/ Bürkle, H.: Die Radartechnik bei AEG-TELEFUNKEN,
    AEG-TELEFUNKEN.
/3/ Skolnik, M.I.: Introduction to Radar Systems,
    McGraw-Hill Book Company, Inc., 1962.
/4/ Skolnik, M.I.: Radar Handbook,
    McGraw-Hill Book Company, Inc., 1970.
/5/ Zinke, O.; Brunswig, H.: Lehrbuch der Hochfrequenztech-
    nik, Bd. II, Elektronik und Signalverarbeitung,
    Springer-Verlag, 1974.
/6/ Unger, H.-G.: Hochfrequenztechnik in Funk und Radar,
    B.G. Teubner, Stuttgart, 1972.
/7/ Gad/Fricke: Grundlagen der Verstärker,
    Möller, F., Leitfaden der Elektrotechnik, Bd. XII,
    B.G. Teubner, Stuttgart, 1983.
/8/ Kaisel, S.F.: Microwave Tube Technology Review,
    Microwave Journal, July 1977, S. 23-42.
/9/ Bretting, J.; Ganzenmüller, K.: Die Elektronenröhre im
    Zeitalter des Halbleiters,
    Funkschau (1978) 23, S. 1122-1125 und (1978) 24, S.
    1201-1205.
/10/ Tholl, H.: Bauelemente der Halbleiterelektronik, Teil 1
     und 2,
     Möller, F., Leitfaden der Elektrotechnik, Bd. III,
     B.G. Teubner, Stuttgart, 1976 und 1978.
/11/ Kühn, R.: Mikrowellenantennen,
     VEB Verlag Technik, Berlin, 1964.
/12/ Fricke/Lamberts/Patzelt: Grundlagen der elektrischen
     Nachrichtenübertragung,
     Möller, F., Leitfaden der Elektrotechnik, Bd. XI,
     B.G. Teubner, Stuttgart, 1979.
/13/ Cady, W.; et al.: Radar Scanners and Radomes,
     MIT Rad. Lab. Series, Vol. 26,
     McGraw-Hill Book Company, Inc., 1948.
/14/ Walton, J.D., Jr.: Radome Engineering Handbook, Design
     and Principles,
     Marcel Dekker, Inc., New York, 1970.
/15/ Berkowitz, R.S.: Modern Radar Analysis, Evaluation and
     System Design,
     John Wiley and Sons, New York, 1965.
/16/ Blake, L.V.: Recent Advancements in Basic Radar Range
     Calculation Technique.
     IRE Trans., Vol. MIL-5, April 1961, S. 154-164.
/17/ Gerlitzki, W.: Die Radargleichung,
     AEG-TELEFUNKEN, 1984.
/18/ Rice, S.O.: Mathematical Analysis of Random Noise,
     Bell System Technical Journal, Vol. 23, 1944, S. 282-332
     und Vol. 24, 1945, S. 46-156.

/19/ Marcum, J.I.: A Statistical Theory of Target Detection
     by Pulsed Radar,
     IRE Trans., Vol. IT-6, April 1960, S. 59-267.
/20/ Rihaczek, A.W.: Principles of High-Resolution Radar,
     McGraw-Hill Book Company, Inc., 1969.
/21/ Ludloff, A.: Einführung in die Theorie moderner Signal-
     verarbeitungsverfahren der Radartechnik,
     Carl-Cranz-Kurs OP4, Radartechnik, Mai 1973.
/22/ Barton, D.K.: Radar System Analysis,
     Prentice-Hall, Inc., Englewood Cliffs, N.J., 1964.
/23/ Swerling, P.: Probability of Detection for Fluctuating
     Targets,
     IRE Trans., Vol. IT-6, April 1960, S. 269-308.
/24/ Crispin, J.W., Jr.; Siegel, K.M.: Methods of Radar Cross
     Section Analysis,
     Academic Press Inc., New York, 1968.
/25/ Barton, D.K.: Radar Equations for Jamming and Clutter,
     Supplements to IEEE Trans., Vol. AES-3, No. 6, Nov.
     1967, S. 340-355.
/26/ Hall, W.M.: Prediction of Pulse Radar Performance,
     Proc. IRE, Vol. 44, Febr. 1956, S. 224-231.
/27/ Ecker, H.A.; Cofer, J.W., Jr.: Statistical Characteri-
     stics of the Polarization Power Ratio for Radar Return
     with Circular Polarization,
     IEEE Trans., Vol. AES-5, No. 5, Sept. 1969, S. 762-769.
/28/ Nathanson, F.E.; Reilly, J.P.: Clutter Statistics which
     Affect Radar Performance Analysis,
     Supplement to IEEE Trans., Vol. AES-3, No. 6, Nov. 1967.
/29/ Baur, E.: Untersuchung über die Wirkung von Interferenz-
     feldern auf verschiedene automatische Peilmethoden,
     Darmstädter Dissertation D 17, 1964.
/30/ Beach, J.B.: Atmospheric Effects on Radio Wave Propaga-
     tion, Part I,
     Defense Electronics Technology, Dez. 1979, S. 95-98.
/31/ Altshuler, E.E.; Falcone, V.J., Jr.; Wulfsberg, K.N.:
     Atmospheric Effects on Propagation at Millimeter Wave-
     lengths,
     IEEE Spectrum, July 1968, S. 83-90.
/32/ Baur, E.: Die Bedeutung der mm-Wellen für die Radartech-
     nik,
     Frequenz 38(1984)11, S. 262-268.
/33/ Kessler, A.: Radartechnik, Vorlesungsmanuskript,
     T.H. Darmstadt, 1974.
/34/ Sekundärradar,
     Siemens AG, 1969.
/35/ Origer, R.: Das Sekundärradar, ein modernes Verfahren
     zur Vergrößerung der Sicherheit im Luftverkehr,
     Carl-Cranz-Kurs OP4, Radartechnik, Mai 1973.
/36/ Swerling, P.: Maximum Angular Accuracy of a Pulsed
     Search Radar,
     Proc. IRE, Vol. 44, Sept. 1956, S. 1146-1155.
/37/ Schlesinger, R.J.: Principles of Electronic Warfare,
     Prentice-Hall, Inc., Englewood Cliffs, N.J., 1961.

/38/ Feller, R.: Grundlagen und Anwendungen der Radartechnik,
      Fachschriftenverlag, Aargauer Tagblatt AG,
      Aarau/Schweiz, 1975.
/39/ Kramar, E.: Funksysteme für Ortung und Navigation, Ihre
      Anwendungen in der Verkehrssicherung,
      Berliner Union, Stuttgart, 1973.

Symbolliste

A	Amplitude Antennenwirkfläche Aperturbelegung Spektralfunktion Übertragungsfunktion	d	Abstand Breite Dicke
Ag	Aperturfläche	d_v	Verlustfaktor
A_w	effektive Antennen- wirkfläche	Δ	Differenzsignal Wegunterschied
a	Abstand Dämpfungs-, Verlustfak- tor	δ	Driftwinkel Winkel
a_r	Radialbeschleunigung	δ_v	Verlustwinkel
α	Azimut, Winkel Dämpfung Einfallswinkel	Δa	Verlustverhältnis
α_B	Brewsterwinkel	ΔAZ	Azimutfehler Differenzsignal Fehlersignal
α_H	azimutale Antennen- halbwertsbreite	$\Delta\alpha$	Azimut-, Winkelfehler Winkeldifferenz
		ΔEL	Elevationsfehler Differenzsignal Fehlersignal
		$\Delta\varepsilon$	Elevations-, Winkel- fehler
B	Bandbreite Frequenzänderung	Δf	Frequenzänderung Frequenzdifferenz Frequenzhub Spektralbreite
B_e	Empfängerbandbreite		
b	Breite		
β	Bandbreite Brechungswinkel	Δf_d	Dopplerdifferenz Dopplerauflösung
c	Lichtgeschwindigkeit	ΔG	Gewinnverhältnis
		$\Delta\emptyset$	Phasendifferenz
		$\Delta\psi$	Phasendifferenz Phasenverzögerung
D	Abmessung Antennenrichtfaktor Verkehrsdichte		

ΔR	Entfernungsauflösung Entfernungsdifferenz Entfernungsintervall Entfernungsmeßfehler
ΔR_{min}	minimale Entfernung
Δt	Laufzeit Zeitdifferenz
$\Delta\theta$	Winkeldifferenz Winkelfehler
ΔU	Differenzspannung
ΔV	Differenzsignal
$\Delta\Delta V$	Differenzsignal
Δv	Geschwindigkeitsänderung Geschwindigkeitsauflösung
E	Feldstärke Energie Integrationswirkungsgrad
e	Wasserdampfgehalt
ε	Dielektrizitätskonstante Elevationswinkel
ε_H	Antennenhalbwertsbreite in der Elevation
ε_r	relative Dielektrizitätskonstante
η	Antennenwirkungsgrad Wirkungsgrad
F	Fläche Rauschzahl
F_e	Empfängerrauschzahl
f	Frequenz
f_d	Dopplerfrequenz
f_{dif}	Differenzfrequenz
f_m	Modulationsfrequenz
f_o	Trägerfrequenz
f_p	Impulsfolge-, Tastfrequenz
G	Antennengewinn
γ	Neigungswinkel Streifwinkel Winkel
H	Höhe Übertragungsfunktion
H_r	Radarhöhe
H_z	Zielhöhe
h	Impulsantwort
I	Integrationsverbesserungsfaktor
I_o	modifizierte Besselfunktion nullter Ordnung
i	imaginäre Zahl
J	MTI-Verbesserungsfaktor
K	Konstante

K_B Maß für Seegangsstärke

k Boltzmann-Konstante
Fehlersteilheit
Konstante
Laufzeit

$\varkappa$ Tastverhältnis

L Dämpfung
Länge
Verluste

λ Wellenlänge

M Menge, Anzahl
Wassergehalt

m Laufzeit

N Anzahl
Rauschleistung
spektrale Rauschleistungsdichte

N_D Antennennebenzipfeldämpfung

n Anzahl
Brechungsindex
Impulsanzahl
Laufzahl
Rauschsignal
Trefferzahl

n_f Falschalarmzahl

ν Laufzahl

Ω Raumwinkel

ω Drehgeschwindigkeit
Kreisfrequenz

P Frequenzfunktion
Leistung
Leistungsdichte
Wahrscheinlichkeit

P_D Entdeckungswahrscheinlichkeit

P_{FA} Flaschalarmwahrscheinlichkeit

P_m mittlere Leistung

P_s Sendeleistung
Spitzenleistung

p Leistungsdichte
Luftdruck
Wahrscheinlichkeitsdichte

$\emptyset$ Fehlerfunktion
Gauß'sches Fehlerintegral
Phase
Phasendifferenz

φ Phase

ψ Phase
Phasenbelegung

Q Frequenzfunktion

q Flächenwirkungsgrad einer Antenne

R Abstand
Einhüllende
Entfernung
Korrelationsfunktion
Reichweite

R_e Erdradius

R_{eind} eindeutiger Entfernungsmeßbereich

r Reflexionskoeffizient
Regenmenge

g Leistungsverhältnis
Reflexionskoeffizient

S Spektralfunktion

s Zeitfunktion

S/C Signal/Clutterverhältnis

S/N Signal/Rauschverhältnis

Σ Summe
Summensignal

σ Amplitudenverhältnis
Meßfehler
Reflexionsfläche
Rückstrahlquerschnitt
Standardabweichung

σ° Spezifische Reflektivität

σ_d° Verdüppelungskonstante

T Abtastzeit
Impulsdauer
Temperatur
Zeitdauer

T_A Antennenrauschtemperatur

T_d Zielverweilzeit

T_e effektive Empfängerrauschtemperatur

T_{FA} Falschalarmzeit

T_m Modulationsperiode

T_o Standardtemperatur

T_p Impulsabstand, -periode
physikalische Temperatur
Zeitverzögerung

T_E gesamte Empfängerrauschtemperatur

T_{tot} Totzeit

t Durchlässigkeits-, Transmissionskoeffizient
Zeitdauer
Zeitkoordinate

t_o Zeitverzögerung
Zeitnullpunkt

τ Integrationsvariable
Meßzeit
Signaldauer
Zeitverzögerung

τ_p Impulsbreite, -dauer
Zeitverzögerung

τ_T Entfernungstorbreite

θ Winkelablage

$\dot{\theta}$ Winkelgeschwindigkeit

$\ddot{\theta}$ Winkelbeschleunigung

$\dot{\theta}_a$ Antennendrehgeschwindigkeit

θ_{eind} eindeutiger Winkelmeßbereich

θ_H Antennenhalbwertsbreite

θ_N Neigungswinkel

ϑ Integrationsvariable
Winkel

ϑ_o Diagrammschwenkwinkel

U	Winkelsignal
U_o	Amplitudenwert
V	Verstärkung Volumen Zeitfunktion
V_d	Dopplersignal
V_s	Schwellenwert
v	Geschwindigkeit Blindgeschwindigkeit
v_{eind}	eindeutiger Geschwindigkeitsmeßbereich
v_r	radiale Zielgeschwindigkeit
v_w	Windgeschwindigkeit
v_z	Zielgeschwindigkeit
W	Wahrscheinlichkeit
x	kartesische Koordinate (Abszisse)
y	kartesische Koordinate (Ordinate)
Z	Anzahl
z	kartesische Koordinate

Sachwörterverzeichnis

Amplitudenmonopuls 185 ff
  Antennendifferenzdia-
  gramm 185 f
  Antennensummendia-
  gramm 185 f
  Fehlersteilheit 188
  Winkelmeßfehler durch
  thermisches Rauschen 188
  Zielverfolgung 186 f
Amplitudenrauschen 182 f,
222 ff
Antenne
  Amplitudenbelegung 29 ff
  Apertur 29 ff
  Cassegrain- 35 f
  Cosec²- 36 f
  Differenzdiagramm 185 f
  effektive Wirkfläche 32 f
  Flächenstrahler 29 ff
  Flächenwirkungsgrad 33
  Gewinn 31 ff, 136 f
  Halbwertsbreite 30 ff,
  136 ff
  Nebenzipfeldämpfung 30 ff
  Parabol- 33 ff
  Phasenbelegung 29
  phasengesteuerte 37 ff
  Richtfaktor 32
  Strahlungscharakteristik
  29 ff, 39 f
  Summendiagramm 185 f
  Wirkfläche 32 f
  Wirkungsgrad 32

Antwortüberlappung
  nichtsynchrone 167 f
  synchrone 168
Atmosphärische Brechung
  anormale 84 f
  Brechungsindex 81 ff
  Duct 84
  normale 81 ff
  Standardatmosphäre 125
Atmosphärische Dämpfung
  Dämpfungskoeffizient 109 f
  durch Gase 109 ff
     Nebel, Wolken 109 ff
     Regen 109 ff
Automatische Frequenzregelung
212 f
Automatische Verstärkungsre-
gelung 213 f

Bedeckungsdiagramm 105 ff
Bipolarer Transistor 26 ff
Blindgeschwindigkeit 149 ff
Boltzmann-Konstante 51
Brechungsindex 81 ff
Brewsterwinkel 46

Cassegrain-Antenne 35 f
Clutter 11, 95 ff
  Festzielunterdrückung
  147 ff

Rückstrahlquerschnitt 95 ff
  spezifische Reflektivität
  96 ff
Cosec²-Antenne 36 f
CW-Radar 118 ff
CW-Verfahren 113 ff
  Dopplerfrequenz 116 ff
  Geschwindigkeitsauflösung
  124
  Geschwindigkeitsmessung
  116 ff

Datenrate 138 f
Dauerstrichverfahren siehe
CW-Verfahren
Dekodierung
  aktive 166 f
  automatische 167
  passive 166
Depolarisation 88 f
Dielektrizitätskonstante 42 ff
Dopplereffekt 10, 115 ff
Dopplerfilterbank 123 f, 158 f
Dopplerfrequenz 116 ff
Driftwinkel 230 f
Duct 84
Düppel 12, 205
  Verdüppelungskonstante 205

Elevationsmeßfehler 83 f,
104 ff, 226

Empfänger
  idealer 51 ff
  Impulsintegration 63 ff
  Impulskompression 75 ff
  Optimalfilter 68 ff
  Rauschtemperatur 53 ff
  Rauschzahl 52 ff
  realer 52 ff
  Signal/Rauschverhältnis
  57 ff
  thermisches Rauschen 51 ff
Entdeckungswahrscheinlich-
keit 61 ff, 92 ff
Entfernungsauflösung 129,
142 f
Entfernungsblindzonen 160
Entfernungsmehrdeutigkeit 160
Entfernungsmeßfehler 83 f,
129, 192 f
Entfernungsmessung 192 ff

Falschalarm 58
Falschalarmwahrscheinlich-
keit 58 ff
Falschalarmzahl 65 ff
Falschalarmzeit 58 ff
Falschziele
  nichtsynchrone 201 f
  synchrone 201 f
Fehlersteilheit 182 ff, 188
Feldeffekttransistor 26 ff
Festzielunterdrückung 147 ff
Feuerleitradar 233 f
Flughafenradar 229

Flugsicherung 228 ff
FM-CW-Verfahren 124 ff
    Entfernungsmessung 126 ff
    Geschwindigkeitsmessung
    127 f
Fremdmaskierung 202 ff
Frequenzdiskriminator 195 f
Frequenzmeßfehler 195 f
Frequenzmessung 129, 195 f

Gefechtsfeldradar 234
Geschwindigkeitsauflösung
123 f, 158 f
Geschwindigkeitsmehrdeutig-
keit 150 f
Geschwindigkeitsmeßfehler
196
Geschwindigkeitsmessung 195 ff
Gunndiode 26 ff
Gyrotron 22 ff

Impattdiode 26 f
Impulsabstandsdiskriminierung
215 f
Impulsbreitendiskriminierung
214 f
Impulsfolge 21, 133 f
    Tastfrequenz 21, 133 ff
    Tastverhältnis 21, 134
Impulsintegration
    inkohärente 63 ff
    kohärente 63 ff

Trefferzahl 63 ff, 138 f
Verbesserungsfaktor 65 ff,
93 f
Verluste 66
Wirkungsgrad 64 ff
Impulskompression 75 ff
    Kompressionsverhältnis 77
Impulsradar 134 ff
Impulsverfahren 133 ff
    eindeutige Reichweite
    140 f
    Entfernungsauflösung 142 f
    Impulsfolge 133 ff
Informationsdarstellung 146,
197 ff
    A-Darstellung 146, 198 f
    AZ-Darstellung 199 f
    B-Darstellung 198 f
    Display 197
    3-dimensionale 199 f
    1-dimensionale 198 f
    EL-Darstellung 199 f
    J-Darstellung 198 f
    Kathodenstrahlröhre 197
    PPI-Darstellung 146, 198 f
    Rohvideo- 197
    synthetische 197 f
    2-dimensionale 198 ff
Interferenzfeld 101 ff
Interrogator 161 ff
Isophasen 102 ff

Klystron 22 ff
Kohärenz 64, 144

Konische Abtastung 177 ff
    Abtastfrequenz 177 ff
    Fehlersteilheit 182 ff
    Schnittpunktverluste 182 ff
    Neigung des Antennendia-
    gramms 177 f, 183 f
    Winkelmeßfehler durch
        Amplitudenfluktuation
        182 f, 222 f
        thermisches Rauschen
        183 f, 224
    Zielverfolgung 180 ff
Kraftfahrzeugwarnradar 236
Kreuzfeldröhre 22 ff
Küstenradar 232 f

Laufzeitröhre 22 ff
Leistungserzeugung
    durch Halbleiter 26 ff
        Röhren 22 ff
    mittlere Leistung 21 ff
    Spitzenleistung 21 ff
    Tastverhältnis 21
Luftraumüberwachung 206 ff
Luftzielverfolgung 218 ff

Magnetron 22 ff
Mehrwegausbreitung 101 ff
    Antennenblickwinkel 104 f
    Elevationsmeßfehler 104 f
    Interferenzfeld 101 ff
        Amplitudenverlauf 102 ff

    Isophasen 102 f
    Radarbedeckungsdiagramm
    105 ff
Mie-Bereich 86 f
MTI-Radar 155 f
MTI-Verfahren 143 ff
    Blindgeschwindigkeit
    149 ff
    Doppelanordnung 152 ff
    Einfachanordnung 147 ff
    Signal/Clutterverhältnis
    154
    -Verbesserungsfaktor 154

Navigation 230 ff
Nebenkeulenstörung 169 f
Nichtsynchrone Empfangs-
störung 168 f

Optimalfilter 68 ff
    Impulsantwort 69 ff
        Übertragungsfunktion 69 ff
Optischer Bereich 86 ff

Parabolantenne 33 ff
Phasenmonopuls 189 ff
    eindeutiger Winkelmeßbe-
    reich 190 f
    Zielverfolgung 191 f
Polarisation 46 ff, 88 f, 101

PPI-Darstellung 198 ff
Präzisionsanflugradar 229
Primärradar 13
Pulsdopplerradar 156 ff,
219 ff
Pulsdopplerverfahren 156 ff
    eindeutige Entfernung 160
    eindeutige Geschwindig-
    keit 158 ff
    Entfernungsblindzonen 160

Radar
    bistatisches 12 f
    CW- 118 ff
    3-dimensionales 14
    1-dimensionales 14
    FM-CW- 124 f
    Impuls- 134 ff
    monostatisches 12 f
    MTI- 155 f
    multistatisches 12
    PD- 156 ff, 219 ff
    Sekundär- 13, 170 f,
    206 ff, 228 f
    2-dimensionales 14
Radaranwendungsgebiete
    Flugsicherung 228 ff
    Industrie 238
    Meteorologie 231, 237 f
    militärisch 233 ff
    Schiffahrt 232 f
    Verkehr 235 f
Radarfrequenzen 14
Radargleichung 17 ff

    bistatische 20
    monostatische 20, 22, 53,
    57, 67, 99 f, 107, 139,
    203 f
    Sekundärradar 20
Radarhöhenmesser 229 f
Radarreichweite, eindeutige
114 f, 140 f, 149 f, 160
Radarstörer 12, 201 ff
    aktive 201 ff
    Düppel 12, 205
    Fremdmaskierung 202 ff
    nichtsynchrone Falsch-
    ziele 201 f
    passive 205
    Rauschstörer 202 ff
       breitbandiger 202
       schmalbandiger 202
       wobbelnder 202
    Selbstmaskierung 202 ff
    synchrone Falschziele
    201 f
    Zielköder 205
Radialgeschwindigkeit 10
    eindeutige 160
Radom 40 ff
    Form 41 f
    Material 42 f
    Ogive 41 f
    Reflexionsverhalten 43 ff
    Struktur 42
    Transmissionsverhalten
    44 ff
    Verlustfaktor 47 ff
    Verlustwinkel 47
    Winkelfehler 50

Rauschen 51 ff
    Amplituden- 182 f, 222 f
    Antennenrauschtempera-
    tur 55 f
    Empfängerrauschtemperatur
    53 ff
    Empfängerrauschzahl 52 ff
    Funkel- 120
    Servo- 224 f
    thermisches 51 ff
    Winkel- 223 f
Rayleigh-Bereich 86 f
Reflektivität, spezifische
96 ff
Reflexionskoeffizient 43 ff,
105 f
Regenmenge 110 ff
Resonanzbereich siehe Mie-
Bereich
Rückstrahlquerschnitt 85 ff,
95 ff
    Depolarisation 88 f
    Polarisationsabhängigkeit
    88 f
    Swerling-Fälle 90 ff
    von Boden 95 ff
        einfachen geometrischen
        Formen 88
        Flugzeugen 89 ff
        Kugel 86 f
        Seeoberfläche 95 ff
        Wolken 96 ff

Schleppfehler 225 f

Seitensichtradar 234 f
Sekundärradar 13, 170 f,
206 ff, 228 f
Sekundärradarverfahren 161 ff
    Abfragemodi 163 f
    Antwortkodes 163 ff
    Antwortüberlappung 167 f
    Dekodierung 166 f
    Interrogator 161 ff
    Nebenkeulenstörung 169 f
    Nichtsynchrone Empfangs-
    störung (Fruit) 168 f
    Schlüsselverwirrung
    (Garbling) 167 f
    Transponder 161 ff
Selbstmaskierung 202 ff
Sequentielle Umtastung 175 ff
Signal/Clutterverhältnis
100 f, 154
Signal/Rauschverhältnis 57,
61 ff, 92 ff
Standardatmosphäre 83
Swerling-Fälle 90 ff

Tastverhältnis 21, 134
Transmissionskoeffizient
44 ff
Transponder 161 ff
Trefferzahl 63 ff, 138 f

Überlagerungsempfänger
120 ff, 134 ff

Verdüppelungskonstante 205
Vekehrsradar 235
Verluste durch
    Antennenabtastung 217
    Antennenwirkungsgrad 32
    atmosphärische Dämpfung
    109 ff
    Flächenwirkungsgrad 33
    geräteinterne Dämpfung 217
    Integrationswirkungsgrad
    64 f
    Radarbetrieb 218
    Signalverarbeitung 217 f
Voraussichtradar 234

Wanderfeldröhre 22 ff
Wetterradar 231
Winkelabtastung, normale
    Meßfehler 173 f
    Raumabtastung 172 f
    Sektorabtastung 172 f
    Strategien 172 f
Winkelauflösung 136 ff
Winkelmeßbereich, eindeutig
180 f
Winkelmeßfehler durch
    Amplitudenfluktuation
    182 f, 222 f
    atmosphärische Brechung
    81 ff, 226
    Mehrwegausbreitung 101 ff,
    226
    Schleppfehler 225 f
    Servorauschen 224 f

    thermisches Rauschen
    173 f, 183 f, 188, 224
    Winkelrauschen 223 f
Winkelmeßverfahren 172 ff
    Amplitudenmonopuls 185 ff
    konische Abtastung 177 ff
    Phasenmonopuls 189 ff
    sequentielle Umtastung
    175 ff
Winkelrauschen (Glint) 223 ff

Zeitmeßfehler 192 f
Zielauflösung in
    Entfernung 129, 142 f
    Geschwindigkeit 124, 158 f
    Winkel 136 ff
Zielköder 205
Zielkoordinaten 10
Zielsuchen in
    Entfernung 220 f
    Geschwindigkeit 221
    Winkel 172 ff, 220 f
Zielverfolgung in
    Entfernung 193 ff
    Geschwindigkeit 196 f
    Winkel mit
        Amplitudenmonopuls 186 f
        konischer Abtastung
        180 ff
        Phasenmonopuls 191 f

Moeller, Leitfaden der Elektrotechnik

Herausgegeben von Prof. Dr.-Ing. **H. Fricke**, Braunschweig, Prof. Dr.-Ing. **H. Frohne**, Hannover, und Prof. Dr.-Ing. **P. Vaske**, Hamburg

Band I

Grundlagen der Elektrotechnik

Teil 1: Elektrische Netzwerke

Von Prof. Dr.-Ing. **H. Fricke**, Braunschweig, und Prof. Dr.-Ing. **P. Vaske**, Hamburg

17., neubearbeitete und erweiterte Auflage. XVIII, 733 Seiten mit 567 teils mehrfarbigen Bildern, 34 Tafeln und 553 Beispielen. Geb. DM 64,—   ISBN 3-519-06403-0

Teil 2: Elektrische und magnetische Felder

Von Prof. Dr.-Ing. **H. Frohne**, Hannover

In Vorbereitung   ISBN 3-519-06404-9

Band II

Elektrische Maschinen und Umformer

Teil 1: Aufbau, Wirkungsweise und Betriebsverhalten
Von Prof. Dr.-Ing. **P. Vaske**, Hamburg

12., neubearbeitete und erweiterte Auflage. XII, 289 Seiten mit 248 teils zweifarbigen Bildern, 12 Tafeln und 61 Beispielen. Kart. DM 44,—   ISBN 3-519-16401-9

Band III

Bauelemente der Halbleiterelektronik

Von Prof. Dr. rer. nat. **H. Tholl**, Hamburg

Teil 1: Grundlagen, Dioden und Transistoren
XII, 236 Seiten mit 203 Bildern, 18 Tafeln und 60 Beispielen. Kart. DM 42,—   ISBN 3-519-06418-9

Teil 2: Feldeffekt-Transistoren, Thyristoren und Optoelektronik
XII, 323 Seiten mit 309 Bildern, 32 Tafeln und 77 Beispielen. Kart. DM 46,—   ISBN 3-519-06419-7

Band IV

Grundlagen der elektrischen Meßtechnik

Von Prof. Dr.-Ing. **H. Frohne**, Hannover, und Prof. Dr.-Ing. **E. Ueckert**, Hannover

XII, 548 Seiten mit 271 Bildern, 48 Tafeln und 111 Beispielen. Geb. DM 64,—   ISBN 3-519-06406-5

Band V

Grundlagen der Regelungstechnik

Von Prof. Dr.-Ing. **F. Dörrscheidt**, Paderborn, und Prof. Dr.-Ing. **W. Latzel**, Paderborn
In Vorbereitung   ISBN 3-519-06421-9

Fortsetzung nächste Seite

B. G. Teubner Stuttgart

Moeller, Leitfaden der Elektrotechnik (Fortsetzung)

Band VI

Hochspannungstechnik

Von Prof. Dr.-Ing. **G. Hilgarth**, Braunschweig/Wolfenbüttel
X, 162 Seiten mit 138 Bildern, 13 Tafeln und 35 Beispielen. Kart. DM 38,–   ISBN 3-519-06422-7

Band VII

Programmierbare Taschenrechner in der Elektrotechnik
Anwendung der TI 58 und TI 59

Von Prof. Dr.-Ing. **P. Vaske**, Hamburg, Prof. Dr.-Ing. **F. Dörrscheidt**, Paderborn, und Prof. Dr.-Ing.
D. Selle, Braunschweig/Wolfenbüttel
unter Mitwirkung von Prof. Dipl.-Ing. **R. Flosdorff**, Aachen, und Prof. Dr.-Ing. **G. Hilgarth**, Braunschweig/Wolfenbüttel
XII, 425 Seiten mit 143 Bildern, 32 Tafeln, 129 Beispielen und 40 Programmen. Kart. DM 44,–
ISBN 3-519-06420-0

Band IX

Elektrische Energieverteilung

Von Prof. Dipl.-Ing. **R. Flosdorff**, Aachen, und Prof. Dr.-Ing. **G. Hilgarth**, Braunschweig/Wolfenbüttel
4., neubearbeitete und erweiterte Auflage. XIV, 350 Seiten mit 274 Bildern, 46 Tafeln und 72 Beispielen. Kart. DM 48,–   ISBN 3-519-36411-5

Band X

Grundlagen der Digitaltechnik

Von Prof. Dipl.-Ing. **L. Borucki**, Krefeld
unter Mitwirkung von Prof. Dipl.-Ing. **G. Stockfisch**, Moers
2., neubearbeitete und erweiterte Auflage. XIV, 304 Seiten mit 292 Bildern, 76 Tafeln und 31 Beispielen. Kart. DM 44,–   ISBN 3-519-16415-9

Band XI

Grundlagen der elektrischen Nachrichtenübertragung

Von Prof. Dr.-Ing. **H. Fricke**, Braunschweig, Prof. Dr.-Ing. habil. **K. Lamberts**, Clausthal, und Prof. Dipl.-Ing. **E. Patzelt**, Braunschweig/Wolfenbüttel
XV, 375 Seiten mit 302 Bildern, 15 Tafeln und 39 Beispielen. Geb. DM 54,–   ISBN 3-519-06416-2

Band XII

Grundlagen der Verstärker

Von Prof. Dr.-Ing. **H. Gad**, Lemgo, und Prof. Dr.-Ing. **H. Fricke**, Braunschweig
XII, 306 Seiten mit 202 Bildern, 1 Tafel und 90 Beispielen. Kart. DM 48,–   ISBN 3-519-06417-0

Preisänderungen vorbehalten

B. G. Teubner Stuttgart

Schlachetzki/v. Münch

Integrierte Schaltungen

Von Prof. Dr. rer. nat. A. Schlachetzki, Technische Universität Berlin und Heinrich-Hertz-Institut für Nachrichtentechnik, Berlin, und Prof. Dr. phil. nat. W. von Münch,
Universität Stuttgart

255 Seiten mit 138 Bildern, 12,7 x 18,8 cm. Kart. DM 18,80
(Teubner Studienskripten, Band 79)

"Das Buch stellt, unterstützt von Sachverzeichnis und
Literaturverzeichnis, weniger ein Studienskript als
vielmehr eine gedrängte, aber umfassende Darstellung
des Gesamtgebietes dar. Sämtliche modernen Herstellungsverfahren und Konzepte sind enthalten, die saubere
Darstellung ermöglicht schnelles Eindringen in den
jeweiligen Sachverhalt und gibt klare Auskunft.

Das Gesamtgebiet von der Technologie des Siliziums
und des Galliumarsenids über die Theorie von PN-
Verbindungen, Bipolartransistor und Feldeffekt bis
hin zu den prinzipiellen Schaltungskomponenten
integrierter Halbleiterschaltungen ist überdeckt.
Das Konzept von Addierern, Speichern, AD-Wandlern
oder ladungsgekoppelten Elementen ist ebenso enthalten wie spezielle Probleme der Galliumarsenid-
Integration. Die integrierte Injektionslogik wird
behandelt, die Magnetblasenspeicher sind nicht ver-
gessen, und selbst die optische Integration ist ge-
streift.

Damit ist dies Buch ein gelungenes, kleines Nach-
schlagewerk, jedem zu empfehlen, der sich über seine Grundkenntnisse hinaus mit dem Stand der Technik
vertraut machen will."

Heinz Beneking, ETZ

Teubner Studienskripten Elektrotechnik

v. Münch,   Werkstoffe der Elektrotechnik
                5., überarbeitete Aufl. 254 Seiten. DM 18,80

Oberg,   Berechnung nichtlinearer Schaltungen
                für die Nachrichtenübertragung
                168 Seiten. DM 15,80

Pinske,   Elektrische Energieerzeugung
                127 Seiten. DM 14,80

Pregla/Schlosser, Passive Netzwerke
                Analyse und Synthese
                198 Seiten. DM 15,80

Römisch,   Berechnung von Verstärkerschaltungen
                2., durchgesehene Aufl. 192 Seiten. DM 15,80

Schaller/Nüchel, Nachrichtenverarbeitung

                Band 1 Digitale Schaltkreise
                2., neubearbeitete Aufl. 168 Seiten. DM 15,80

                Band 2 Entwurf digitaler Schaltwerke
                3., überarbeitete und erweiterte Auflage
                191 Seiten. DM 16,80

                Band 3 Entwurf von Schaltwerken
                mit Mikroprozessoren
                2., neubearbeitete und erweiterte Auflage.
                173 Seiten. DM 15,80

Schlachetzki/v. Münch, Integrierte Schaltungen
                255 Seiten. DM 18,80

Schmidt,   Digitalelektronisches Praktikum
                2., durchgesehene Aufl. 238 Seiten. DM 15,80

Seinsch,   Grundlagen elektr. Maschinen und Antriebe
                230 Seiten. DM 17,80

Schlachetzki, Halbleiterbauelemente der Hochfrequenztechnik
                280 Seiten. DM 19,80

Strassacker, Rotation, Divergenz und das Drumherum
                XII, 227 Seiten. DM 18,80

Thiel,   Elektrisches Messen nichtelektrischer Größen
                2., überarbeitete und erweiterte Auflage
                244 Seiten. DM 18,80

Unger,   Hochfrequenztechnik in Funk und Radar
                2., neubearbeitete und erweiterte Auflage
                233 Seiten. DM 18,80

Vaske,   Berechnung von Drehstromschaltungen
                2., überarbeitere Aufl. 180 Seiten. DM 15,80

Vaske,   Berechnung von Gleichstromschaltungen
                4., durchgesehene Aufl. 132 Seiten. DM 14,80

Vaske,   Berechnung von Wechselstromschaltungen
                3., durchgesehene Aufl. 224 Seiten. DM 17,80

Vaske,   Übertragungsverhalten elektrischer Netzwerke
                3., überarbeitete Aufl. 164 Seiten. DM 15,80

Weber,   Laplace-Transformation für Ingenieure
                der Elektrotechnik
                3., überarbeitete und erweiterte Auflage
                205 Seiten. DM 15,80

Westermann,   Laser
                190 Seiten. DM 16,80

Preisänderungen vorbehalten